LOCUS

LOCUS

LOCUS

LOCUS

# *Smile, please*

**smile 132**
**好日子革新手冊：**
**充分利用行為科學的力量，把雨天變晴天，週一症候群退散**
作者：卡洛琳．韋伯（Caroline Webb）
譯者：許恬寧
責任編輯：潘乃慧
封面設計：林育鋒
校對：呂佳真
法律顧問：全理法律事務所董安丹律師
出版者：大塊文化出版股份有限公司
台北市10550南京東路四段25號11樓
www.locuspublishing.com
讀者服務專線：0800-006689
TEL：(02)87123898　FAX：(02)87123897
郵撥帳號：18955675　戶名：大塊文化出版股份有限公司




總經銷：大和書報圖書股份有限公司
地址：新北市新莊區五工五路2號
TEL：(02) 89902588　FAX：(02) 22901658
初版一刷：2016年6月
定價：新台幣380元
Printed in Taiwan

# 好日子

## HOW TO HAVE A GOOD DAY

## 革新手冊

CAROLINE WEBB 卡洛琳・韋伯 —— 著 許恬寧 —— 譯

本書獻給我的父母，
他們給了我自信與人生意義。

# 目錄

寫在前面 9
腦科學基礎理論 18
大腦的雙系統 23
「發現」與「防禦」 34
身心迴圈 43
第一部分 排出優先順序：幫一天定好目標 49
第1章 自己決定大腦的篩選原則 52
第2章 設定黃金目標 68
第3章 加強決心的法寶 83
第二部分 生產力：讓一天不只二十四小時 99
第4章 一次做一件事就好 102
第5章 特別安排中場休息時間 114

第6章　工作爆量該怎麼辦　126
第7章　戰勝拖延症　145

第三部分　人際關係：讓每一次互動都是美好的互動　157
第8章　營造真正的和諧氣氛　159
第9章　化解緊張氣氛　175
第10章　讓身邊的人拿出最好的一面　208

第四部分　動腦時間：讓自己表現出最聰明、睿智、有創意的一面　225
第11章　挖掘巧思　226
第12章　做出有智慧的選擇　238
第13章　提升腦力　261

第五部分　影響力：讓自己說的話、做的事發揮最大效用　279
第14章　讓別人聽進我們說的話　281
第15章　讓大家聽完後開始行動　295
第16章　拿出自信　317

第六部分　恢復力：再挫折、再累也能撐下去　329
第17章　危機之中保持冷靜　331

第18章　事情過去了就過去了　348
第19章　身體健康才能挺過去　360

第七部分　精力：用熱忱享受工作　369
第20章　與其硬撐，不如獎勵一下大腦　371
第21章　做你在行的事　389

最後的小叮嚀：我們可以的！　402
附錄一　聰明開會法　407
附錄二　解決收件匣不再是苦差事　415
附錄三　重新打造一天行程　425

延伸閱讀　429
名詞解釋　434
謝辭　439
註釋　444

# 寫在前面

我們一天是怎麼過的，人生就會怎麼度過。

——作家安妮．迪拉德（Annie Dillard）

三十年前，我拿到人生第一份薪水。當時我在地方上一間超市當店員，公司發下的薪水袋，打開只有薄薄幾張鈔票和一點零錢。說起來，那份工作實在不怎麼樣，錢少，不是什麼能在親友面前炫耀的工作，每天就是整理貨架、拖地，公司發的制服還有上一名員工留下的污漬。經理人也不是很和善，成天板著一張臉站在高處監視所有人。然而不曉得為什麼，我就是喜歡那份工作，員工之間感情很好，晚上還一起出去玩，而且我結帳速度快，顧客喜歡排我的收銀台，我覺得自己是重要的螺絲釘。

六年後，我得到一份聽起來遠比超市店員高級的工作，改到一間經濟研究院當研究員，有了自己的辦公室，還有數量多到驚人的專屬資源回收桶。過沒多久，我就覺得人生悲慘，無心工作，因為沒人在乎我做的研究。我花了很多心血提出一份非常大型的報告，剖析共產黨解體後歐洲的經濟發展情勢，但我很確定根本沒人讀。我知道自己身在福中不知福，有那麼好的工作已經很幸運了，不該東想西想，但是日子一天天過去，我愈來愈抗拒上班。當時的我不曉得如何轉換心態，每天得過且過，熬到合約期滿，立刻換工作。

我這輩子做過各式各樣的工作，相較於店員和研究員兩份最初的工作，後續的工作有的好，有的不好。我當過飯店清潔人員、櫃台小姐、服務生，也當過聽起來很厲害的經濟學者、管理顧問，還有高階主管培訓師。我待過公部門，也待過私人企業，履歷表上有龐大的跨國企業，也有自己開的迷你公司。然而，無論工作怎麼變，每次我都領悟到一件事：我一天過得好不好，開不開心，其實和頭銜沒有必然的關聯。我做「爛」工作的時候，未必就過得不好；捧著人人稱羨的金飯碗，也不一定能讓我想出門上班。

由於我的經驗如此矛盾，所以一直很好奇，究竟怎麼樣才能在工作上如魚得水？後來我的幾份工作壓力愈來愈大，不得不幫自己找出平衡身心的方法，而且我看著身邊眾多一臉沮喪、精疲力竭的同事和客戶，也覺得該幫大家找答案。其實，多份研究報告一再指出相同的現象，據說有一半以上的員工無法全心投入工作[1]，放假時才又活過來。「上班一條蟲，下班一條龍」的生活方式，實在辜負老天爺給我們的聰明才智。然而，我們對工作不滿時，會說幹嘛想那麼多，反正工作不就是這樣？忍到週末放假就好了，或是跟朋友開開玩笑：「怎麼一副要死掉的樣子？」「你知道的，今天要上班。」「哈哈，我懂，晚點去喝酒！」

我花了很多時間研究到底該怎麼做，才能提高被人問到「今天過得好嗎？」有辦法回答「還不錯」的機率。我在管理顧問公司麥肯錫（McKinsey & Company）的十二年經歷幫了很大的忙，那份工作讓我有機會瞭解數百間公司平日的上班情形。我平常接觸的專案主要是協助企業改造文化，讓組織朝著更為正面的方向前進，因此花了很多時間研究行為、態度與工作流程。我一般會問客戶三個問題：（一）你覺得怎麼樣才叫「好」的一天？（二）怎麼樣叫「不好」？（三）怎麼樣才能多一點開心的日子？提出問題後，我會協助客戶把雨天變晴天。有時我輔導個別主管，有時則召集眾人，協助團隊重新思考合作方式。我一再發現，小小的改變就能帶來大大的不同，例如只要調整大家排列工作優先順序的方式，或是找出意見不合時該如何處理，就能提振績效與工作滿意度。看到人們開心，我的心情也跟著振奮起來。

過去幾年，我主要靠行為科學研究成果協助客戶，今日有愈來愈多的研究提供促進生產力的康莊大道。我最初在經濟學的領域下過工夫，後來又對其他行為科學的發展產生濃厚的興趣，於是額外接受心理學與神經科學方面的訓練。我花了無數個小時閱讀經濟學、心理學與神經科學三個領域的學術文章與專書（上次統計的時候超過六百小時），努力把學術上的發現化為可以給客戶的建議，大量的研究再加上實務經驗，成為本書的雛形。

# 「好日子」的定義？

每次我問大家：「你覺得怎麼樣才算今天過得不錯？」大家的回答和我在超市的那段日子不謀而合。超市工作算不上光鮮亮麗，卻有許多令人開心的小地方。受訪者常告訴我，如果工作時感覺自己很能幹，知道是在做有意義的事，心情就會愉快。此外，如果覺得自己表現良好，旁人也提供必要的協助，那一天的工作便會很順心。整體來說，「好」的一天結束時，我們感到更有活力，不會覺得被榨乾。工作的確會消耗體力，或是讓人腦筋轉得很累，但如果是美好的一天，就算精疲力竭，依舊會很快樂，有動力走下去，再苦、再累也沒關係。

當然，上班如果事事順心，有時純粹是運氣使然。假使同事機車，或是碰上奧客，我們那天的心情顯然並非完全由自己掌控。不過我的經驗告訴我，其實不用太悲觀，我們能掌控人生的程度，遠比我們以為的高，祕訣就在於進一步瞭解大腦如何運作，以及人類為何會做某些事情。一旦瞭解哪些因素會影響我們所做的決定與心情，一天過得好不好，將不再只是運氣問題。我們的思維模式會影響一切，不論是如何看待現實，還是身邊的人心情好壞，都會受自己的影響。只要抓住人性的基本法則，就會更加明白如何讓自己與他人過得開心，更有能力過自己想要的生活。

舉例來說，後文還會提到的企業主管A曾經分享一則故事，他說自從學到行為科學家熟知的一件事之後，「每次開會突然都變得順利了。」A學到的那件事，就是人們如果覺得自己的能力受到質疑，即使只是一絲絲的不舒服，大腦都會開啟防禦模式，更難把事情想清楚，結果就被說中，變成是真的「腦袋有問題」。原本A主管在開會時，一向採取得理不饒人的風格，無形之中讓身邊的人採取防禦的態度，氣氛劍拔弩張，但自從他改變表達觀點的方式之後，工作上的互動立刻大幅改善。

本書還會提到某位在公司待了很久、老是不得志的B，他運用新出爐的科學技巧讓自己更專注、更有自信之後，「突然間」升了官。另一位公司領導人C，原本覺得底下的人工作過於被動。後來她發現了一項研究，提供思考空間可以激發創造力，欣喜地發現自己的團隊其實人才濟濟。還有一位創業人士D，在稍微瞭解大腦的獎勵機制後，便懂得拒絕別人的要求，但依舊不傷和氣。

簡言之，本書的主旨是：一旦更深入瞭解人類神祕的大腦後，就會碰上更多「好運」。

## 本書的編排方式

怎麼樣才算美好的一天？我把各個領域的研究告訴我的答案分成七項主題，再就每項主題分別探討。本書的頭兩個部分介紹「好的開始是成功的一半」，教大家排出正確的工作優先順序與善用時間的方法。接下來的三個部分，分別解釋如何透過良好的人際互動、創意與決斷力，以及強大的個人影響力，讓工作更開心、更能帶來成就感。最後兩部分則會談到，如何在日復一日的工作中，依舊樂在其中。碰上挫折時，我們可以採取一些實際的策略，讓自己更有耐力、更有活力，不必每天硬逼自己苦撐。

除了前述幾大主題，現代職場還有兩件逃不了的事：一是電子郵件，二是開會。因此，我也會教大家如何讓這兩件事變得不再那麼令人煩心。此外，本書結尾有一張檢查表，大家可以按圖索驥，重新安排一天之中從早到晚的活動，讓自己活力滿點。

## 科學、步驟、故事

本書接下來的內容融合科學證據、實用小技巧與真實生活中的例子，在這裡先簡單說明一下。

首先，本書提供的每一條建議，背後都有心理學、行為經濟學、神經科學的扎實科學依據。我只列出目前已被廣泛接受，而且數個研究團隊都有相同結論的研究結果，不過偶爾也會舉一些令人發噱或暗叫不好的特殊研究。我的原則是盡量用簡單的方式解釋科學理論，不過也不能忽略正確度，因此在開頭的介紹之後，我用了一章的篇幅簡單介紹一些基本的科學發現。本書提到的所有概念都與那一章解釋的三大主題有關，掌握基本原則之後，其餘的便不是問題。

我的主要目的是化「科學研究」為「改善日常生活的步驟」，因此每一章會以條列的方式強調重點，方便大家快速找到自己需要的建議。此外，每一章的最後也有重點整理區，快速摘要每一章的建議。我以循序漸進的方式安排本書章節，不過如果各位在工作上碰到特定瓶頸，也可以直接閱讀相關章節。如果已經掌握〈腦科學基礎理論〉那一章，跳著讀並不會妨礙理解。

前文已經提到，本書還會列舉多位成功人士的真實例子，介紹他們如何運用本書的建議去改善工作。本書提到的範例人士，來自世界各主要產業與各大洲（唯一沒提到的是最冷的那塊大陸），他們有的人正處於事業巔峰，有的正在步步高陞。除了幾處例外，我大都直接寫出他們的本名，不過並未提供姓氏與公司名稱，以免大家統統跑去求教，擠破他們的門。他們的例子令我振奮，希望也能鼓舞各位。此外，我平日除了替別人出謀畫策，每天**也**幫自己對症下藥，因此本書也會分享我個人過去的例子。

## 獨樂樂不如眾樂樂

本書除了協助個人攀上巔峰，也可以讓部屬、團隊成員與合作對象拿出最好的表現。書中大部分的技巧，團體也適用，可促進團隊的互動，讓重要會議進行得更有條理。各位分享的時候，可以提到背後的科學原理，也可以略過。如果希望和同事一起討論本書提到的建議，以下這個網站 www.howtohaveagoodday.com 有提供小組討論的資料。

本書的建議也能運用於職場以外的地方。不論是大學生、社區義工、退休人士、家庭主婦／主夫都能運用本書的原則，讓日常生活更具效率、充滿樂趣。很多客戶告訴我，他們靠著相關技巧讓婚姻更美滿，還和孩子與朋友處得更好。對此我會心一笑，因為我問客戶進展如何時，很多人告訴我，在他們把新方法用於工作之前，會先偷偷把身邊最親的人當作白老鼠，所以不管你人在辦公室或家裡，用本書的建議做點有趣的實驗吧！

◆◆◆

人生有些事的確無法左右，不過行為科學讓我們看到，我們在體驗這個世界時，其實可以發揮很大的影響力。何不用科學的證據改變自己的人生？運氣是可以掌握的，請幫自己多創造一點好運，讓自己過得更快樂。準備好了嗎？我們要開始了。

# 好日子配方

## 首先……

→

**排出優先順序**

幫自己的一天安排好目標

**生產力**

一天其實不只二十四小時

## 接著，做每一件事的時候……

→

**人際關係**

每次都要有最良好的互動

**動腦時間**

當最聰明、最有判斷力、最有創意的自己

**影響力**

我們說的每一句話、做的每一件事，都產生最大的效果

## 一整天都要……

→

**恢復力十足**

很煩、很挫折，也別放棄

**精力充沛**

熱忱無限，快樂滿點

# 腦科學基礎理論

只要有證據，不管是多不可能、多荒謬的事，我都會相信。只不過愈不可能、愈荒謬，相對也必須有更可靠而牢不可破的證據。

——以撒．艾西莫夫（Isaac Asimov）

目前正是行為科學的黃金年代，感覺每過一週，我們對於人類如何思考、如何感知、如何做出反應，又多了一分嶄新的認識。神經科學家、心理學家、經濟學家忙著解開世紀之謎，例如：「如何才能戰勝收件匣？」「為什麼最通情達理的人，依舊有死腦筋的時刻？」「我要如何馬上停止拖拖拉拉（或是晚一點或明天就不再拖延）？」這一類每天都會碰上的問題，科學界現在有了更多答案。

發生了什麼事？為什麼報章雜誌突然冒出一堆有大腦圖片的文章？令人有點好奇，不是嗎？替本書提供科學依據的心理學、行為經濟學與神經科學，不是已經存在一世紀以上，為什麼突然間變得這麼熱門？這三個行為科學領域的確歷史悠久，不過大趨勢是，現在我們更能把學術理論運用在日常生活中。在我解釋本書提到的三大科學主題前，這裡先介紹一下理論界起的變化。

## 心理學：要「幸福」、不要「不幸」的科學

從前的心理學大都研究負面行為的成因，研究人員孜孜不倦研究「偏執」與「沮喪」的病理學，還探討「恐懼」與「侵略性」是怎麼一回事，因此不意外的是，心理學最出名的實驗是史丹利．米爾格倫（Stanley Milgram）充滿爭議的權威實驗。米爾格倫研究人類服從權威的程度，測試受試者是否願意遵從白袍人士的指令，對陌生人施予可能致命的電擊[1]。令人心生不安的實驗結果是，大部分的人都願意服從。這一類的心理學實驗顯然讓人看到人類大腦的複雜性，並替現代的行為科學立下基礎，然而相關發現無法成為振奮人心的幸福指南。

近年來，心理學改變了研究方向，引發正向行為的情境成為顯學。賓州大學教授馬丁．賽里格曼（Martin Seligman）一九九八年當選美國心理學會（American Psychological Association）主席後，帶動了這股潮流。先前，賽里格曼自己的研究大都集中於「無助」這個主題，但是他上任後宣布推廣「正向心理學」，鼓勵學者研究讓人們發揮天賦的力量。

自此之後，心理學家轉而研究人生較快樂的一面，例如什麼事可以讓人走上發達之路，提振精神、進而增加生產力？對於平日職場生活已經有如米爾格倫電擊實驗的我們來說，我們比較想知道正面的事。

## 經濟學：更實用的行為理論

心理學朝新方向發展的同時，經濟學也正進一步研究「情境」。經濟學在本質上是一門研究人們如何做出選擇的學科，我們人如何衡量不同選項的成本與好處，進而做出選擇？這裡所說的選擇，可能是買哪包零食這種日常生活中的小事，也可能是人生中的大事，例如金額達數百萬美元的計畫，究竟要執行哪一項。在過去，不論大小事，經濟學者建立的理論模型，一般都假設人類會理性獨立評估每個選項的好處，再做出決定。然而，這類模型無法解釋真實生活中的眾多行為，例如，我們往往在沒有太多資訊可參考的情況下，就挑好要吃的零食；還會隨便聽別人講兩句就改變心意，並未獨立下判斷；偶爾，我們做好事不求回報，不會評估對自己有利才去做。

普林斯頓大學的丹尼爾．康納曼（Daniel Kahneman）與史丹佛大學的阿摩司．特沃斯基（Amos Tversky）兩位心理學家，對矛盾的人類行為深感興趣，一九七九年跨越門戶之見，在重量級的經濟學期刊《經濟計量學》（*Econometrica*）聯合發表文章，強調人類做選擇時，其實**不像**精準的機器[2]，我們的許多選擇其實受心情與社會影響，而且通常很好預測。行為經濟學立刻成為熱門的研究潮流，強大的經濟學分析工具被用於解讀真實世界、真實人們所做的選擇。這個領域的成就到哪？這麼說吧，康納曼在二〇〇二年榮獲諾貝爾經濟學獎。對一般人來說，重點是，現在經濟學者更曉得我們如何在日常生活中做選擇，也知道是什麼因素影響著我們，不再單純假設人類會完全依據利害關係下決定。

## 神經科學：更精密的大腦活動觀測儀器

大腦觀測技術的進步，大大助了神經科學一臂之力。從前，神經科學家就已經靠著各式各樣的掃描技術瞭解大腦的構造與活動，只是先前的技術一般會讓接受掃描的人士暴露於大量輻射之下，不太適合非醫療性的研究。自一九九〇年代起，功能性磁振造影等成像技術不斷改良，風險愈來愈低，神經科學家開始研究**健康**人士進行日常活動時，大腦發生什麼事。研究人員現在可以觀察到受試者被他人的善心感動，或是因為成功做到一件事而興奮時，大腦哪些區塊會活躍起來。此外，研究人員也能觀察到受試者不開心或壓力大時（排除躺在實驗室嘈雜的金屬圓柱裡或頭上貼著電極片這類討人厭的因素），腦神經出現哪些活動。

腦神經科學家透過各種實驗，更加瞭解人們日常的想法、情緒與活動背後的生理機制。換句話說，他們研究的行為主題與心理學家、經濟學家不謀而合，例如，人如何處理棘手的問題與複雜的社交互動。本書引用的研究，很多都是神經科學、心理學、經濟學三個領域一起合作的成果，感覺今日的我們像活在「神經心理經濟學」的年代（三者的順序可以調換）。對我們來說，不同領域的合作是好事，因為我們可以同時從生理、觀察、分析等不同角度看待職場議題，更知道如何在工作中勝出。

總而言之，目前正是從科學的角度出發，思考如何讓生活更美好的黃金年代。

## 三大主題

好了，我們知道科學出現令人振奮的進展，但又要如何應用在工作上？這正是本書可以幫上忙的地方。工作很多？時間表塞得滿滿的？人際關係很複雜？即便如此，我們還是有辦法讓每一天過得更開心，完成更多事。

在我們進入本書要談的「好日子七大元素」之前，首先要介紹三項同時涉及心理學、經濟學、神經科學的重要科學主題，帶大家瞭解每一章的理論基礎、相關證據與建議。各位也可以跳過這一段的介紹，直接閱讀本書第一部分，有問題再參閱本書最後的詞彙表，或是回頭閱讀本節的介紹。本書接下來會反覆提到三件事：

➡一、**大腦的雙系統：**我們人類大腦的活動分屬兩個相輔相成的系統，其中一個與「深入思考」和「控制」有關，另一個則與「自動化」及「本能」有關。兩套系統加在一起，原本已經讓人類聰明又有效率，如果進一步依據兩套系統各自的優缺點加以調整，大腦威力將大增。

➡二、**我們不斷擺盪於「發現」與「防禦」之間：**人類下意識就會尋找必須防禦的威脅，不過也會尋求獎勵。我們的大腦很容易就進入防禦模式，而且進入之後會變「笨」。不過如果我們能提醒自己別陷入防禦模式，並且尋求特定類型的獎勵，將可回到頭腦較清醒的發現模式。

➡三、**身心迴圈：**我們的「身」和「心」相互影響的程度，遠比我們以為的大。不過正因如此，只要用一些簡單的方法，對身體好一點，就能立即提升大腦的表現，不再那麼容易心力交瘁，還能信心十足。

## 主題一：大腦的雙系統

不論從哪個角度來看，人類的大腦都是很神奇的器官。大腦掌管我們全身的運作，還讓我們記下大量複雜的資訊與概念。此外，大腦還能處理、計算極大量的訊息，讓我們有能力做各式各樣的事，例如心算、猜測他人動機、面對挑釁時保持冷靜，或是講幾百年前的老笑話。如果大腦是智慧型手機，一定瞬間被搶購一空。

我們的大腦有兩套平行系統，各有各的長處，人類之所以成為萬物之靈，就是因為同時擁有這兩套系統。多年來，心理學家早已觀察到人類的心智似乎有兩種相當不同的模式，一種與分析有關，一種和直覺有關[3]，不過一直要到康納曼二〇〇二年獲頒諾貝爾經濟學獎，社會大眾才開始注意到這個概念。康納曼領獎時告訴大家，「不費力的直覺」與「深思熟慮」哪裡不一樣，後來更是在風靡全球的暢銷書《快思慢想》（*Thinking Fast and Slow*）[4]中進一步闡揚相關概念。本書將檢視康納曼的相關理論，以及在工作上可以如何運用。

## 深思熟慮的大腦

首先，先看大腦中我們比較熟悉的部分，這個部分主要與「前額葉皮質」（prefrontal cortex）有關，掌管我們小心翼翼做出來的事情。大腦這個部分的名稱五花八門，科學界有時稱為「受控（controlled）系統」，或是「外顯（explicit）系統」、「反思（reflective）系統」，康納曼叫它作「慢想（slow）系統」，原因是這個系統的確是大腦兩個系統中比較慢的一個[5]。本書則稱為**深思熟慮系統**（deliberate system）。

深思熟慮系統主要與成人的行為有關，嬰幼兒如果出現這種行為，我們會嚇一跳，如果是青少年同樣令人訝異，相關行為包括講道理、控制自己，以及做事有遠見。

「講道理」不只是思考要有邏輯而已，而是面對所有非例行公事的情境時，努力找出最佳應對方式。不論是修改有問題的文件，或是想辦法協助壓力太大的同事，都得運用大腦的「深思熟慮系統」：此時，我們得檢視資訊，回想過去的經驗，弄懂眼前情境的意義，找出各種選項，接著還得仔細評估。在這個過程中，我們需要邏輯，也可能需要同理心與創造力。

「控制自己」遠比我們以為的複雜，最明顯的例子是我們必須抗拒誘惑。同事頂著新髮型出現時，不論我們覺得多難看，都得吞下自己的話，絕不能傻傻脫口說出：「怎麼剪成這樣！」除此之外，自我控制也和科學家所說的「情緒調節」（emotional regulation）有關，換句話說，就算心情不好，也得裝得一副沒事的樣子，還有就算碰上令人分心的事物，也能努力集中注意力。

最後，深思熟慮還肩負「計畫」的功能，也就是設定目標，朝著目標走。計畫需要抽象思考的能力，先想像未來的樣貌，接著考慮各種抵達目的地的方法，評估每一條路最終帶來的好處。我們每天都在做這種複雜的計算，就算目標只是很簡單的準時參加會議。

簡單來講，深思熟慮系統讓我們展現最完美的一面。當它運作得宜，判斷力強，冷靜又可靠。不過老實講，我們很難一天二十四小時都是這樣的完美人士，原因是深思熟慮系統並非萬能。

## 聰明但慢吞吞，得一步一步來

首先，人類深思熟慮的能力有限，因為深思熟慮極度占用大腦的**工作記憶**（working memory）。工作記憶是我們在思考該怎麼做的時候，大腦用來儲存資訊的空間，那是暫時記下新資訊的便條紙，也是找出大腦原先儲存的資訊的圖書館員，然而人類暫時接收新資訊的能力有限。多年來，學界認為我們一次最多只能記住七種資訊，近日的研究甚至認為我們一次只能記住三到四種資訊。[6]

便條紙上的這三、四種資訊可大可小。舉例來說，假設我為專案想到一個很好的新點子，大腦的工作記憶完全被這個新點子占住，但這時，我們腦中冒出一個同事的名字，因為必須打電話給他。接下來，面前的螢幕突然跳出訊息，手機也閃了一下。一切的一切，都會占用大腦工作記憶的空間。我們再也無法跟剛才一樣好好思考專案，因為大腦便條紙上的新點子已經移除，被同事的名字、螢幕提示訊息與手機亮光取代。**剛才**想到哪裡？怎麼想不起來了？換句話說，大腦工作記憶空間的大小，限制我們善用邏輯推理、控制自己，以及計畫接下來行動的能力。

事情還不只如此。雖然大腦能同時存取三到四項資訊，研究顯示，我們其實一次只能**做**一件事。我們看起來可以同時做好幾件事：一邊講電話，一邊收信。然而，我們的深思熟慮系統其實並未同時做好幾件事，而是不斷從一件事切換到另一件事，[7]而且一下子就累了。如果我們不定期休息，不幫大腦補充能量，我們的邏輯推理、自控與計畫的能力會急速下降。[8]除此之外，如果大量使用其中一項能力，其他能力也會被壓縮。例如研究發現，如果我們被要求記下七個隨機數字，就比較難動用自我控制的能力，抵抗吃高卡路里蛋糕的誘惑。[9]也難怪在冗長會議的尾聲，我們難以發揮創意，因為精力已經全部耗在維持數小時的禮貌與專注，沒有餘力提出精彩點子。

如果我們能簡單生活，深思熟慮系統的限制不是問題，但偏偏我們過著複雜的生活。太多的資訊和可能性不停地轟炸我們，就算只是和身旁的人閒聊幾句，大腦不但得弄懂聊天對象所說的話，還得解讀對方的一舉一動。對方說話的語氣、肢體語言，以及他剪的大膽髮型，究竟是什麼意思？他到底想傳達什麼訊息？我們的視野裡有無數東西，每一個都是干擾。此外，人類的大腦永遠在飛快運算怎麼做才對，要如何回應，如何看待每一件事？如果要刻意仔細思考身邊每一個蛛絲馬跡，一個都不放過，強迫自己找出所有可能的回應方式，大腦會立刻像過載的電腦一樣當機。

## 自動化系統

我們人如何處理身旁永無止境的資訊轟炸？大腦的第二個強大系統提供了答案，我稱之為**自動化系統**（automatic system）。這個大腦系統和深思熟慮系統一樣，名稱五花八門，有的科學家稱之為「反射性系統」（reflexive system），其他人則給了和動物有關的名稱，例如「黑猩猩（chimp）系統」或「大象（elephant）系統」。有的人稱之為「潛意識」

（subconscious），康納曼則叫它「快思」（fast）系統，原因是這個系統的速度，遠勝過可以處理複雜事物、但速度較慢的意識。不論叫什麼名字，此一大腦系統的神奇之處，在於能夠自動處理人類大部分的日常事務，無須有意識地考慮每一件事，一下子就能自動幫我們決定好，讓我們有餘裕處理深思熟慮系統必須應付的事，像是處理不熟悉的情境、抵抗誘惑，以及預先計畫。大腦的自動化系統很棒，嗯，多數時候都很棒。

大腦的自動化系統能以各種方式減輕深思熟慮系統的負擔，最明顯的例子是，自動化系統會直接設定好步驟，讓我們有辦法自動處理熟悉的事物，像是簡單的出門時要鎖門，以及抓準時機踏上與離開電扶梯，以免跌倒。不過如果動作夠熟練，大腦的自動駕駛功能也能處理複雜的行為，這就是為什麼即使平日的工作內容很複雜，我們不用多想就可以開始進行。

除此之外，大腦的自動化系統和深思熟慮系統不同的地方，在於自動化系統可以同時處理好幾件事，不必一件一件慢慢來，能一下子處理大量資訊。這個系統用過去的經驗解讀當下發生的事，默默處理所有資訊。也因此，除非是「靈光一閃」的時刻，我們不常意識到大腦幫我們做了多少事。

光是以上幾點，自動化系統已經用途多多，不過它還能以另一種方式幫大腦省力：快速篩選資訊與點子，把重要的事挑出來，排出優先順序，將剩下的丟掉，大幅減少深思熟慮系統的工作量。然而，由於一切發生於潛意識，我們不會注意到自己聽過或看過、但被自動化系統篩選為「垃圾郵件」的資訊。

## 垃圾郵件篩選

大腦的自動化系統為什麼有辦法快速篩選資訊？簡單來講，原因是自動化系統抄了捷徑，就跟電腦的郵件篩選設定一樣。舉例來說，電腦會把收件人數眾多的來信標示為垃圾郵件，電腦其實並未完整讀取郵件內容，只是依據「群組信通常是垃圾郵件」的原則下判斷。垃圾郵件篩選器有時會判斷錯誤，但是比我們親自一封封看過群組信快。同樣的道理，人類大腦的自動化系統會採取簡單的捷徑，好讓心智的收件匣不至於爆滿。大部分的時候，捷徑是好事，可以幫大腦省力，不過有時也會出錯。

行為科學家已經找出數百條大腦捷徑，他們稱之為**捷思法**（heuristics）。各位可能聽過大腦捷徑帶來的問題，例如「確認偏誤」（confirmation bias）、「團體迷思」（groupthink）、「促發」（priming）等等，沒聽過也沒關係，後面的章節會再詳細探討，書末也有詞彙表。大腦的捷徑五花八門，不過有一件事是一樣的，它們讓深思熟慮系統把注意力放在相對容易理解的事物，感覺上像是大腦在說：「很難懂的事，以後再說吧。」大腦缺乏耐性的自動化系統與真實世界的互動像這樣：

**真實世界：**「情況非常複雜……我得告訴你很多事，有些事介於灰色地帶……每個人都不一樣，沒有一定的標準……」

**自動化系統：**「這樣吧，我們就挑重要的事，簡單做一點假設，然後專注於那件事就好。OK？」

由於大腦的自動化系統不喜歡太複雜的事，我們平日其實並未體驗到完整的真實世界，隨時隨地都活在經過大腦剪輯的簡化版本之中。普林斯頓大學心理學家安．崔曼（Anne Treisman）早在一九六七年，就發現此一自動化系統的**選擇性注意**（selective attention）現象，[10]不過大多數的人難以接受這個概念。我們無法接受的原因可以理解，篩選是自動發生，發生於潛意識之中，我們無知無覺，自然不願意相信。

儘管一切聽起來像是天方夜譚，聯合學院（Union College）的克里斯．查布利斯（Chris Chabris）與貝克曼大學（Beckman College）的丹．賽門斯（Dan Simons）這兩位心理學家，用影片實驗證實我們人的確有「選擇性注意」。在那段著名的影片中，一個穿著黑猩猩服裝的人，走過一群正在傳籃球的人，中間還停下來對鏡頭捶胸，但觀看影片的受試者中，居然有一半的人沒看見那隻黑猩猩。[11]

我擔任顧問的時候，每次我播放查布利斯和賽門斯教授的實驗影片，結果都一樣，每次至少有一半的人沒看到猩猩。怎麼會這樣呢？因為我在影片的開頭，和兩位教授做了一樣的事，要求大家數一數畫面中穿白上衣的人一共傳了幾次球。在我要求之後，大家的大腦自動化系統開始執行一個簡單又強大的規則：「目標＝要注意的事；其他的事＝要忽略的事。」[12]

可以節省精力的自動化系統，不只篩選我們看世界的方式，還讓我們做出最有效率的決定，讓我們選擇最不費力的選項。如果有現成選項，便不必費太多力氣思考，或者我們最近聽說過很像的事，大腦的自動化系統就會說：「太好了！『最明顯的選項＝最棒的選項』，不用想那麼多。」

前述這種決策的捷徑就和感知的捷徑一樣，在日常生活最能派上用場，例如我們在想中午要吃哪一家餐廳，自動化系統會讓我們不必讀一堆食記再做決定。印象中，剛才搭電梯時，義大利同事用義大利文打了招呼，感覺還滿 high 的，而最近有一家新開的餐廳叫路易吉，就是義大利餐廳，好吧，就訂那家，問題解決了。如果是重大決定，走大腦捷徑可能不是好事，如果不是在想午餐要去哪裡吃，而是決定公司應該拓展到哪一國，不能因為義大利同事今天看起來很開心，就決定把分公司開在義大利。

## 有好也有壞

行為科學家常說，大腦的自動化系統採取的捷徑，導致我們做出不理性的事，看不到周遭重要的事，或是選擇簡單的出路，沒選真正該做的事。不過我會說，我們的大腦其實採取了高度理性的策略，讓我們有限的精力得以發揮最大功效，只不過我們需要瞭解深思熟慮系統與自動化系統之間的互動，讓兩者相輔相成。本書接下來的章節會再進一步強調這點。

避開大腦捷徑缺點的第一個方法，就是向大腦強調哪些是「重要」的事，要自己特別關注，以免事先自動篩選掉。既然我們感知到的現實是主觀的，何不把握這個機會，把現實塑造成我們要的樣子？在本書接下來的第一部分，我會解釋詳細步驟，告訴大家清楚訂立目標的重要性。

除此之外，我們也可以精打細算，好好利用深思熟慮系統有限的容量，盡量不占用珍貴的工作記憶。我會教大家，如何在設定目標、管理工作量與解決問題時（本書第一、第二、第四部分）運用相關技巧。此外，我會在第四部分提供幾種簡單的生活方式，幫助大家慢下腳步，在做重大決定時，充分利用深思熟慮系統提供的智慧。

人看到的世界不完整，瞭解這點之後，我們也能解釋為什麼職場上常有摩擦。你想想，如果有兩組人在討論事情，一方眼尖、看到大猩猩，另一方則專心數傳球次數，沒看到大猩猩。這麼一來，雙方都堅信自己看到的事真的發生了，一定會覺得對方的腦袋有點問題。「剛才有一隻大猩猩！」「別亂開玩笑！怎麼可能有大猩猩，還有你們是笨蛋嗎？連數一、二、三都不會！」由於大腦覺得該關注的事情，每個人不太一樣，這種雞同鴨講的對話每天都在發生。本書第三部分會介紹如何解決這種爭論，第五部分也會介紹如果希望別人關注我們的點子，要如何不讓他們的大腦把我們的話當垃圾郵件篩選掉。

最後，既然現實是主觀的，不論情勢有多糟，我們總能換個角度看事情。我們如何解釋自己碰到的事，操之在己的程度其實超乎想像，因此就算工作有時順、有時不順，我們也能無入而不自得。本書的第四部分會再進一步談如何愈挫愈勇。

**別忘了大腦有兩種速度：**

- **深思熟慮系統**負責複雜的功能，例如邏輯推理、自我控制，以及做事要有遠見等等。如果碰上不熟悉、複雜或抽象事物，此一系統可以幫助我們渡過難關。然而，這個系統容量有限，很容易疲累，也因此過度使用或分心的時候，我們很難做出聰明、可靠、兩全其美的決定。
- **自動化系統**可以減輕深思熟慮系統的負擔，自動幫我們做大部分的決定，並採取捷徑，過濾掉「不重要的」資訊與選項。這個系統大部分時候可以幫我們很多忙，但不可避免會帶來盲點。此外，由於沒有人看到的現實完全客觀，我們在職場上容易意見不合，連帶做出不理想的決策。
- 如果我們能配合大腦這兩套系統各自的侷限，就能兩套都充分利用。我們在運用深思熟慮系統時，必須提供最理想的環境，知道何時該慢下腳步，暫時停止自動駕駛模式。

## 主題二：「發現」與「防禦」

我們的大腦隨時在留意周遭是否有該避開的地雷，也在注意是否有該衝過去拿的好東西。我們遇到的每一件事，不管是收到電子郵件或是與他人對話，大腦問的第一個問題就是：「這是威脅還是獎勵？」接著大腦會依據答案做出反應，保護自己不受「威脅」，或是高高興興接受「獎勵」。

我們的日常行為深受這個基本的「威脅或獎勵」問題影響，也因此，我們覺得該保護自己時，會冒出某種行為模式；覺得人生美好時，又會出現另一種行為模式。本書用**防禦模式**代指我們專心保護自己的模式，**發現模式**則是我們覺得人生順利的模式。不意外的是，我們處於防禦模式的時間愈少，愈是覺得日子很美滿。我將進一步解釋這兩種模式，介紹如何讓生活盡量處於開心狀態。

### 防禦模式：保護自己，免於威脅

請想像以下這個情境：你正準備上班，今天有一個新案子，要開一場很重要的會議。你看了一下行事曆，確認會議地點和開會時間之後，漫不經心地下車，準備穿越馬路。突然間，一輛卡車朝你衝過來，幸好你及時反應，立刻後退，沒被撞到。你心跳加速，手機掉在地上，好險手機沒摔壞，人也沒受傷。

這種威脅性命的情境，將刺激紐約大學神經科學家喬瑟夫・勒杜（Joseph LeDoux）所謂深藏於大腦自動化系統的「生存迴路」（survival circuits）。[13]生存迴路接收到潛在危險的徵兆後，就會出現**戰、逃或呆住**（fight, flight, or freeze）的反應，以便立刻保護我們。也就是說，我們可能回擊（戰），也可能跑走（逃），或試著判斷威脅的本質，待在原地不動（呆住）。如果卡車朝我們衝過來，可以救命的策略主要是「逃」（立刻往後退），可能還加上一點「呆住」，因為我們想弄清楚究竟發生了什麼事。如果我們還對卡車罵上幾句髒話，代表多加了「戰」的反應。

前述保護自己的反應，由大腦強大的自動化系統操控。此時自動化系統除了影響上一節提到的認知與選擇，還迫使我們立即行動。我們平日要自己動起來時，例如早上準備上班或開會準備發言，神經系統會讓體內充滿腎上腺素與正腎上腺素等荷爾蒙。這類荷爾蒙濃度適中時，我們會感到清醒，注意力集中，大腦蓄勢待發，不管等一下要通勤，還是開會，我們都準備好了。

一旦我們感到無法控制情勢，大腦和腎上腺會讓全身充滿大量的腎上腺素與正腎上腺素，並且多分泌一種叫「皮質醇」的荷爾蒙。這種荷爾蒙起作用的速度比較慢，但較為持久。[14]體內大量的化學物質讓我們從原本的蓄勢待發，變得有點像亡命之徒，呼吸加快，心跳加速，大量充氧血進入肌肉，只看見正前方的景象，犀利地專注於最迫切的威脅。我們的身體說：「來吧！我們準備好戰、逃或呆住，我們會保護主人，不讓他受到威脅。」

大腦中的**杏仁核**主導著負責緊急應變的生存迴路，永遠在尋找周遭是否有可疑、模稜兩可、和以前不一樣的事，努力找出環境中的潛在威脅。此外，杏仁核很容易被觸發，即使是小事也一樣，例如光是看到陌生人皺眉的照片，我們就可能心生警惕。[15]此外，杏仁核只要覺得有任何值得關切的事，就會啟動「戰–逃–呆住反應」，而且一切發生在一瞬間，我們無法用意識阻止。就像差點被卡車撞到等千鈞一髮的反應可以救命，不能慢慢想。

立即的反應很強大、很有用，然而生存迴路要是一直跳出來保護我們，麻煩就大了。首先，準確度通常會被速度犧牲，生存迴路的準則是「安全第一，其他的以後再說」，因此我們會「看到黑影就開槍」，等下意識的膝反射過去**之後**，大腦處理複雜事物的系統才會接收到細節。此時我們才看清楚，原來剛才那團黑黑的東西是家裡養的寵物，不是闖空門的小偷。我們覺得自己有夠呆，開始大笑，但依舊喘個不停。

第二個問題在於我們感受到威脅時，大腦會把資源讓給防禦反應，沒資源給聰明、但速度慢的深思熟慮系統。如果大草原上的老虎正在追我們，為了活命，關掉那部分的大腦可以救命。然而，如果我們面臨的「威脅」不需要拔腿就跑，而是需要把事情想清楚，例如被客戶批評，或是最後期限突然提前，此時關掉大腦最強大的認知能力就不是一件好事了。耶魯大學神經生物學教授艾美．安斯坦（Amy Arnsten）發現，陷入防禦模式影響腦力的程度，遠高於科學界先前的設想。就算是非常輕微的負面壓力，大腦前額葉皮質的活動也會大幅減少，也就是說，深思熟慮系統發揮大多數作用的區域將減少運作[16]，一點點壓力就會讓我們的腦子無法好好思考。

## 你在威脅我？

現代人需要瞭解大腦的防禦模式，因為人類已經不同於從前生活在大草原上的老祖宗。現在我們身邊已經沒有吃人的獅子、老虎，然而生存迴路依舊勤奮工作，依舊想在今日高度分工的專業世界保護我們。如果有人在私底下的場合或在工作時冒犯我們，我們的大腦仍然會快速做出回應，就像生命受到威脅一樣。因此，如果我們傳簡訊後對方一直沒回，或是同事似乎不認同我們的看法，也會激發我們的「戰－逃－呆住反應」。我們被質疑時，會說不出話來（呆住）；如果聽不懂別人在說什麼，會掩飾真實情緒或關上耳朵（逃）。認為別人做得不夠好，則可能破口大罵（戰）[17]（本書接下來的章節，還會進一步討論職場上讓我們陷入防禦模式的地雷，第九章也提供方便查閱的檢查表）。

我們的生存迴路碰到職場上的威脅時，就跟生命安全受到威脅一樣，可能會誤判。例如，排隊等著用咖啡機的人對你皺眉，可能是討厭你，因為你插隊，但也可能根本沒這回事，那個人只是想到自己等一下開會要遲到了；你卻誤判而生氣地回瞪。由於大腦忙著把精力用在「防禦」，你遲了兩秒才認出他是新來的財務主管，你手上有個案子需要他協助。這下慘了，剛才應該跟他聊個天，而不是瞪他才對。生存迴路得一分，深思熟慮系統零分。

我們每天在職場上面對的就是那麼麻煩。有防禦系統很好，可以在生死交關時救我們一命，然而防禦系統開啟時，腦袋不會想太多。碰上必須小心面對或複雜的情境時，我們希望表現得像是演化成熟的高等人，但有時大腦讓我們像一隻被圍困的野獸。我們工作時脫口說出「啊，完了」、發現自己做錯的時刻，大都可怪罪防禦模式。要是沒有防禦模式，就不會有那麼多盛怒之下罵人的電子郵件，或是地盤之爭。

## 嗯，這下就說得通了

雖然防禦模式有時令人尷尬，但不用太緊張。既然我們知道很多幫倒忙的行為，其實來自大腦想要保護自己的直覺，那就好辦了。

首先，如果知道我們碰到的其實是「戰–逃–呆住反應」，同事莫名其妙的行為通常就說得通了。我們可以問，是什麼樣的威脅造成對方那樣的反應，找出答案就能改善情況，而不是火上加油，怒目相向，讓對方感受到更大的威脅。本書的第三部分將進一步探討人際關係的這個面向。

我們自己也一樣。如果我們能察覺大腦正處於防禦模式，就能想辦法破解。我們無法阻擋自己所有的直覺反應，但可以留意徵兆，找出是什麼讓我們像驚弓之鳥。如果想重啟大腦的深思熟慮系統，重新當個文明人，我們首先必須有自覺。此外，還必須進一步瞭解自己究竟有哪些地雷，別人踩到時，才能立刻恢復正常。本書的第三與第四部分會進一步解釋這件事，幫助大家應付棘手的情境，而第六部分也會教大家如何在被刺激時保持鎮定。

## 發現模式：找出獎勵

讓自己抽離防禦模式的第一步，就是意識到自己正處於防禦模式。只要我們知道自己被刺激且知道原因，碰上充滿壓力的挑戰時，就能讓大腦的獎勵系統發揮作用，改善情況。

我們的防禦系統會尋找威脅，確保自身安全，獎勵系統則不斷尋找周遭潛在的好東西。除了生存所需的食物與性愛等原始獎勵，我們也尋求「讚美」與「樂趣」等不那麼顯而易見的獎勵。每當大腦的獎勵系統發現了好東西，會釋放多巴胺與腦內啡等神經化學物質，讓我們產生欲望與愉快，指使我們去追，就像拉布拉多追網球一樣。那種「我想要」或「我喜歡」的感覺，會讓我們積極追求帶來獎勵的好事，進入充滿期待、企望探索的心理狀態，也就是我所說的**發現模式**。

我們可以把「發現模式」與「防禦模式」想像成「發現-防禦坐標軸」（discover-defend axis）的兩端。我們在處理工作上的挑戰時，如果處於「發現」那一端，而不是「防禦」，獎勵多過威脅，將更能應付挑戰。因為大腦處於發現模式時，生存迴路不會抓狂，不會啟動「戰-逃-呆住反應」，深思熟慮系統得以全力運轉，一天之中碰上挑戰時，將有更多腦力可以應付。此時，我們的思考不會過於簡化、非黑即白，因此能把事情想清楚，保持彈性，一路過關斬將。研究也發現，「處於正面心情」與「能夠解決需要分析的難題」兩者高度相關。[18] 當然，這不代表發生問題時可以不用管，保持好心情就對了。發現模式不是這個意思，重點是只要大腦不處於防禦模式，就能好好想清楚。

說了這麼多，平日職場上碰到問題時，我們如何才能從「防禦」那一端，跑到「發現」那裡？答案是，我們要尋找眼前的潛在獎勵。如果能用好東西引誘大腦的獎勵系統，遇上困難時，我們就愈可能運用發現模式的智慧處理問題。

## 人類最喜歡的幾樣東西

當然，壓力很大的時候還要找到正確獎勵，不是一件容易的事。工作時如果碰上很難溝通的人，我們通常很難靠食物或性愛等原始獎勵渡過難關。此外，我們知道錢可以刺激大腦的獎勵系統，不過研究顯示財務報酬帶來的影響十分短暫。[19]再說了，不太可能每次我們心情緊張的時候，公司就剛好發獎金。幸好只要我們仔細尋找，生活周遭其實有比錢更可靠的獎勵。

舉例來說，幽默就是一種獎勵。假如你正在開一場壓力很大的會，氣氛緊張，所有人似乎都處於防禦模式，有人說話開始帶刺（戰），有人頭低低的（呆住），有人「突然接到緊急電話」，必須出去一下（逃），但某位同事這時講了一句很幽默的話，所有人都笑了。這是一個很小的獎勵，卻足以打破緊張氣氛，讓在場的人重返發現模式，重啟大腦中的深思熟慮系統，整個會議似乎便可以有進展了。

幽默能起作用的一個原因在於，幽默讓我們感到和他人產生連結。人類的大腦很喜歡社交獎勵，只要想想我們被尊重、被感謝、被公平對待的感覺有多好，就能明白這個道理。人類之所以高度需要歸屬感，原因大概是我們的老祖宗生活在大草原上，得靠著部落的支持才能活下去。[20]加州大學洛杉磯分校（UCLA）的社會神經科學家麥特．利柏曼（Matt Lieberman）發現，大腦對歸屬感的反應十分近似原始獎勵[21]，也因此，就算我們處於水深火熱之中，只要有讚美與表揚，便可以讓我們一直處於發現模式，即使是簡單的一句「做得不錯」，也會有神奇的效果。

其他類型的強大獎勵則源自我們內心深處。羅徹斯特大學的心理學家愛德華．德西（Edward Deci）與理查．萊恩（Richard Ryan）深入研究後發現，「自主權」以及「覺得自己很能幹」是非常強大的做事動力。[22]如果我們覺得自己在某種程度上能掌控手上的工作，例如可以自己設定目標、決定做事方法、決定一切的努力是為了什麼，我們會有更好的表現，心情也會變好。

最後，我們學到新鮮有趣的事物時，大腦也會覺得那是一種獎勵，即使只是辦公室八卦。卡內基梅隆大學的神經經濟學家喬治．洛文斯坦（George Loewenstein）曾經探討「好奇心」現象，發現光是得知問題的答案，就能明顯促發大腦掃描受試者的獎勵系統。[23]

本書接下來的章節，會再教大家如何找到相關的社交、個人與資訊獎勵，讓自己在工作碰上挑戰時保持專心，見機行事，不會處於防禦模式。此外，我也會教大家使用星際大戰絕地武士的心靈技巧。如果各位大方一點，讓同事也獲得大腦的獎勵，你們之間的互動品質（本書第三部分）與溝通（第五部分），也會變得更理想。本書的第七部分會再教大家如何把獎勵加進每一天的工作中，讓自己更想上班、更有動力工作。

**「發現—防禦坐標軸」一二三事：**

- 大腦不斷尋找要抵禦的威脅，也不斷尋找獎勵。
- 人處於**防禦模式**時會變笨、不懂得變通，因為大腦將寶貴的腦力，用在預備對潛在威脅做出「戰—逃—呆住反應」，沒有足夠資源留給深思熟慮系統。就算是很小的事，也可能引發防禦模式。
- 人處於**發現模式**時，會努力尋找幾種獎勵，包括（一）與社交有關的感覺，例如歸屬感、被認可等；（二）感到自己有自主權、能幹、有目標；（三）從學習或體驗新事物中得到資訊獎勵。
- 我們若能辨認出自己何時進入防禦模式，就能調整自己，把腦力留給工作上的挑戰，而不是忙著張牙舞爪。我們能再次把注意力用在尋求身邊潛在的獎勵，重啟深思熟慮系統，重返發現模式。

## 主題三：身心迴圈

本書經常提到的另一個主題，則是我們的「身」與「心」不斷在互動。我們都知道心理狀態與生理狀態之間有關聯，例如壓力會讓心臟怦怦跳，腳指頭撞到東西的時候，我們會有幾秒鐘痛到無法清楚思考。此外，我們知道自己沒睡好時也會缺乏耐性，沒心情開玩笑等等。

儘管我們知道身心之間有關聯，我們平日的行為，卻是一副「身體健康」與「大腦功能運作」是兩回事的樣子，不覺得身體會嚴重影響工作表現。我們老是說「現在沒時間休息」，或是「這陣子忙完後，我就去運動」，好像為身體補充能量是一種行有餘力再說的奢侈行為，而不是提升績效的方式。

事實上，數十年來的研究都告訴我們，我們對待身體的方式，大大影響了大腦的表現，因為身體會影響大腦血流與神經化學物質的平衡，還會影響大腦不同區域之間的連結程度。研究發現，花時間運動和睡覺，甚至只是花個一分鐘深呼吸，露出大大的微笑，把身體站直一點，就能立刻提振腦力，讓心情好起來。本書的第一部分到第七部分，會再介紹調整身體如何協助我們達成目標，不過這裡先預告幾個重要主題。

## 睡眠

睡眠被剝奪時，大腦的深思熟慮系統很難發揮奇妙的威力。疲累的大腦供給前額葉皮層的血液會減少，我們難以聰明應對突發狀況，也很難想出新點子，碰到壓力也無法保持鎮定。此外，睡得不夠會讓我們記憶力變差，無法學習新事物，大腦需要睡眠，才有辦法把一天之中的經驗轉換為長期記憶。[24]某位我認識的執行長有一個妙喻，他說睡不飽就像是辛苦工作一整天卻忘記存檔。

怎麼樣叫「睡眠被剝奪」？答案每個人不一樣，不過大部分的人需要睡滿七至九小時。[25]哈佛睡眠醫學教授查爾斯．蔡斯勒（Charles Czeisler）表示：「我們現在知道，連續一週每晚只睡四、五個小時減損腦力的程度，等同血液中的酒精濃度〇．一％。」[26]換句話說，睡眠不足讓我們有如喝醉。套句蔡斯勒教授的話：「我們絕不可能說：『這是一位很棒的員工，因為他永遠醉醺醺的！』只是，我們一直稱讚犧牲睡眠的人。」

如果想讓大腦更有效率，當務之急就是讓自己睡個好覺。這是最能確保一天過得好的方式，睡不好就一定過不好。本書的第四部分與第六部分，將分別探討良好的睡眠會影響「認知表現」與「情緒恢復力」（emotional resilience）的科學證據，並教大家幾招睡飽飽的方法。

## 運動

蔡斯勒醫生宣揚睡眠的好處，另一位哈佛醫學院臨床精神科醫師約翰・瑞迪（John Ratey）則宣揚運動的好處，過去十年來一直致力讓民眾瞭解運動與心智功能之間的關聯。[27]

相關的科學證據十分驚人，研究顯示光是做一節有氧運動，能立刻提升智力表現，大腦處理資訊的時間變快，反應時間縮短，做計畫更有效率，短期記憶表現提升，自我控制的能力也增加。[28]也就是說，大腦深思熟慮系統的所有功能全部增強。布里斯托大學的研究人員也發現，受試者如果上班前先做運動，或是午休時間動一動，專注力與處理工作的能力也會大幅提升。[29]此外，運動能讓人心情愉悅、增加鬥志（上升四一％），更能抗壓（增加二七％）。

為什麼運動能立刻幫到我們？部分原因是運動會增加腦部血流量，而且刺激多巴胺、正腎上腺素、血清素等神經傳導物質的分泌，讓我們的興趣、警覺性、快樂程度都大幅增加，也因此，瑞迪醫生很愛提一句話，他說運動「就像是一點利他能（Ritalin），再加一點百憂解（Prozac）」。運動之後，腦袋會變清楚，令人煩心的事好像也沒那麼嚴重了。[30]此外，研究還顯示，每天光是短短做二十分鐘運動，就能增強腦力，改善心情。[31]光是在午休時間快走一下，就能活力大增。

## 正念

「正念」（mindfulness）也提供了「身」與「心」之間的橋梁。一般人聽到「正念」兩個字，會想到穿著五顏六色袍子的靜修僧侶，不過正念其實是近年來很熱門的活動。Google與美國陸軍等組織都靠著正念，改善機構人員的績效與抗壓能力。大量研究顯示，正念會提升分析思考能力、洞察力、專注力、自我控制能力、幸福感、精神與情緒恢復力[32]，好處多多。似乎對平常的一天有益的東西，正念統統能提供，好到不像是真的，不過研究人員的確觀察到，受試者學習正念之前與之後，腦部掃描發生明顯變化：深思熟慮系統各部分的連結增加，面對負面刺激時的生存迴路反應減少。這意味著受試者有更多時間處於高功能的發現模式，不再那麼常處於讓大腦變笨的防禦模式。正念的好處名單那麼長，就是因為這個根本原因。[33]

正念聽起來是一種好東西，但到底什麼是正念？其實基本作法很簡單，就是靜下來關注一件事。萬一走神，就努力再次集中注意力。**停下、專注、再次專注**，時間多長都可以，可以是幾秒鐘，也可以是二十分鐘以上。一般人觀照的對象，通常是自己的呼吸，因為呼吸一直都在，而且一毛錢都不用花，不需要買袍子，也不用買墊子。

關於正念效用的研究，大都集中在參與數週「正念減壓」或「集中注意力」課程的學員，不過研究人員也發現，光是少少的一天練習五分鐘也能產生效果，對於生活超級忙碌的現代人來說，五分鐘不難安排。[34]哈佛的心理學教授艾倫．藍格（Ellen Langer）甚至表示，這不是一天能否抽出五分鐘的問題，正念是一種態度，我們可以在一天之中隨時隨地慢下來「留意新事物」。[35]本書接下來的章節會教大家如何輕鬆練習正念，並在第六部分進一步探討。

## 「假裝」也能成真

最後，我想告訴大家用「身」提升「心」最令人訝異的一件事。研究指出，神經系統具備連結「大腦」與「身體」的雙向回饋迴圈，「由心到身」這部分我們很熟悉，例如我們知道心情輕鬆愉快時，呼吸比較順暢，也比較容易展露笑容。不過研究告訴我們，反過來其實也一樣。我們慢下呼吸、讓自己微笑時，大腦會把那些動作解讀成**應該要**感到輕鬆愉快的訊號，接著便讓那樣的心理狀態成真。自信也是一樣。我們如果模仿領袖的動作，站得比別人高、抬頭挺胸、做出大膽的手勢等，大腦也會解讀成我們真的是領袖，進而做出領袖會做的事。

「裝久了就會成真」對我們來說是很寶貴的研究發現，因為這代表我們有可能用身體反向操作我們希望擁有的心態。我們無法靠假裝解決一切問題，不過接下來，我會告訴大家如何靠這一招增加自信與活力（請分見第五部分與第七部分）。

**身心迴圈重點摘要：**

- 我們對待身體的方式會立即直接影響大腦的表現，大腦的認知與情緒功能都會受到影響。
- 擁有充足的睡眠，做一點有氧運動，以及花個幾分鐘練習正念，都是大腦深思熟慮系統的大補帖。
- 我們如果模仿人在開心、自信、輕鬆狀態下的肢體動作，大腦會覺得我們**真的**開心、自信與輕鬆，進而讓假的變成真的。

## 小結

前述的「大腦的雙系統」、「發現與防禦」、「身心迴圈」等三大主題，只是行為科學家數十年研究成果的滄海一粟。不過，我在輔導客戶活出美好的一天時，最有效的建議不脫這三個主題。這三個主題，可以讓我們用聰明、有效的方式應付工作上的挑戰。接下來，我會教大家在生活中實際運用這三大概念，讓日子幸福又美滿。

# 第一部分 排出優先順序：幫一天定好目標

潛意識如果未進入意識，潛意識會主導我們的生命，我們還以為那是命運。

——卡爾．榮格（Carl Jung）

接下來，我先告訴大家一個小故事。幾年前的一個早上，我因為完全沒做到即將介紹給大家的建議，結局有點悲慘。

那天我醒來後，心情很不好，因為我才進新公司一星期，就被迫加入一個我沒興趣的新專案。老闆為了說服我，一直說我和資深同事盧卡斯（Lucas）絕對是完美組合。據說盧卡斯是埋頭苦幹型的人，負責專案的執行層面，所有和分析或發想點子有關的工作，統統交給他就好，我則扮演「和事老」的角色，負責出面和所有人溝通，協助客戶訂出公司同仁會真心支持的計畫。我能理解為什麼老闆覺得我和盧卡斯是絕配，但我總覺得我們兩個人的工作方式格格不入。

那天早上，我公司的團隊準備和新客戶開第一次的大型會議，結果我睡過頭，匆匆忙忙出門，一路上覺得又煩又累，腦筋一團亂，抵達會議現場後，心更是涼了一半。那間會議室又小又暗，天花板很矮，就是那種現代辦公大樓常見的視訊會議室。在場人士坐在一排排椅子上，像是在參加沉悶的法院公聽會，接著視訊螢幕上出現客戶公司一張張天曉得誰是誰的臉，我更不想開會了。

我心想，天啊，絕對要再來一杯咖啡。但還來不及倒，盧卡斯就劈頭講起厚如磚頭的資料，沒先來點整體的介紹，就一直講一直講。我努力跟上他，也盡量幫助大家進入情況，但這場冗長的會議根本是耐力大考驗。所有人都弄不清楚主題究竟是什麼，紛紛竊竊私語，心浮氣躁。終於開完會後，我不覺得自己起了什麼正面的作用，一切就跟接案之前擔心的一樣，我的心沉到谷底。

後來我振作了一點，覺得一定得和盧卡斯談一談。好的開始是成功的一半，這次我們和客戶開頭卻不是很順利。然而，我說出我的想法時，盧卡斯一臉難以置信的樣子。他不覺得那間會議室有什麼不好，而且對新專案感到非常興奮，準備大展身手。盧卡斯很高興終於有機會和所有人談自己的點子，他知道這次開會他想做什麼，而且也做到了。

當然，我和盧卡斯的觀點會如此不同，原因在於我們兩個人個性不一樣，不過性格只能解釋很小的一部分，我們簡直像參加了完全不同的會議。在他眼中，一切都很美好；在我眼中，一切都很悲慘。我很快就發現，我根本沒注意到盧卡斯覺得發生過的事。盧卡斯信誓旦旦指出我們幹得漂亮的地方，包括在什麼時候聽眾都笑了，但我幾乎不記得有那些事。我和盧卡斯彼此交換觀點，兩個人各有對錯，但我們討論時絕不口出惡言（沒說「你瞎了嗎？我們兩個開的是同一場會議嗎？拜託你睜開眼睛看一看好不好」）。

不管怎麼說，我們兩個人對於開會的那幾個小時感受十分不同。怎麼會這樣？還有我最想知道的是，為什麼他覺得那場會議很棒，我卻覺得糟到不能再糟？最後，我發現答案在於我們對待那一天的方式。盧卡斯早就決定好自己想看到什麼、自己想完成什麼，以及自己想要的感覺。我則不一樣，我讓一天的行程牽著我的鼻子走。我的確表現出專業的模樣，但我很大的問題是我讓周遭的情境決定心情。

我其實可以左右那天早上的會議品質，但由於缺乏方向，我沒抓住機會。我可以從三項重要的科學研究發現著手：一、我們心中的優先順序與假設，會以驚人的方式影響我們看到的東西。二、設定正確目標不僅能有效提升績效，還能使我們感到開心。三、我們心中的想像會影響我們在真實世界中的體驗。在接下來的三章，我會一一解釋這三件事，相信各位一旦掌握了箇中之妙，就不會像我和盧卡斯開會時那麼想撞牆。

# 第1章　自己決定大腦的篩選原則

我們通常以自動駕駛的方式度過忙碌的一天，忙完一件事，接著忙下一件事，沒時間停下來思考。我們認真工作，如果一切順利，真是老天保佑，不過運氣這種事很難說。工作上碰到了衰事，也只好安慰自己人生不如意事十常八九。

只是我要告訴大家，生活順不順利不必光憑運氣，因為大腦看世界的方式是這樣的：周遭真實發生的事件中，我們只注意到很小的一部分，其他的則被大腦過濾掉。什麼東西不會被過濾掉，深受我們日常的優先順序與假設影響，也因此我們只需花幾分鐘做好心理準備，好好設定自己的大腦，就能改變一天的體驗，讓一天更具生產力、更令人開心。先**決定**好一天的**大方向**，就不會被外界牽著鼻子走。

以下先解釋，為什麼我們體驗到的真實世界和大腦的篩選息息相關，接下來我會教大家如何不花太多時間就設定好一天的目標。

## 我們的主觀現實

前文的〈腦科學基礎理論〉一章提過，這個世界很複雜，然而大腦負責邏輯推理、自我控制與計畫的深思熟慮系統，只能夠關注很小一部分，也因此我們度過一天的時候，自動化系統會幫忙排出優先順序，挑出最值得深思熟慮系統關注的部分，其他不重要的事則忽略。大腦自動幫我們篩選，我們渾然不覺。人類之所以能夠應付複雜的世界，靠的正是這套篩選機制。不過篩選也造成我們體驗到的其實是不完整的主觀現實。這有時是好事，有時是壞事。

大腦的自動化系統過濾掉的事，如果真的不重要，篩選顯然是好事。要不然，我們會把有限的精力全拿去數毯子上有幾根纖維，或是午餐是用哪些食材烹煮出來。光是注意這些事，別的事都不要做了。問題在於我們的自動化系統，有時會把有用的事也列為不重要。舉例來說，如果我們專心查訊息，大腦的自動化系統會判定，不該分散注意力去聽同事剛才問了什麼。直到同事受不了，拉高音量問：「喂，你聽見沒？」我們才向同事道歉，發誓自己剛才沒聽見她說話。嚴格來講我們沒說錯，我們真的**沒**聽到，至少她的話沒進入我們的意識。

我們關不掉自動化系統的篩選功能，因為它是自動的，不過我們**可以**調整設定，搶先定義哪些算是日常的重要事物。如此即可影響大腦意識看到、聽到的東西，不讓那些東西被不小心篩選掉。我們可以靠著設定自己的大腦，體驗到想體驗的現實。

## 我們處於自動駕駛模式時，大腦覺得哪些事重要？

大腦的自動化系統會依據「注意力篩選原則」，決定哪些事夠重要，需要關注，哪些則可以不管。我們瞭解相關原則如何起作用之後，就比較可能「駭」進系統調整設定。

首先，如果我們清楚知道某一項任務很重要，自動化系統就會確保我們看到所有與那樣任務直接相關的東西，其他看似不相干的事很容易全部忽略。各位會說：「**真的是全部嗎**？怎麼可能？如果有讓人嚇一跳的事突然跑出來，不管相不相關，我們一定會看到，不是嗎？」嗯……大量研究顯示我們可能真的看不到[1]，例如哈佛視覺注意力研究室（Visual Attention Lab）的心理學家卓夫頓．卓爾（Trafton Drew）最近和同事一起做研究，請幾位經驗老到的放射師仔細看多張醫學檢查影像，找出異常部分。那些影像是真正的肺部掃描影像，其中幾張很不幸真的有腫瘤，不過最後一張與眾不同，放上了大猩猩的圖片（研究人員以幽默的方式，向本書〈腦科學基礎理論〉那一章提到的大猩猩實驗致敬）。令人訝異的是，那張大猩猩圖片是一般肺結節的四十八倍大，居然有八三%的放射師沒看到。更值得注意的是，哈佛研究人員用眼動儀追蹤後發現，大部分放射師曾經直直盯著那隻大猩猩看，但依舊沒注意到牠。[2]並不是放射師看到了大猩猩，覺得不重要或是把它忘了，而是他們的大腦真的沒意識到那隻大猩猩的存在。換句話說，放射師因為沒要自己的眼睛去搜尋大猩猩，就真的沒看到。

科學家把這種選擇性的注意稱為**不注意視盲**（inattentional blindness）。我們人會看到自己覺得值得注意的事，剩下的則盲目得厲害。因此，替自己設定優先順序十分重要。

我們甚至不需要非常專心做一件事，也會出現「不注意視盲」。例如，我們只要心中想著某件事，就非常容易看到與那件事相關的一切東西，其他則視若無睹。心理學家黑彌．哈德（Rémi Radel）在重視用餐時間的法國做過一項實驗：被迫跳過中餐的受試者在做字詞辨識測驗時，會以更快的速度一下子辨認出和食物有關的字詞。饑餓的受試者認出「gâteau」（蛋糕）的速度比「bateau」（船）快很多。同樣的道理，研究人員如果帶大家去坐船，受試者認出「bateau」（船）的速度則大概會快過「gâteau」（蛋糕）。[3] 大腦的自動化系統會優先挑出我們心心念念之事。

就連我們的態度也會影響平日的知覺篩選設定。新南威爾斯大學的約瑟夫．佛格斯（Joseph Forgas）與史丹佛大學的戈登．包爾（Gordon Bower）兩位教授設計的實驗，先讓受試者做一個小測驗，接著隨機給他們正面或負面的評語，讓受試者分別處於好心情或壞心情。在那之後，又讓心情不同的受試者閱讀虛構人物的描述。那些描述經過刻意挑選，都是中性詞彙，因此那個虛構人物的性格究竟是「活力充沛」還是「莽撞」，是「冷靜」還是「無趣」，完全要看受試者如何解讀。最後兩位教授有什麼發現？[4] 他們發現相較於不開心的受試者，開心的受試者遠較可能做出正面解讀。我們的心情影響所及，甚至不只是我們怎麼看人，另一組研究團隊發現，相較於快樂的人，悲傷的人看山時覺得山比較陡，爬上去會很累，不會是什麼令人開心的經驗。[5]

我們真的**有**可能一起床就知道今天會諸事不順，因為我們接收到的世界，強烈受到我們的出發點影響。大腦的自動化系統會確保我們看到、聽到的符合心中的優先要務，其他則過濾掉，甚至配合我們的心情，讓我們看到好事或壞事。

## 篩選對我們的現實做了什麼事？

好了，所以我們知道自己怎麼想，會影響自己怎麼看，我們該如何運用這種現象？假設你和我坐在同一間會議室，參與了同一場討論，我重視、關心的事、我的心情，都會影響我怎麼看發生的事情。你也一樣，你看到的東西會受你關注的事和你的心情影響。因此我的確可能沒看到你在乎的事，整個人陷入你根本沒發現的事，也難怪當年我和盧卡斯開的那場會議，不是我職業生涯的巔峰。我走進會議室時心情不佳，盧卡斯則正好相反；他覺得那場會議精彩萬分，我們兩人分別體驗了我們眼中的真實情境。大腦的自動化系統盡忠職守，把注意力分配給我們心中重要的事，進而塑造了版本各異的現實。

各位希望自己的大腦多關注哪一種現實？下次開會的時候可以試一試。舉例來說，如果我們的主要目標是大聲疾呼某件事，我們八成會留意每次自己被打斷的時刻，並且注意別人占用了多少說話時間。此外，我們大概還會在不知不覺中錯過別人提出的意見，因為我們把注意力放在讓別人聽見我們說話。我們不是故意漏聽，只是自動化系統有效地把我們關切的資訊排在前頭。同樣的道理，如果各位下次開會的主要目標不是表達意見，而是尋求新的合作機會，或是聽同事的建議，你們大概就會聽到**更多旁人的聲音**。我們一旦改變了目標，大腦的篩選標準就會跟著改變，我們接收到的事實也因而產生變化。

## 目標設定好了，篩選標準也就設定好了

大腦的自動化系統會篩選我們看到的東西。如果我們放棄主動權，隨便看到什麼就是什麼，我們將錯過重要機會。

我們**無法**掌控每一件事（坊間有各式各樣的書談人可能掌控一切），不過如果我們幫大腦設定好篩選標準，**的確**可能扭轉工作時的體驗。因此我建議各位養成幫自己設定目標的習慣，在一天開始之際，就先弄清楚事情的優先順序，從好心情出發。

我個人特別喜歡以下這個簡單的「AAA法」，只需要花點時間從三個角度看事情，就能搞定一天：

➡**目標（Aim）**：依序想一遍今天最重要的事——今天要和誰見面？要做哪些事？哪件事一定得做？必須做的那件事是真正的目標。

**態度（Attitude）**：想著今天要做的工作時，順便找出目前主導心情的事。那件事會協助我達成真正的目標嗎？不會的話，能不能暫時放下別管？

**注意力（Attention）**：依照最優先的目標來看，注意力應該放在哪裡？找出自己想看到的資訊，然後努力去看。

我碰過的客戶大都覺得最好是在一天開始之前，就想好前述三個問題，因此最適當的時機是早上，甚至是前一天晚上。不過想這些事只需花一、兩分鐘，也可以在完成一件事、要做下一件事之前，抽空想一下。

譬如說，如果當年我走進會議室和盧卡斯開會前，先從「目標」、「態度」、「注意力」三個角度思考一下，那場會議會有什麼不同？我心中可以先想好這些事：

**目標**：「對我來說，最重要的是協助我的公司團隊，讓團隊和新客戶有好的開始。我要提倡合作，還要讓每個人覺得我們兩方一拍即合。」

**態度**：「我承認自己目前心情很差又很累。我就是這麼累，沒辦法不累，但我可以決定先把壞心情放在一旁，我的心情和這次的專案無關。我要專注於最優先的事：讓團隊成功。」

**注意力**：「我要強調大家有共識的地方，想辦法凝聚團隊，還要找機會讓會議氣氛和樂起來。」

在心中走一遍「目標－態度－注意力」流程，花不了多少時間，我可以趁走進會議室掛大衣的一點時間想好。讓大腦的篩選標準集中在我們想過的一天，花不了太多工夫，尤其如果每天都做，更是易如反掌。自從那次失敗的早晨之後，每次做重要的事情之前，我一定會想一遍「目標、態度與注意力」。

我的客戶馬汀（Martin）的例子，也非常能說明設定目標的重要性。馬汀分身有術，除了是某飛機製造商的策略主管，還擔任數間科技公司董事。高科技創業者的新創公司需要他助一臂之力時，他也慷慨提供建議。馬汀說自己之所以能面面俱到，祕訣在於他發現每一天的個人目標和公司一樣，都需要用策略來管理。

馬汀最初怎麼會想到每天幫自己設定目標？「其實我從前很散漫，每天進辦公室後，馬上開始做沒什麼價值的事，像是和同事聊天，看看網路新聞什麼的。當時的我過得渾渾噩噩，都在浪費光陰。」然而某天早上，馬汀意外發現讓一天過得更有目標的方法。「我坐在床上，正準備出門上班，只覺得人生悲慘，每件事都不順利。不知道為什麼，我開始想什麼才是真正重要的事。我拿出筆記本，開始一直寫一直寫，寫下為什麼我要做手上這件事，還有我想怎麼做。我沒寫出完整句子，只是把重要的事列成一張視覺圖。突然間，我知道該怎麼做了！」馬汀寫寫畫畫之後，覺得心情好多了，人生充滿目標。這下子他清楚自己要什麼，而且一個步驟、一個步驟列得好好的。

有了那次令人振奮的經驗後，馬汀想讓自己每一天都過得像那樣有目標。他知道不可能每天早上都像那天一樣，坐在床上寫個幾小時，不過他想出一個每天都能做到的簡易版本：「出門上班前，我會先花一分鐘深呼吸，清空思緒。接著問自己，今天最重要的任務是什麼？得做完什麼工作？我寫下幾個要注意的地方，就是那麼簡單。有些事要停下來想一想才會知道。碰到工作上的挑戰時，我要求自己目光放遠，慢慢來沒關係。」

馬汀說設定目標的效果很明顯。「原本我抵達辦公室後，頭一個小時一定東摸西摸，非常不具生產力，但現在我一抵達公司，就完全準備好上戰場。我不再心浮氣躁，心情也變好了。」除此之外，馬汀會在一天之中回想自己的目標，不讓自己偏離正軌。**「當我開始感到精疲力竭，我會回想目標，提醒自己今天最重要的事。」**

## 訂定正面的目標（負面的話只會帶來負面結果）

我們想到明天會很忙很累的時候，很容易語帶嘲諷，訂出負面的目標，例如：「對我來說，真正重要的事，就是再也不要為了一場狗屁會議準備兩百頁的資料。」或是告訴自己排名第一的目標，就是讓某某同事瞭解他上週犯了多白癡的錯誤。

讓同事瞭解自己有多蠢，不是什麼振奮人心的目標，除了有點小家子氣，大腦也會下意識把挖苦人當成優先要務。如果真的想和對方好好談一談，最好訂出有大方向的目標。

問一問自己，我**真正**想做到的事是什麼？如果碰上一直出包的同事，有大方向的目標，可能是協助對方不再犯同樣的錯誤。甚至推得更遠一點，你決定改善工作上的人際關係，讓大家以後有話直說，有狀況直接討論。

把目標設定在解決問題，並非意味著就算同事犯錯也不要提，以免傷和氣。而是，當我們不那麼衝的時候，比較容易討論出解決方案，還能避免促發「戰–逃–呆住反應」，讓自己和對方的腦袋都冷靜下來，用更聰明的方式解決問題。

## 最後，確認自己的假設

我們還可以再做一件事，讓一天充滿正面目標：檢查一下，我的心中存著哪些負面假設？那些事是真的嗎？

我們的假設，就和我們心中的優先順序、關切的事物，還有情緒一樣，都是自動化系統篩選過後的結果，都是大腦簡化生活中的體驗後得出的結論。如果碰到符合預期的資訊或行為，自動化系統會讓我們注意到那些資訊或行為。如果不符合，自動化系統就會忽略。這種現象稱為**確認偏誤**，是一種認知的捷徑，可以幫助我們節省很多腦力，不用每次碰到與認知不符的證據，就必須重建看待世界的心智模式。

## 真的，那根香蕉是黃的

大腦的「確認偏誤」不只會過濾掉不符合期待的資訊，甚至可能扭曲我們聽到、看到的事物，好讓它們符合期待。科學家設計過無數聰明的實驗來證實這個現象，其中我最喜歡的一個和香蕉有關（沒錯，可能又是在向大猩猩實驗致敬）。實驗顯示，受試者看著灰色的香蕉圖片時，會看到淡淡的黃色。研究人員請受試者調整螢幕背景，直到螢幕顏色和他們看到的香蕉完全一樣，結果受試者在不自覺的情況下選了淡黃色。換句話說，由於我們認定香蕉應該是黃色，大腦跟著決定實驗圖片也是黃的。[6]

確認偏誤讓我們把明明是灰色的香蕉看成黃的，你能想像我們工作時的判斷有多主觀。不過，對我和盧卡斯的專案來說，我們「指灰為黃」的能力可以是一個好起點，例如我可以事先設定正確的個人目標，為會議室營造溫暖而非沮喪的氣氛，並尋求建立團隊精神的機會。由於我一開始就認定不可能靠視訊會議凝聚新團隊，會議一定得讓所有人親自出席，我的「確認偏誤」讓我一直尋找視訊會議就是不會成功的證據。我覺得會很糟，果然就很糟。盧卡斯沒有這樣的成見，因此沒看到會議很糟糕的證據。

當然，我的意思不是我們應該告訴自己，一切只是自己沒事亂幻想，事情沒那麼糟。我們會有不好的預感，事出必有因，只是如果我們已經認定某個情況、覺得某個人很糟，小心大腦會篩選掉相反的證據，否則也許明明很好，我們也看不出哪裡好。光是意識到自己存有偏見，就能提醒自己在面對新資訊時，應該抱持開放的態度。

## 事無絕對，絕對不要說絕對

我們怎麼知道自己掉進確認偏誤的陷阱？我們可以留意自己說的話，一旦我們開始說「絕對是怎樣怎樣」、「一定……」，「絕對不可能……」、「永遠都……」、「完全就是……」、「根本都……」、「還用說嗎」，那就要小心了。此外，如果我們用了「很糟」、「很爛」這種形容詞，也要小心。作家席奧多爾．史鐸金（Theodore Sturgeon）說過：「沒有任何事絕對永遠是這樣。」沒錯，世上很少有真的「十全十美」或「糟糕透頂」的事[7]，因此我們冒出「絕對是怎樣怎樣」的句子時，心中要響起警鈴。我們說出那種話的時候，大概只看到部分事實。航空策略主管馬汀也常提醒自己：「我常誇大負面的事，脫口而出：『爛透了，**統統**不行。』逞一時口舌之快的確很痛快，不過當我發現自己三句不離『爛爛爛』，並自問：『等一等，真的是那樣嗎？要不要再確認一下？真的都那麼爛嗎？』這才是我進化的時候。」

總而言之，如果我們發現自己想到或提到某件事、某個人時，用了很強烈的字眼，就要問問自己：

➡我對於這個人／這件事有什麼**成見**？

接著退一步問自己：

➡我可能都在注意哪些事，好**確認**自己的看法是對的？

➡如果我和自己**辯論**，我會說自己的哪些成見是錯的？

➡我可以找哪些**相反**的證據，保持開放的心胸？

我和盧卡斯開會註定失敗的那天早上，如果我早一步發現自己的負面心態，我的回答會是這樣：

➡**我的原始假設**：「這場會議一定會很糟，因為是視訊會議。」

➡**提醒自己小心確認偏誤**：「開會的時候，視訊技術偶爾會出問題。如果我不注意，只要連線一出包，或是其他人出現不耐煩的跡象，我立刻會覺得這場會議很糟。」

➡**挑戰成見**：「盧卡斯比我瞭解客戶的偏好。如果所有人都到現場開會，要找到每個人都能出席的時間很麻煩，所以視訊會議也不錯，而且現在的技術也比較成熟了。」

➡**尋找相反的證據**：「我可以主動尋找視訊好用的地方。萬一技術出問題，我還是可以想辦法讓會議回歸正軌。」

只要稍稍打開心胸，就能讓正面的目標較容易成真，即使事情的發展出乎意料。

## 前一晚預先做好準備

接下來是奧黛麗（Audrey）的例子。奧黛麗在名氣很大的政府贊助機構上班，負責輔導希望轉型的小型企業，平日負責設計訓練課程，募集創業資金，還要鼓勵小公司充分運用政府提供的資源。奧黛麗非常認真看待自己的工作，而且認為自己絕對有能力協助前來求助的企業，因為她的父母經營小本生意多年，她很瞭解這類型的公司有什麼需求。奧黛麗是主管，手上的事很多，必須小心排定工作的優先順序，要不然就會如她自己所說的，「變成每天到處在救火」。

奧黛麗深知重要的事要先做，因此她和策略主管馬汀一樣，幫自己設定每日的目標，不過她前一晚坐車回家時就開始了。「首先，我會回顧剛過完的一天，回想哪些事很順、哪些不順，想一想為什麼會那樣？我其實可以事先預防哪些事？接著我會想明天得做什麼？明天希望完成什麼事？應該把大部分的注意力放在哪裡？」奧黛麗一邊想，一邊隨手記下筆記，隔天早上再看一遍。「我會提醒自己今天最重要的事，以及昨晚突然又想到什麼。一天之中，我會回頭看筆記，尤其是開始做當天最重要的事情之前。」

奧黛麗特別事先留意隔天最難纏的事。以她的工作來說，最常見的問題是碰上難溝通的人士。奧黛麗說明自己如何靠著「設定目標」解決人事問題：「有一段很長的時間，我的單位有一位『消極反抗』的同仁，有時她一個不高興，還會變成『積極反抗』。」奧黛麗大笑，「我常得請那位同仁做她不想做的事，接著她就會列出一堆幹嘛做、做了也沒用的理由。我如果沒事先做好心理準備，真會覺得她在針對我，而被氣個半死。」不過奧黛麗開始設定較正面的目標後，她和那名同事的關係跟著好轉。「我清清楚楚把『合作』設為目標後，同樣的對話，聽在我耳裡卻有了不一樣的意思。我聽進她的建議，不覺得她在反抗我的命令，她只是在表達自己的沮喪，甚至是在表達她想把事情做對。我還是覺得這位同事很難管，然而我一再發現，我的心態會影響我怎麼看待她的行為，而且我的反應也會跟著不同。」

奧黛麗靠著挑戰自己的成見找到突破點。「我一個很大的轉變，就是不再習慣性地認為別人是故意的。我以前喜歡跟別人競爭，覺得別人的心態一定跟我一樣，所以在我眼中，我看到的就是每個人都在鉤心鬥角。我隨時留意誰在搞破壞，像是寄黑函給我老闆，說我工作哪裡做得不好。然而，現在我看到有人行為欠佳，我不會假設他們是壞人，只會想他們是不是那天碰上不如意的事。我們的假設真的會影響我們看到什麼，以及我們如何反應。」

奧黛麗不斷練習，即使碰上難纏的局面，也能當場重新設定目標。「我發現即使事情正在出錯，我也能退一步，再次設定我早該做的事。那位消極反抗的同事壓力大的時候，會用力拉扯自己的耳朵，所以我一看到她拉耳朵就知道：『該是重新思考的時候了。』我會在椅子上動一下身體，給自己重設目標的一秒鐘，提醒自己這場對話真正的目的。有時，我甚至會直接大聲說出來：『等一下，暫停一秒鐘。我們現在真正想做的是什麼？』就算我事先做準備，我們兩人的對話，也不一定會照計畫進行，不過通常不會再不歡而散。」

**自己決定大腦的篩選原則**

事先想好明天要做什麼、明天的重要對話要說什麼。問自己幾個問題，幫自己設定好目標：

➡**目標**：這個目標要成功，最重要的事是什麼？真正應該先做的事是什麼？

➡**態度**：什麼事正在占據我的想法、影響我的心情？它們會幫助我完成最重要的事嗎？如果不會，能不能先擺到一旁？

➡**假設**：我有哪些負面的預期？這些成見是真的嗎？我可以找到哪些相反的證據？

➡**注意力**：從我真正的目標與假設來看，注意力主要應該擺在哪裡？哪些事一定要確認？

# 第2章　設定黃金目標

花個幾分鐘設定目標，就能為自己展開美好的一天，不過設好大目標之後，我們還得多花幾分鐘，添加明確的細節。

工作很忙的人，大概都制訂過日程表，例如寫下待辦事項，或是看一眼哪些「死線」要到了，一定得快點把工作做完。接下來，我想分享三點科學上的新發現，讓各位在設定目標時如虎添翼。

首先，我們在羅列需要完成的工作時，還可以多加一些該怎麼做的「行為目標」，讓自己更有動力做事。第二，科學家發現我們「說出」目標的方式，大大影響了成功機率，因此我會教大家四個增加成功率的小祕訣。第三，如果我們羅列工作清單的方式對大腦友善，大腦會學著愛上我們的清單，至少會多喜歡一點。大腦喜歡的話，我們完成的進度也會多一些。

## 設定能完成目標的行為

我們在幫一天設定目標的時候，腦海裡的流程大都像這樣：

☑聯絡當事人
☑準備開會
☑想開會的事

如果是從事藝術或工藝的人，目標大概看起來有點不一樣，不過大同小異——我們想著自己得完成的事，例如得和誰聯絡、要弄清楚哪些事、最後要交出什麼東西。弄清楚自己今天要做什麼是非常好的一件事。馬里蘭大學的艾德溫・洛克（Edwin Locke）與羅特曼管理學院的蓋瑞・萊瑟姆（Gary Latham）兩位心理學家過去四十年的研究發現，只要把目標設定清楚，績效會大幅增加。以可量化的工作來說，一般會多完成一五％。[1]目標如果明確，我們工作時會一心一意，不會一直跑去做別的事，比光是設定「今天要專心」這種目標還有用。此外，明確的目標讓我們較有耐力，因為又往目標邁進一步時，大腦的獎勵系統會覺得很有成就感。我們每畫掉待辦事項中的一件事，大腦就會開心地唱起歌，大喊：「太棒了！」

設好目標可以大幅提升績效。除了明確的「今天要和誰聯絡」這種實際的目標，我們也可以問自己兩個問題，來設定一天的大方向：

- **我要做什麼**：我要改變自己的哪些行為，協助自己完成目標？
- **明確作法是什麼**：實際去做那個改變是什麼意思？我今天要採取哪些行動？

舉例來說，假設今天的目標是想辦法讓手上的專案跑快一點，目前的進度慢得要命，煩死人了。除了定出「快一點」的大目標，還得幫注意力設定比較積極向上的大腦篩選規則：今天開會我要找機會讓專案前進一小步，不要一直卡在先前出錯的地方。好，**我要做什麼**，讓專案有進度？或許我可以讓同事多負一點責任，不要只有我一個人在急。**講得再明確一點**，我要怎麼做？或許開第一場會議時，我可以利用自己的發言時間，指出我看到的最大問題，然後請同事集思廣益，看看可以如何解決。或許我可以帶甜甜圈，感謝他們努力幫忙發想。其實我們只要退一步想一下，可以怎麼做通常很明顯，但我們一般不會花時間明確設定好前述的行為目標。

上一章，我提到我和同事盧卡斯開視訊會議時，最重要的目標是幫助新團隊凝聚士氣，所以我的作法應該是先尋找大家有共識的地方。當我替接下來的團隊會議設定好這種較正面的目標，我也決定好兩個行為目標，讓自己更能凝聚共識。第一，開會時，我一定要找機會讚美每個人的貢獻。第二，一有機會，我就要指出A提出的點子和剛才B說的話有共通之處（我後來發現，不管開哪一種會議，這兩點都是很理想的目標，就算不是黑漆漆的視訊會議室也一樣）。

簡單來講，我們設定一天的優先事項時，不只要設大目標，至少還要替自己實際上要做什麼定一到兩個目標，愈明確愈好。如此一來，就愈可能擁有美好的一天。

## 同樣的目標，講法不同，差別很大

如果想提高成功率，我們可以如何提出目標？研究指出，不論是任務目標或行為目標都一樣，我們描述目標的時候最好：一、正面；二、讓自己覺得有意義；三、真的可能做到；四、配合當時的特定情境。

## 多來一點好事吧

一般人的目標有兩種，一種是「多做一點好事」，一種是「少做一點壞事」。許多研究都指出，如果要有好表現，要自己多做好事的「迎向型」目標（approach goal），勝過要自己少做壞事的「避免型」目標（avoidance goal），就算整體目標是一樣的。心理學家安德魯・艾略特（Andrew Elliot）與瑪西・喬區（Marcy Church）曾經研究一大群羅徹斯特大學的學生，追蹤不同類型的個人目標對學業成績造成的影響，結果發現，「我不能考壞」這種避免型目標讓成績**變差**的程度，大約等同「我要考好」等迎向型目標能改善成績的程度。[2]

我們在職場上可以如何運用此一研究發現？讓我們回頭看上一章企業再造主管奧黛麗的例子。奧黛麗表示，她的目標常是「想辦法和同事建立正面的長期人際關係」，而不是短期的「和對方爭論時吵贏」。奧黛麗準備再度跟那位難纏的同事溝通時，可能設定兩種類型的目標：

➡**避免型目標**：「如果我們意見不合，我不能發飆。對方講的那些無聊話，我不必去聽。我要盡我所能，不能讓這次的溝通出錯。」

➡**迎向型目標**：「如果我們意見不合，我會提醒自己什麼事才重要。我要記得微笑，問有用的問題，讓對方覺得我聽進他的意見。」

這兩種目標都講出奧黛麗想做的事，不過光是讀文字敘述，就給人不同的感覺。老實講，讀第一種目標時，我會有點擔心奧黛麗。第二種目標則讓人覺得還是有機會好好和對方溝通。

為什麼？答案要回到前文〈腦科學基礎理論〉一章提到的「發現–防禦坐標軸」。我們如果想著不好、必須避免的事，等於在告訴大腦：「有威脅，要小心。」以奧黛麗的例子來說，她得避免和難搞的同事起爭執。由於防禦型回應會消耗腦力，我們會變笨，更無法完成目標，但如果我們把目標框架成很棒、很好的東西，大腦就比較容易停留在「發現模式」，就算眼前的事很棘手也一樣。我們保持開放的心胸、待在聰明模式時，成功的機率自然也提高。

前文提到的策略主管馬汀以前待過一家公司，那間公司的每一個人做事都戰戰兢兢，願意多做是為了避免失敗，而不是因為成功令人興奮。「我前公司的每個人都採取防禦姿態，我一直落入負面心態的陷阱，告訴自己：『要是這件事失敗，這個月就別想領獎金了。』這種心態造成很大的負面影響，我常常一抵達辦公室，心情就開始沮喪，我的同事也很難有好表現，因為每個人都在怕飯碗不保。」馬汀後來發現用正面的方式框架目標，日子會完全不一樣。「偶爾有幾天，我會想著未來可能發生的好事。此時我的心情會好起來，生產力立刻提高，接下來一、兩天做事的速度會很快，覺得勝利在望。」

我們可以靠兩招設定目標，讓大腦留在發現模式，脫離防禦模式：

- 問自己：「我想要得到什麼美好的結果？我得開始做什麼或是多做什麼，才能得到理想的結果？」
- 如果有任何一項目標是「避免」某件事，那就倒過來問，得多做哪些正面的努力，才能得出相同的結果（例如不要說「我要想辦法不再流失客戶」，而要說「我要想辦法讓客戶愛上我們的價值主張」）。

馬汀是起而行的人，一旦知道該設定迎向型的目標，就立刻去做，而且他特別提到：「用正面的心態設定目標，意思不是當個假惺惺的人。我以前有一個老闆人很刻薄，但是不管走到哪，臉上都掛著大大的笑容。迎向型目標不是這個意思，我們得用自己真正的風格，用能幫助自己達成的方式設定目標。」

## 找出「究竟為什麼要花這個力氣」

前文的〈腦科學基礎理論〉一章提過，研究人員發現「自主權」是重要的行為動機。我們要花力氣做一件事的時候，一般都希望擁有一定程度的掌控權與選擇權。同樣地，科學家也發現，如果是我們自己決定為什麼某件事的成功具有意義，我們比較可能不屈不撓地完成困難的目標。套用心理學的詞彙來講，這叫**內在**動機（intrinsic motivation），也就是覺得某件事有意義、會帶來滿足感而去做。另一種動機叫**外在**動機（extrinsic motivation）——為了滿足他人期望而做事。如果是為了內在動機而做，表現會超過外在動機。[3]內、外動機的結果如此不同，是因為大腦用不同的區域處理它們。他人的要求刺激的大腦區域，主要與自我控制有關，如果是自己設定的目標則與欲望和需求有關[4]，感覺像是我們想要的東西，而非沉重的義務。

待辦事項上寫的事，不會每一件都是我們很想做的。不過科學告訴我們，如果我們花點時間想一想，那件事做了之後對我們個人有什麼意義，就比較有可能完成。以本章先前提到的例子來講，如果決定請同事幫忙推動專案進度，你可以先問自己：「為什麼讓同事幫忙很重要？」這個問題的答案，或許能讓你想起當初為什麼要做這個該死的專案，讓你有動力在明天早上開會時試著請大家幫忙。同樣的道理，我可以自問，為什麼我要幫盧卡斯的團隊凝聚共識，這件事對我來說有什麼意義？答案是，我覺得我這輩子的使命，就是讓身邊的人工作起來開心一點。光是回想「我究竟為什麼要做這件事」，就可能讓自己再次動起來。

當然，如果事情是別人要我們做的，我們很難一下子想出究竟有什麼意義。不過就算是被迫，我們通常也可以找到「別人要我做的事」和「我想做的事」之間的關聯，即使是很小、很小的關聯也沒關係。我們依舊可以想一想：

- 「這次的任務和**我自己**的抱負、**我**所重視的事，有什麼關聯？」
- 「這件事如果成功，**我**所重視的事會有什麼進展？」

社區醫院執行長大衛（David）跟我說過一個感人的故事。大衛剛接下醫院時，員工還不太曉得新來的上司長什麼樣子，因此大衛趁機假扮一天的工友，瞭解在這家醫院的最前線做事是什麼感覺。那一天，他忙著把病患從急診室推到病房，又從病房推到手術室，一一瞭解新醫院的流程。他在推病床的時候，看到另一名工友拿著螺絲起子不曉得在做什麼。他問對方在幹嘛，那人看了大衛一眼，告訴他：「我在調門的鉸鏈，讓門比較好推。先前太緊了，每次推病床過去，門都有點卡卡的，病人都會被彈一下。那樣對他們來說不太好，對吧？」那位工友是被主管叫去做事，但他沒把修門當成無聊的苦差事，而是好好去修。在他心中，他的目標不只是修門，而是不讓病患不舒服。那位工友找出自己關心的事，把任務視為自己的「內在動機目標」，因而帶來滿足感。所有的研究證據都顯示，人如果把一件事當成自己的事，就會有更好的表現。

## 與其一鼓作氣，不如各個擊破

我們安排一天的行事曆時，很容易野心過大，列出太多事，不過研究顯示要是目標明確一點、可行性高一點，反而能完成更多事。為什麼會這樣？答案要再度回到大腦的獎勵系統。我們每做完一件事，大腦就會出現一陣小小的愉悅感，想要做下去，但要是事情太多**做不完**，就會有反效果。也因此，我們最好把龐大的目標拆成幾個能輕鬆完成的小步驟，一步一步來。這麼一來，大腦獎勵系統分泌的神經化學物質，就會鼓勵我們繼續向前，而不會潑我們一頭冷水，讓我們覺得沮喪、沒力氣繼續做事。

舉例來說，如果把目標定成「學好法文」，那顯然今天不會有多大進展。這個目標感覺太大、有太多事要做，只好擺在「總有一天我會去完成」的清單上。但是，如果把學法文的目標分成幾個小一點、今天可能完成的目標，例如「花十五分鐘在網路上搜尋住家附近評價最好的法文課程」，或是「打電話給妮可，問她怎麼學法文比較好」。雄心壯志最好靠這種小小的目標累積起來。

航空策略主管馬汀有遠大的願景，他的許多專案都很大，一做就得做很久，不過他知道可以替自己設定小小的每日目標，讓大腦一直獲得獎勵。「我有一張列出所有專案的表格，我替每個專案找出**下一件要做的事**，因此我永遠知道接下來要做哪個小步驟。我發現，如果把目標分成三個子目標，會覺得比較有可能完成，而且獲得三倍把完成的目標畫掉的樂趣。」舉例來說，馬汀的工作經常得寫企畫案，他說那是「最不好玩的部分」。為了讓自己有動力寫企畫案，馬汀的目標絕不會定為「寫企畫案」，而會分成「蒐集資料」、「擬定預算」、「寫出大綱」等等。「每勾選一項已完成事項，勾，勾，勾，我就會覺得自己有進度。」就這樣，馬汀讓自己有動力完成下一件事。

## 擬定「如果……就……」計畫

最後，若要確保目標能夠完成，要做什麼、什麼時候該做，統統得一清二楚。舉例來說，奧黛麗的目標可以有兩種版本，請比較一下不同之處：

➡「我今天在溝通時，要表現出更為合作的態度。」

➡「別人皺眉或提出疑問的時候，我會停下來好好聽他們講話、問問題，弄清楚對方究竟想說什麼。」

各位覺得哪一個目標比較清楚，讓人知道奧黛麗究竟該做什麼？第二個版本比較明確，比較容易想像奧黛麗做得到，對吧？

第二個版本之所以比較清楚，是因為有明確的「如果……就……」規則，告訴大腦「**萬一**發生X，**就**做Y」。科學家稱這種規則為**建制意圖**（implementation intention）。對大腦來說，這種規則比抽象的「和同事好好合作」容易掌握，因為發生事情時，該做什麼已經決定好了。「如果……就……」公式會幫大腦連結「抽象的期望」與「具體的步驟」，讓我們完成目標。[5] 哥倫比亞大學動機科學中心（Motivation Science Center）的心理學家海蒂．格蘭特．海佛森（Heidi Grant Halvorson）曾回顧兩百多份研究，發現如果先建制意圖，完成目標的可能性是驚人的**三倍**。[6]

以我個人為例，我幫自己定了一個小小的「如果……就……」規則。我從來不是晨型人，這輩子我會一早就爬起來，完全只是因為同事等著我出現，因此我開顧問公司、當起老闆之後，我知道自己很可能浪費掉一天之中的第一段光陰。先生建議我養成習慣，每天早上先散個步，讓自己清醒過來，準備工作。這聽起來是個好點子，但我實際嘗試之後，常常沒出門散步，而是一臉睡眼惺忪在廚房混時間、收電子郵件。因此我使出「如果……就……」的大絕招，幫自己定下規矩：「**如果**我在星期一到星期五早上醒來，我**就**穿衣服、用隨行杯泡咖啡。**如果**我出門，我**就**拿起門邊的備用鑰匙，然後散步二十分鐘。**如果**到家了，**就**收第一次的電子郵件。」

這個小小的日常設定聽起來可能沒什麼，然而我真的靠著給自己明確的一個口令、一個動作，改掉從小到大早上爬不起來的壞習慣。「如果……就……」可以讓我們的目標在上戰場之前，先穿好盔甲。

## 擬定節省腦力的待辦事項

設定好明確又正面的目標之後，我們可以幫自己擬定待辦清單，照著進度走。什麼樣的清單都可以，各位可以用很炫的app，也可以用你珍惜的漂亮筆記本，或是在手背上草草寫一下要做的事。哪一種方式行得通，就用哪一種。不過科學家做了大腦工作記憶、動機與目標的研究後發現，如果要協助大腦順利執行日常任務，待辦清單有一些基本原則。就我的觀察，大家有時會忘了這些對大腦友善的原則，在這裡特別幫各位列出重點：

**➡想到什麼，立刻寫下來：**不要試著記住點子或是該做的事，不要占用大腦寶貴的工作記憶。腦力是用來做事的，不該用來記住待辦事項。請先幫自己想好要用什麼方式記錄，一想到必須做什麼，就記下來，就算最後還得整理到一張大清單上也沒關係。

- **視線範圍只放今天要做的事**：我們可能有一個接下來要做好幾週、好幾個月的大計畫，待辦事項密密麻麻，但決定好今天需要做什麼之後，努力把今天的部分做完就好，**剩下**的清單收起來，放在看不到的地方。我們如果看著以後才要做的事情，其實也會耗掉一點腦力。萬一接下來要做的清單非常長，擺在眼前甚至會讓我們心煩。
- **給自己刪掉待辦事項的快感**：各位如果用條列的方法列出待辦事項，那就給自己做完後可以打勾、聽到「叮」或「唰」一聲的欄位。如果寫在紙上，那就讓自己享受用粗線畫掉所有完成事項的快感。追蹤進度時，大腦得到的獎勵愈多，就會愈想快點把事情統統做完。
- **實際一點，列出真的能在一天內完成的工作量**：完成進度會讓大腦的獎勵系統感覺很美好，沒達成進度則令人沮喪。你是否今天列出五件事，但知道時間實際上大概只夠做三件？那就幫自己列三件事就好，如果做完三件事後還有時間，就會充滿再做一到兩件事的動力。
- **不要忘了保養大腦和身體**：待辦事項除了工作，也要附上運動、休息，以及其他可以讓身體保持健康的目標。如果我們在清單上寫上「散步」，就比較可能在一天當中擠出散步時間，不會因為其他事做不完就放棄。設定運動和休息的目標時，就和設定其他目標一樣，要清楚列出步驟，盡量讓自己能夠完成。

**設定黃金目標**

想一想今天的優先事項：

- **設定能完成目標的行為：我要做什麼？**我的哪些行為可以幫助我完成今天的目標？**明確來說，**我要做哪些具體的事？在每一件待辦事項旁，寫上具體步驟。
- **同樣的目標，講法不同，差別很大：**要用正面、有意義、可行、配合個人情形的方式說。
  - **設定「迎向型目標」：**目標一定要是「想開始做」或「想多做一點」的事，不要把目標定成避開壞事。如果目標聽起來是負面的，那就改成正面的。
  - **找出「做這件事對我來說有什麼意義」：**你能否說出為什麼這個目標對你個人來說很重要，或是這件事可以如何造福他人？
  - **拆成能一次解決的分量：**如果不清楚要採取什麼行動，那就把目標拆成比較小、比較好處理的幾件事，一定要弄清楚第一步要做什麼。
  - **擬定「如果……就……」計畫：**給大腦明確的情境提示，「如果發生X，我就做Y」，讓自己更可能完成當天的重要目標。
- **擬定節省腦力的待辦事項：**怎麼管理待辦事項都可以，但不能過度占用大腦工作記憶，而且要讓大腦獲得獎勵。

# 第3章　加強決心的法寶

好了，現在我們知道不能被一天牽著鼻子走。要當自己的主人，先要找出目標，還要誠實面對自己的心態，不能被成見影響自己體驗到的世界。我們已經弄清楚真正的目標，還用最理想的方式說出來，確保最高的成功率。接下來這一章，我還要利用科學上的發現，教大家在完成最重要卻最難達成的優先事項時，如何保持正面的心態，三大科學法寶包括「心理對照」（mental contrasting）、「促發」（priming）與「心中演練法」（mind's-eye rehearsal）。

## 心理對照

有件事說來奇怪，不過強化正面目標的最佳方式，就是想點負面的事。這句話的意思是說，我們得務實一點，想一想完成目標的過程中會碰上的麻煩，預先做好準備。這一招叫「心理對照」，也就是比較「理想的結果」與「惱人的真實日常生活」（各位讀者大概已經厭煩天天聽到「你要正面一點」，老早就想大喊「你們現實一點好嗎」）。

「心理對照」讓人想起管理大師吉姆・柯林斯（Jim Collins）《從A到A+》（*Good to Great*）中提到的「史托克戴爾矛盾」現象（Stockdale Paradox）。美國海軍中將詹姆士・史托克戴爾（James Stockdale）在越戰時期淪為俘虜，度過八年悲慘歲月，身邊許多人失去希望，最後熬不下去。史托克戴爾觀察到，不只是最悲觀的士兵容易崩潰、撐不下去，盲目的樂觀者最後也會放棄，因為他們一再樂觀以對，「我們聖誕節就可以回家了」，也一再失望。史托克戴爾表示：「你一定要抱持自己最終一定會獲勝的信念，但不能把這樣的信念，和讓自己面對眼前殘酷現實的紀律混為一談。」[1]

今日的心理學家證實史托克戴爾式的「現實理想主義」，正是化企圖心為行動的重要心態。感謝老天爺，我和各位讀者不必面對以戰俘身分奮力活下去的挑戰，不過我們每天依舊面對大大小小的挑戰，例如電腦突然當機，或是同事最後一秒鐘又臨時丟事情給我們。紐約大學心理學家加布里爾・厄廷根（Gabriele Oettingen）與彼得・葛爾維哲（Peter Gollwitzer）是研究人類動機的專家，兩人發現，如果受試者同時想著自己要的**結果**以及前方的**障礙**，並好好計畫，完成目標的機率將大幅提高。兩位心理學家二十年來的研究發現，不論是職場上想成功、考試想考好，甚至是順利談戀愛，人類生活的各種面向都一樣，要懷抱美夢，但也得現實一點。[2] 如果是整體來說可能做到，而且是用正面方式框架的目標，「心理對照」尤其有用，因為我們試著完成那樣的目標時，大腦自然感到愉悅。心情一愉悅，就算想到現實中會遇上一些小挫折，也不會因此氣餒。

替一天安排計畫時，我們可以自問兩個問題，做一點心理對照：

➡我完成今天的目標時，最可能碰上什麼問題？

➡碰上問題的時候，我的「如果……就……」隨機應變計畫是什麼？

上一章我提到，在我使出「如果……就……」的大絕招之後，終於讓自己早上開工前先去散個步。不過，我發現還有其他重重阻礙讓我放棄散步，例如天氣不好（「啊，在下雨，還是算了」）或是想洗熱水澡（「我先沖個澡……糟糕，洗太久，沒時間散步了」）。於是我擬出加強版的隨機應變計畫，多加幾條「如果……就……」原則：

➡「**如果**我想洗澡，**就**告訴自己穿昨天的衣服，反正今天不會碰到認識的人，而且散步後就可以洗一個長長的澡當作獎勵。」

➡「**如果**在下雨，我**就**穿防水外套、戴有帽簷的帽子。外套和帽子放門口，隨手一拿就能出發。」

擬一個小小的隨機應變計畫，就能助自己大大的一臂之力。

## 注入活水促發一下

各位有沒有一聽心情就會好起來的歌？或是一待就會文思泉湧的空間，例如通風良好的房間，或是窗外風景很棒的座位？相反地，有些事也許一碰到就會讓你心情不好，例如聽到「接下來要開兩小時的視訊會議」這句話，會讓我掉進地獄。為什麼這麼小的事，會大大影響我們的心情？是我們心中的小劇場太多？可以說是，也可以說不是。我們有一堆小劇場，其實是因為人類大腦太善於聯想。

我們的每個念頭、感覺、動作，都是大腦神經元在發送電化學訊號。我們想到「紅色」，有一群神經元發送訊號。碰到橘色的東西，會有另一群不大一樣的神經元發送訊號。聽到某首歌、搶到窗邊的好位子、開視訊會議時，又有其他神經元動起來。每個神經元網絡都會連結到其他許多網絡，也就是我們聽到某首歌、坐在某個座位、開視訊會議時聯想到的事。

舉例來說，各位腦中「橘色」兩個字的神經元網絡，大概會連到「紅色」這個詞彙的神經元網絡，因為兩者都是顏色。「紅色」的神經元網絡，又會連到其他各種相關的想法與回憶，例如「消防車」或「夕陽」。加州大學心理學家伊麗莎白・羅芙特斯（Elizabeth

Loftus）提供簡化版的神經元地圖，我們很多人的大腦長得就像這樣，我們一生接觸過的物品、體驗、概念，以聯想的方式連結在一起。[3]

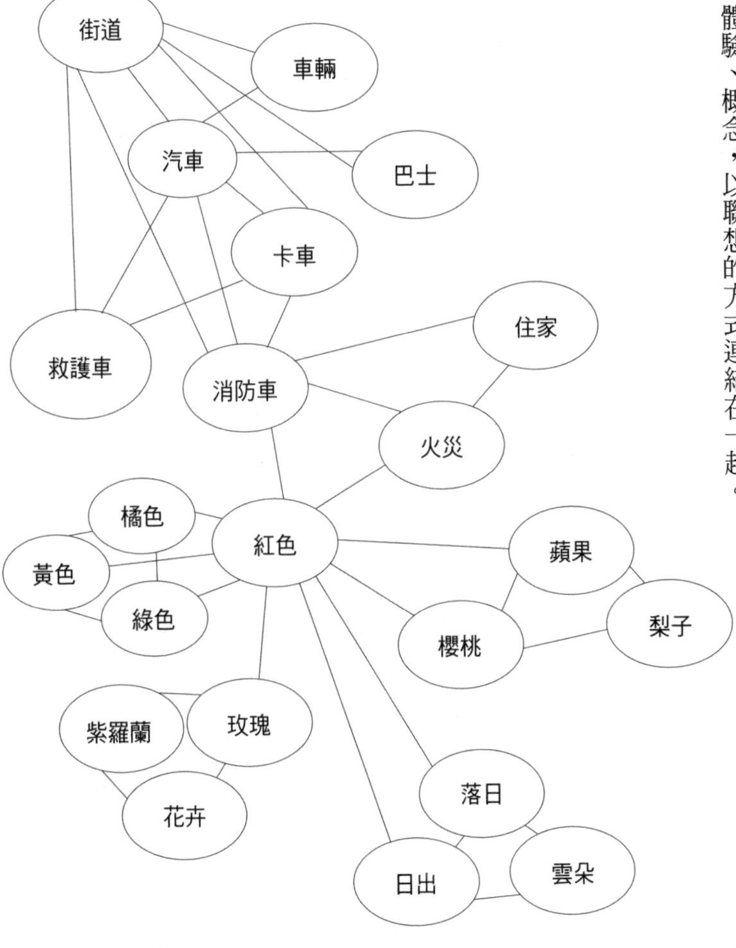

我們的大腦在一小片神經元網絡啟動後，就像被推倒的骨牌，接著刺激一連串相關神經元。因此，如果我們的神經連結像前一頁那樣，我們碰到任何形式的「紅色」，就可能突然想起某次度假時目睹美到不行的鮮紅落日。還有不曉得為什麼，看到消防車，我們就會想買櫻桃。如果碰到大腦不知怎麼地連結到特定念頭的提示，我們會感覺意識中冒出各種莫名其妙的念頭，科學家稱這種現象為**擴散啟動效應**（spreading activation effect）。

因此，如果某天下午我們坐在窗邊奮發向上，我們的「窗邊」神經網絡，可能連結到代表「生產力超高、極度專心」的神經網絡。以後，只要我們坐在那個位子上，就會覺得生產力突然飆高。同樣的道理，我們的「視訊會議」神經網絡可能連到「無聊」，所以光是想到按下電話號碼就覺得累。一首令人亢奮的歌，可能連到某晚和朋友出去玩很開心的回憶，因為那晚剛好聽到那首歌，大腦裡那首歌的神經網絡因此和「快樂的心情」產生連結。只是想到那天晚上的某件事，例如那首歌，就可能讓我們回想起整晚的事，包括當時的情緒狀態，因此上班途中聽那首歌，也會有好心情。我們可能意識到背後的原因是那天晚上玩得很開心，也可能沒察覺其中的關聯。

各位注意到了嗎？前面這段話我一直在講**可能**，因為事無一定，不一定碰到什麼就會聯想到什麼。各位大概碰過這種狀況，有時就是想不起來某個人叫什麼名字，神經元不是你要它連結，它就會連結，也不是你以為會怎麼連結，就怎麼連結。不過，神經元如果過去一直連結，就比較可能連結，這就是為什麼相較於偶爾見上一、兩次面的人，我們比較容易記住配偶的名字。神經科學有一句話說：「神經元共同開火，共同連結。」也就是說，用得次數愈多的神經連結，連結就會愈強。[4]以令人興奮的歌曲來講，如果我們每次聽到就心情好，大腦中「那首很棒的歌」與「開心的感覺」之間的連結就會愈強。

以上其實是我愛唱歌的藉口。我在跟客戶開工作坊之前，都會哼歌手唐娜．桑默（Donna Summer）的〈我感受到愛〉（I Feel Love），因為我對著滿屋子的人講話之前，這首歌可以提振我的精神，讓我想起幾年前觀賞過的「藍人樂團」（Blue Man Group）表演。那次的表演讓我整個人很 high，而且當天的壓軸曲目就是〈我感受到愛〉，因此每當我聽到那首歌，大腦的某一塊就會開啟「感到有活力」的模式，做正事前先來點興奮劑，感覺還不錯。

大量研究顯示，一點點小提示就會影響我們的思考、感受，以及為什麼我們這樣做或那樣做。舉例來說，實驗請受試者玩兩人一組的遊戲，每位受試者都可以自由選擇採取「合作策略」或「個人英雄主義策略」。如果研究人員告訴他們遊戲名稱是「社區遊戲」，三分之二的受試者會選擇合作策略。如果研究人員說遊戲叫「華爾街遊戲」，三分之二的人則選擇重視個人利益的策略。為什麼會這樣？因為遊戲名稱引發大腦一連串的聯想，而且不管聯想是否正確，都會影響受試者的選擇，科學家稱之為「被促發」。

物品和視覺線索也會帶來類似的影響，實驗發現，當房間內出現和商業有關的物品如手提箱、會議桌時，儘管研究人員沒特別提到華爾街，受試者協商時會傾向採取較強硬的手法。[5]另一項實驗也發現，受試者看到圖書館照片後，講話會變小聲。[6]另一項實驗測試受試者接受測驗時的專心程度，結果發現一樣的題目，受試者如果穿上實驗室白袍，他們所犯的錯，比穿普通衣服的受試者少一半，原因大概是實驗室白袍讓人聯想到良好的學業成績。不意外的是，受試者如果被告知身上穿的袍子其實是畫家的衣服，不是科學家或醫生的袍子，成績則會往下掉。[7]

看完這些實驗，我們可能會覺得「簡單，那我知道了，我知道每天早上該怎麼做才會活力充沛」，例如穿上**醫生**的實驗袍，還有在咖啡杯擺上令人心情好的小裝飾品。事情當然沒那麼簡單。如果真的那麼簡單，這本書就不用寫得這麼厚。沒有一項實驗能證明，某個提示能帶來特定的行為。我們無法斷定的原因很多，原因之一是每個人的大腦即使碰到相同的提示也會有不同的聯想，例如有些人家鄉的消防車是黃色，不是紅色。我喜歡桑默的歌，有的人則很討厭，而且不覺得開兩小時的視訊會議有什麼不好。不過科學界大致認同，生活周遭的提示，的確能小小助我們的心理狀態一臂之力，特別是**刻意**讓自己接觸大概會引發大腦正面聯想的事物，就像我靠桑默的歌提振精神。

如果各位希望把聯想這一招運用在日常生活，那就回想一下自己的目標，以及今天想讓自己有什麼樣的想法與心情。問一問自己：

➡哪些話會讓我想起今天的目標？

- 寫一張「給自己的小提醒」，讓自己當天隨時把那句話記在心裡。
- 把那句話放進待辦事項清單，或是在開會、寫電子郵件時用上。

那句話不一定要很美、充滿詩意，能有效提醒自己就好，例如柯林頓（Bill Clinton）一九九二年選美國總統時，政治軍師詹姆斯・卡維爾（James Carville）幫他想出「笨蛋，問題在經濟」（It's the economy, stupid）這句名言。自此之後，政治人物很愛用這句直率的句型，把「經濟」替換成其他名詞，提醒自己對選民講話時什麼事最重要。只要聽了有感覺，就算是被用爛的話也沒關係。舉例來說，如果我們希望自己今天開會時少說一點、多聽一點，那就在筆記本上寫上「少即是多」，接著放在視線看得到的角落，這就是一個完美提示。

➡我能否讓周遭環境提醒我想做的事？請選擇特別適合工作的地方，或是想一想如何改造平日的工作環境。例如可以這樣做：

- 如果想鼓勵開放的心胸，就找一個空曠的地方坐下來思考（如果要和別人談事情，甚至可以到郊外邊走邊說）[8]。
- 如果要激發創造力，可以在身邊擺放藝術品或稀奇古怪的物品。
- 如果想進行輕鬆的討論，那就選擇舒適的空間，不要選會議室。

• 今天腦袋必須特別清楚？那就清空桌面或工作空間，光線弄亮一點。

飛機策略主管馬汀特別對周遭環境下工夫，不讓自己分心，讓眼前的事物反過來幫助自己專注於目標。馬汀為每一天定目標時，特別把「不分心」列進清單，而且他向我保證清桌子真的有用。「我以前桌上總是亂七八糟，但我發現我努力專注於早上設好的目標時，如果能清空桌上所有物品，真的很管用。空間清爽之後，突然間我腦子就清醒了，簡直是奇蹟。」

## 心中演練法

各位打高爾夫或網球的話，是否會在實際擊球前，想像自己有完美的一擊？如果覺得事先想像會打得更好，研究顯示出於兩個原因，我們八成是對的。首先，大腦會照我們想像的方式動作，研究人員發現兩者的相似率可達六成到九成。[9]第二，我們演練得愈多，大腦的神經通道連結就會愈強，愈能讓身體做出想做的動作，熟能生巧的原理就是如此。因此，我們想像自己充滿自信地處理一個情境時，其實是在給大腦練習的機會——情況緊急時，我們比較容易喚起正確的神經連結。

許多研究都證實「心中演練法」的威力，我個人最喜歡哈佛研究人員亞凡羅・帕斯科—

里昂（Alvaro Pascual-Leone）和同僚做的實驗。他們教兩組初學者彈一段鋼琴曲子，接著請受試者回家自己練習一週，期間不斷測試看彈得對不對。兩組人不一樣的地方，在於其中一組只能在心中「練習」。他們一天要坐在鍵盤前兩小時，但不可以碰，只能想像自己在彈。另外一組人則可以真的彈下去，練習時間也是一天兩小時。結果呢？兩組人都學會了那段曲子，到了第三天，兩組的正確率一樣，第五天，用琴鍵練習的那一組開始超前，但只要給「想像組」一次真正練習的機會，就能趕上每天練習的那組人。[10]

中國某大型線上零售商執行長道格（Doug），平日在商場上也經常在心中演練：「每次我碰到大日子，譬如做大型簡報，我一定在心中練習……當然，我也會做一般的準備，像是做好摘要提示卡。不過演講的那天早上，我會花時間想像我希望今天場子是什麼樣子，接著回想先前很困難、但後來成功的簡報。我深呼吸，回想那次成功的經驗中每件事是怎麼進行的。這回想的過程會幫助我放鬆，我覺得就算接下來碰上什麼問題，也知道該如何解決。」

要注意的是，這裡所說的在心中練習，不同於新時代運動（New Age）提倡的「正向思考」（positive thinking）。道格不只是在心中反覆告訴自己：「相信自己會成功，就會成功」，而是做「心理對照」以及擬定「如果……就……」計畫。他先想好接下來會碰到的挑戰，接著依據過去的經驗，想像自己要如何用哪些步驟解決並克服難題。同樣地，練習彈鋼琴的受試者，不只是想像或說自己要變成成功的音樂家，還不斷在心中練習每一個音符。科學證據支持的是配合實際情形的腦中演練，不是天馬行空的美夢。

此外，心中演練法也需要充分的感官資訊，例如視覺圖像，以及聲音、感覺、氣味，甚至是味覺。感官資訊會幫助大腦啟動更豐富的神經連結，因此道格準備簡報時，會回想自己過去發表過大型演說的地點，**還會**盡量回憶其他正面經驗的細節，例如自己當時說話的語調、其他人說過的話、肺腑的感覺，甚至是演講前吃過的小點心。

道格還為心中演練法加了一個小訣竅：「最好一點一滴累積日後可以回憶的成功記憶庫，例如有的屬於『我想做成功的簡報』，有的屬於『我今天必須特別有耐心』。我發現經過練習之後，可以在需要喚起回憶時立刻想起來——就像實際踏進當時的情境一般。」

「心中演練法」的步驟如後，我們可以好好利用這兩個方法強化目標：

■**回想過去的光榮時刻**：看著自己替一天設定的正面目標，想出先前的類似例子，接著找一個安靜的地方好好坐著，閉上眼睛。

- 做幾次深呼吸（如果能靜下來察覺身體的感受、聽清楚身邊所有的聲音，觀察到閉上的眼皮後方的影像，那就更好了，大腦會更全神貫注）。
- 好了之後，想一想過去正面的體驗。用心靈之眼看一看四周，回想當時自己和其他人說了什麼話、心中在想什麼。請回想當時的感受，或是當時聽到什麼、聞到什麼、看到什麼、吃到什麼、摸到什麼。

• 完成再次體驗回憶之後，睜開眼睛，寫下回憶中最突出的事，尤其是可以幫我們快速聯想到當時情境的影像或一句話。

**排演今天的挑戰**：用栩栩如生的方式想像自己走進那個情境。

• 想一想今天這項困難的任務、協商，或是準備開的會，我的動機和目標是什麼。想像一下棘手的部分。

• 接下來閉上眼睛，想像自己漂亮地解決一切，從最開始一直想像到結束，在心中播放完整的電影，配上預期會體驗或希望體驗的聲音、景象與感覺。

## 有什麼法寶都使出來：我的一天由我自己掌控

羅素（Russell）是大型連鎖飯店的品牌主管，負責公司的行銷與公關事宜，也負責研發大大小小的「產品」，從市區飯店該如何設計，到枕頭要怎麼樣才舒服，都歸羅素管。羅素講起這點點滴滴，滔滔不絕，顯然十分熱愛自己的工作。然而他工時很長，得想辦法讓自己一整天都活力充沛。羅素的辦法是先從計畫一天的行程開始。

羅素表示：「晚上，我一定會先想好明天必須做到的兩、三件事。抵達辦公室後的第一個小時，我會想一遍今天要做什麼，開會時要說什麼。我可能想向公司提出某個點子或某項分析，我假想自己在一起開會的眾人面前看起來是什麼樣子，以及萬一碰到問題該如何解決。我會在一大早做這件事，因為一旦一天開始了，事情就會一件接著一件來，像在跑十小時馬拉松。我發現只要一點點準備，就能讓我一整天好好表現。人的精力和注意力有限，一定要用對地方，先想好哪些事比較重要。」

除此之外，羅素還檢視自己的假設，這次是什麼情形？接下來會碰到什麼樣的人？「我提醒自己，要往最好的一面想，因為我知道那會影響我一整天看待事情的方式。」當然，有時會碰到出乎意料的事。「你得容忍天外飛來一筆，並且有能力處理沒預料到的情境。然而，事先決定好朝哪個方向走，知道真正的優先順序，也知道自己想要的表現，我們反應的方式將讓自己自豪。」

羅素也把握每一個能利用心理學「促發」的機會，幫助自己堅定目標：「有時候，我會依據隔天想要有什麼樣的心情，晚上事先準備好服裝，像是決定要不要打領帶。有一次，我穿了一雙繫紅鞋帶的黑鞋，大家都跑來告訴我這種組合很有創意。後來如果碰到想讓在場人士覺得我很有創意的場合，我就會考慮穿那雙鞋。」

羅素表示這些年來，因為刻意設定好目標，工作變得更有趣也更成功。「要不是這麼做，我可能錯過很多機會。我永遠會挪出時間想清楚自己要什麼。」

**加強決心的法寶**

各位想著一天的目標時，請為最重要的目標做幾件事：

➡**心理對照**：完成目標的時候，什麼事最可能出來擋路？怎麼做可以減少障礙影響我的程度？詳細的「如果……就……」計畫是什麼？

➡**促發**：我可以利用什麼「提示」，提醒自己今天不要分心做別的事，專心完成目標？是不是有哪句話或是哪幾個字可以提醒我？我怎麼讓周遭環境配合我的目標，一抬頭就想起來？

➡**心中演練法**：想像今天最重要的任務一如預期順利完成。碰到問題時，我如何處理？事情看起來是什麼樣子？我有什麼感覺？回想一下過去類似的經驗，在心中重現當時的情景。

# 第二部分　生產力：讓一天不只二十四小時

最重要的事，就是讓最重要的事一直是最重要的事。

——管理大師史蒂芬．柯維（Stephen Covey）

好了，現在我們想好要完成什麼事，也訂了讓自己有動力的詳細目標，還讓自己走到哪都想起目標，接下來要如何安排時間和體力，一一完成目標？一天就這麼多小時而已，要怎麼把所有的事情塞進去，在一天結束時感到心滿意足？

這年頭你我有太多事要做，以美國為例，美國人在一九七〇年代到二〇〇〇年代之間，平均一年工時多了近兩百小時，換算起來是整整一個月！[1]而且我們不僅工時變長，還忙到暈頭轉向。今日我們要處理的資訊量超越以往，永遠有不斷出現的新簡訊和新提示。光是同事寄來的機智訊息，或是出現「快看這個！」的社群網站推薦提醒，就會打斷我們寶貴的專注。

我們一直工作、一直工作，但一天的事永遠做不完。我們先做最緊急的事，而不是真正重要、能幫我們完成本日目標的事。此外，由於我們工時過長，只能渾渾噩噩混過去，無法一直處於效率最高的狀態。證據顯示，人一天只要工作超過八小時，生產力與認知表現就會下降，也就是說，我們工作的第九、第十、第十一小時，完成的工作量一直遞減。[2]

我認識的安東尼（Anthony）原本和所有人一樣，過著忙到不行的生活，但是兩年前他的身體撐不下去，一定得改變。今日的他，依舊從事數位行銷工作，一邊照顧家中兩個孩子，但他現在認真跑步，生活充滿活力，外表看起來比實際年紀輕。從前，他每天被工作折磨得不成人形，「我做太多工作，永遠在硬逼自己多做一點，永遠在處理回不完的電子郵件。我試著掌控自己的生活，但失敗了。我公司的文化是『人一定得待在那裡』，所以得讓上司覺得你人一直在辦公室，一直在工作，一旦陷入這種辦公室文化就出不來。」安東尼最後精疲力竭。「我再也榨不出半點力氣，知道沒辦法這樣繼續下去，決定做出改變。」

安東尼原本靠著「同時做很多工作」和「不休息」讓自己使命必達，不過自從看過科學界有關個人生產力與優先順序的研究結果後，瞭解到最好別那麼做。不管是做一堆事把自己累得半死，或是詛咒這個世界、怨天尤人，都不是管理工作最好的辦法。

本書接下來這個部分，要和大家分享安東尼和其他人的例子，他們實踐生產力科學理論後，人生有了新發現。我將教大家規畫時間的方法，各位不會再覺得疲累，而是更有精神，更能掌控自己的一天。此外，我還會教大家工作爆量時該怎麼辦，還有如何改掉長年的拖延症。按部就班去做之後，大家會發現一天的工時和先前差不多，但完成的事情突然變多了，不僅更有成就感，也更能平衡工作與個人生活。

# 第4章　一次做一件事就好

我們常常以為同時做很多件事，就能在一天之中塞進更多工作，於是我們一邊講電話，一邊看文件，同時還上網。開會時不忘查看留言，吃飯時也不例外。我們一面寫早就該交的報告，一面把午餐胡亂塞進嘴裡，還抬頭和路過的同事聊幾句。然後告訴自己：「忙死了，忙死了，忙死了。」

我們喜歡用這種方式忙個沒完，好像自己很努力、很認真地掌控所有工作，而我們暗暗喜歡這種多管齊下的感覺，不禁 high 起來。大腦的獎勵系統喜歡新奇，也喜歡人與人之間的接觸，尤其是出乎意料的事。當我們心愛的手機或電腦發出提示音，代表有獎勵要出現了。每一次打斷，有可能是有什麼有趣或好玩的八卦新聞。儘管通常只是廣告或垃圾郵件，我們很難要自己別去看。

我們喜歡同時做很多件事，然而研究明明白白地告訴我們，多工作業（multitasking）只會降低生產力，也就是說一天工作的時間會變長！試著同時做一件以上的事，不僅會拖累速度，還會忙中有錯。犯錯後要重做，結果速度又更慢。我們**感覺**變忙，但其實完成的事變少，而且品質變差。

除此之外，一次做很多事要付出的代價可不小。美國范德比大學（Vanderbilt University）的人類資訊處理實驗室（Human Information Processing Laboratory）主持人雷內・馬洛斯（René Marois）表示，相較於一次做一件事，同時做兩件事得多花三成時間，而且出錯機率是兩倍。其他科學家做過類似實驗，結果也一樣。[1]研究還發現，一次做很多事情會影響決策的品質，例如曾有實驗要求受試者評估不同選項的優缺點，挑出最適合蓋倉庫的地點。受試者每多處理一項新資訊，做決定的時間就會變長，還會挑出比較不好的地點。[2]

以微軟員工為對象的研究也發現，員工被電子郵件打斷後，不管是否回信，都得花十五分鐘才能回到原先的專注狀態。[3]手機簡訊也是一樣，看一眼就得花十分鐘才能回復專注。如果專注力回復的時間乘以每日被打斷的次數，各位就知道為什麼一直上網／看手機對生產力來說並非好事。

為什麼「多工」會讓我們工作的速度、準確率和做睿智決策的程度大減？答案又要回到大腦深思熟慮系統的侷限。我們自以為同時處理很多工作，其實深思熟慮系統得不斷快速切換注意力，一下子切換到看信，再切換到聽同事說話，不斷在「同事-郵件」之間切換。每切換一次，就會多耗損一點大腦花的時間與力氣。[4]

不相信？做一個簡單練習就知道了：

➡請念出「abcdefg」，接著立刻念「1234567」，看看自己花了多少時間，不妨拿出碼表來測量。

➡接著，將兩組混在一起，說「a1b2c3d4e5f6g7」，看看這次不停切換字母與數字，得多花多少時間與力氣，才能正確說出來。

也難怪英文有一句話說：「我聽不見自己思考了。」如果有人對我們講話，同時間電話也在響，大腦的確會忙不過來。要大腦同時做很多件事的時候，深思熟慮系統很難搞定。此外，由於情緒控管也由深思熟慮系統負責，給這個系統太多工作的話，我們很難保持鎮定，也容易情緒爆發。曾有研究發現，接到全新的工作自然會有點緊張，但試著完成工作時被打斷，焦慮感則會加倍。[5]

結論是什麼？一天有各式各樣的事要做或許令人興奮，但若想快點順利完成工作且保持心情平和，最好不要每一分鐘都在做不一樣的事。我們會覺得一次做很多事很刺激、很有效率，但其實一次只做一件事，生產力會更高。真的，**單工**就好，不必多工。

## 不是有例外嗎？

大腦的自動化系統和深思熟慮系統不同，有辦法一次處理很多事，所以如果我們做的事不需要有意識的思考，的確有可能一次做一件以上的事，例如開車就是常見的例子。開車是自動化任務，只要路筆直很好開，沒有突然冒出來的東西，我們就有辦法一邊開車，一邊跟同車的人聊天。

一旦簡單的任務變複雜，例如其他車子突然切進我們的車道，開車就不是自動化任務，此時得靠深思熟慮系統注意前方車輛。在那個瞬間，我們無法**一邊**聊天，**一邊**對眼前的變化做出反應，而且人車平安。每五起嚴重車禍，就有一起是因為駕駛分心。根據警方的報告，二〇一一年每次當地的黑莓機網路暫時斷線，阿布達比的車禍減少四成，杜拜減少兩成。[6]

部分證據顯示，只有極少的個位數人士，大腦跟別人不一樣，有辦法多工。猶他大學心理學家大衛．史特雷耶（David Strayer）一直在研究這種非常罕見的「超級一心多用者」（supertasker）。世上真的有這種人，不過我就直說了，我們要不是超人，要不就是凡夫俗子，而事實很殘酷，絕大多數的人都不是超人。除此之外，就算經常練習一次做很多事，也不會熟能生巧。事實上，研究還發現相較於偶爾一次做很多事，習慣性一次做很多事，反而會造成大腦切換時間**變長**，原因可能是習慣多工的人，早已失去專注的能力。[7] 諷刺的是，研究還發現對自己最有自信、覺得自己可以多工的人，反而最沒能力多工。[8]

## 類似的事一起做，集中一天的注意力

我們的大腦一次只能做一件事，那麼理想的一天該如何安排呢？研究指出，如果用更有效率的方式分批處理任務，不但可以縮短工作時數，還能減少耗力的程度。「分批」的意思是把類似的事集中，別浪費時間和精力一直切換腦袋。例如前述的「a1b2c3……」字母與數字穿插練習，那就先處理所有的字母，把字母當成同一批任務，接著再處理數字。以我們的工作來說，應該找一段時間專心看電子郵件，**再**找一段時間深度思考，而不是一邊思考、一邊收信。

安東尼成功用「批次」的方法，盡量減輕每天的工作量。舉例來說，他的工作得找出有趣的文章和客戶分享。「分享文章感覺像是一件事，但其實是幾件不同的事。首先我得**蒐集**資訊，也就是說，我得敞開心胸讓自己處於搜尋模式。接著得**消化**資訊，停下來思考。再來是**分享**資訊，我得做幾個決定：這篇文章值得傳給客戶嗎？要傳給誰？蒐集、消化、分享是不同的心理狀態。」先前，安東尼會同時做這幾件事，但就像他說的：「我在做這些事的時候會分心，因為我用不同的app蒐集與分享資訊。我的筆電永遠開了一堆視窗，每個視窗都可能讓我跑去做別的事，所以最好分割不同任務，告訴自己：『我現在在蒐集資訊，把注意力放在蒐集就好』；『現在我在**消化**資訊，做這件事就好。』結果整體來說，我花的時間變少，品質還提升了。」

此外，安東尼決定把每日的行程表畫出固定的三個時段，至少有一段用來思考當天的棘手任務，另外兩段則是檢查電子郵件，盡量把收到的信件統統處理完。有時候，安東尼得看行程表上還有哪些空檔，隨機應變決定電子郵件該塞在哪裡，但是知道一天有兩次機會可以解決收信匣，讓他更專注在其他工作上。安東尼表示，一天之中只做一件事，讓他更能集中精神，情緒也更穩定。

各位可以試一試：

➡**把工作分門別類集中在一起**。今天得做什麼類型的工作？每件待辦事項分屬什麼類別？把相同的放一起：

- 深度思考或創意發想
- 回覆電子郵件與訊息
- 閱讀與研究
- 開會（虛擬會議或親自到場）
- 個人計畫
- 行政事務

最後的「行政事務」，安東尼建議採取美國開國元勳富蘭克林（Benjamin Franklin）的方法。大家覺得行政事務很煩，富蘭克林則把行政想成「讓一切按部就班」（putting things in the places, PTITP）。「行政」兩個字讓人心情低落，但是「讓一切按部就班」聽起來就像明智的人該做的事。有的人改稱行政為「統整時間」（consolidation time），也是一樣的道理。各位可以想辦法幫「行政」換一個較為正面的說法。

**➡將工作分類好，找出一整段不受干擾的時間**。研究一下行事曆，找出哪些時段可以做哪些事。試著讓自己有不受打擾的完整時間，短則二、三十分鐘，長則六十到九十分鐘。如果各位的行事曆非常分散，一天之中有時要開會，有時要和人碰面，試著把這些事集中，問其中一人能否把會面時間稍微提前或延後。通常時間都可以「喬」，只是我們不敢開口或懶得問。為了在一天之中擠出一段不受干擾的工作時間，最好問一問。

**➡接下來，決定行事曆上的時段適合哪一類工作**。最好不要一下子做A，一下子又做B，不要從寫報告跳到回信，然後又跳到接電話。如果實在不行，至少把一段時間留給深度思考與創意發想，還要有一、兩段回信、回電話的時間。把最好、最長的時段，留給需要好好動腦的工作，那種工作需要一段時間才能進入情況。

此外，建議各位實驗一下，一天之中哪些時間最適合哪些工作。要注意的是，不要因為別人說什麼，就堅持一定要那樣安排，例如有人聽說創意相關工作，**永遠**得在早上做，就硬是排在早上。之所以有那樣的建議，是因為我們人醒來後，的確會有一段思考較流暢的時刻，可以在床邊或沖澡的地方放置便條紙，隨時記下醒來後靈光乍現的念頭。不過我們得瞭解自己的作息，完全依照個人作息來安排時間表，例如夜貓族就不要想跟早起的鳥兒一樣，將一天的行程從早上六點開始安排。不管各位是早起還是晚起，都要找出自己在一天中最有效率的時刻，接著把那段時間留給最複雜的工作。[9]

## 不讓任何事干擾

安東尼的下一個大突破是訓練自己碰到干擾也要專心。他知道自己不論在忙什麼，像是打電話、做雜事，還是寫東西，只要能集中精神，一次做一件事，就有辦法立刻搞定。每個人都一樣，專心的話做事速度就會加快，因此我建議各位排除不必要的干擾，讓大腦把寶貴的注意力放在眼前最重要的事：

➡**關掉通知**：從前從前，我們唯一會收到的通知只有電話鈴聲。各位能想像嗎？只有電話！現在我們身邊有一堆吵死人的裝置，手機一直在響，電腦螢幕也一直跳出通知。通知一多，我們就不可能好好運用時間，因為不管我們是否決定處理那個通知，每一個小小的通知，都會占去一些大腦記憶。需要專心時，關掉通知其實很簡單，例如把手機調成飛航模式，或是關掉電腦Wi-Fi。想提升ＩＱ，就把最不重要、最煩人的裝置通知永久關掉。

**抗拒一切誘惑**：每多一項視覺干擾，就會占用一點大腦的工作記憶，而且我們會受到誘惑，想一次不只做一件事。需要專心工作時，請完全關掉電子郵件程式及瀏覽器，至少將不需要的網頁關掉。在以前沒有無線網路的年代，作家強納森．法蘭岑（Jonathan Franzen）為了專心寫完小說《自由》（*Freedom*），用一台沒辦法上網的電腦工作。他沒辦法上網，是因為他把乙太網路線的插頭塗上強力膠，黏進筆電插孔，然後把線剪斷。我們處於無線網路的時代，但依舊可以做法蘭岑做的事，只需要設定應用程式，讓自己在規定時間無法連上某些網頁就行了，不需要動用強力膠。

**把突然冒出來的念頭放進「暫存區」**：我們努力專心做事的時候，還是可能突然想到點子，有的點子很有價值，不能放掉。與其讓突然冒出來的點子占用寶貴的心智空間，拋下手邊的事去研究，還不如養成立刻記錄的習慣，有時間再回頭審視那些點子。可以記在便條紙上，也可以錄音。

**培養耐力**：現代人已經不太習慣把注意力放在一件事情上，因此剛開始會感到有點困難。各位如果也碰上這種情形，先讓自己有五分鐘不受干擾，接著「拍拍自己的背」，告訴自己幹得好，例如記錄自己一天之中沒上網的時間。這種小小的心理獎勵非常重要，因為我們需要與上網時大腦不斷得到的興奮感相抗衡。接下來，慢慢延長專心的時間，直到能長時間專心而不煩躁。

**幫自己定時**：手上的工作如果很重要，決定要花多少分鐘做那件事，接著用計時器定時。有了計時器，我們的身體進入備戰狀況，明確知道這次要專心多久時間。最後計時器歸零、嗶嗶作響時，我們會對自己感到很滿意，因為我們成功搶在時間內完成工作！

現在安東尼會把不同類型的工作分配到一天中不同的時段。「我看了研究，據說九十分鐘的長度最適合需要專心的深度思考。如果必須想比較困難的事，我會用計時器定時九十分鐘，旁邊的人看到了計時器，就知道我在忙。他們還是可以打斷我，但他們知道我擺計時器代表有重要的事。」安東尼表示，有時候才過六十五或七十分鐘，他的注意力就開始渙散，「但我發現那沒關係」。如果是沒那麼繁重的工作，安東尼只會安排二十五分鐘。「其實不管定時多久，重點是有了定時器之後，一開始工作就會比較專心，知道手上這件事不能拖。」

## 萬一老闆有事找我，怎麼辦？

小敏（Min）是電信公司主管，常和公司的全球執行長直接打交道。小敏說老闆是那種「一秒鐘都閒不下來的人，永遠在問底下的人事情，而且要求立刻得到答案」。不過小敏最近讀到一篇文章，知道一次做很多件事不太好，於是開始改變習慣，而且成效良好。例如，她改在每天幾個固定時間收信，也就是說，每個人都會在兩小時內收到她的回信，但不一定會在信寄出的幾分鐘內收到，就算是執行長寄的信也一樣，這讓他非常不開心。

小敏很想屈服，她在想是不是可以設定手機，只有執行長寄信時會響。不過她在嘗試這個方法之前，決定先向執行長解釋自己在做什麼。「我告訴他，我是刻意把電子郵件集中在一起回覆，不要一直收信一直回信，因為科學證據顯示一次做好幾件事，效率會變差。我告訴執行長，我現在一天收四到五次信，人們依舊很快就接到回信。」小敏說，執行長聽完後點點頭，似乎被說服，但馬上加了一句：「萬一我真的有要事找妳怎麼辦？就算妳一天收四次信，我還是要等妳三小時。」小敏想了想：「這樣吧，如果您真的很需要我，我讓助理轉達好嗎？」執行長同意了。

小敏說這次對話很有用。「我們很少花時間告訴別人，我們是如何安排一天的時間，以及為什麼那樣安排，但自從我和老闆直說之後，雙方的壓力都減輕了。對兩人來說都是好事一樁。」

## 一次做一件事就好

請檢查一下今天的行程，好好整理整理，讓大腦發揮最大功效，完成更多工作。我們可以做的事包括：

**類似的事情一起做**：類似的事放在一起（如電子郵件、電話、看資料），不要讓大腦一直從一個模式切換到另一個模式。

**把一天的時間分段**：決定哪段時間最適合做哪一組工作，當中要挪出一、兩段「電子郵件時間」。想辦法挪出較長又不受打擾的時段給最重要的工作。某些約會和會議是否可以排開或放在一起，不要一直穿插做不同的事？

**排除干擾**：干擾愈少就愈能專心做手上的事。有哪些通知可以關掉？能否用應用程式讓自己無法上某些網頁？找出適合自己的「暫存區」方法。大腦突發奇想、無法專心時，把點子記下來，先做好手上的事。

**自己表現良好時，來點小獎勵**：一次專心做一件事，可以怎麼獎勵自己？我們可以設好定時器，或是把自己成功專心的時間記在本子上。這樣定時器響起，或是看到累積很多專心的時間後，就會心滿意足，覺得自己按時完成很多事。

**分享心得，鼓勵大家一起來**：事先向同事解釋自己為什麼要那樣安排時間。各位可以讓旁邊的人試一試「a1b2c3」練習，讓大家瞭解為什麼你要避免一次做好幾件事。

# 第5章 特別安排中場休息時間

我們看著時鐘，時間都跑到哪去了？有好多事要做，眼睛痠痛，注意力渙散，甚至想不起上一次站起來伸一伸腿是什麼時候。但不能休息，我們告訴自己得把握時間，一分鐘都不能浪費。

真的嗎？休息真的在浪費時間？硬拖著疲累的身體，真能多擠出一點生產力？既然我問了，各位也知道答案：不會，不休息只會拖累進度。不做事反而能做更多事，這聽起來違反直覺，但要自己不休息一直工作，並不會增加生產力。科學證據告訴我們，努力工作一段時間之後就休息，再繼續努力，反而可以完成更多事。

為什麼會這樣？原因有兩個：第一，大腦的深思熟慮系統需要定期休息、定期添加燃料，才有辦法好好運轉；第二，我們「休息」沒做事的時候，大腦其實還在努力做工，忙著幫我們找出怎麼做會更好。接下來，我先解釋一下背後的科學理論，再教大家生活上可以運用的妙招。

## 決策疲勞

一天之中，我們得做出各種小型決策，例如別人說的話我們不完全同意時，要站出來反駁，還是點頭微笑？如果要反駁，該說什麼？要講得多婉轉？這種簡單的當下決定，依舊需要評估不同選項的利弊，才能決定下一步該做什麼，因此決策會花大腦很多力氣。要做的決定愈多，我們就愈沒力氣評估選項，愈不可能做出理想的選擇，科學家稱這種現象為**決策疲勞**（decision fatigue）。如果各位裝潢過公寓，就能瞭解那種感覺。有太多選擇，油漆要什麼顏色？水龍頭要哪一種？什麼東西又要什麼？最後我們會雙手一攤：「隨便，老子／老娘不在乎。」

職場上的決策疲勞可能造成嚴重的後果。台拉維夫大學（Tel Aviv University）行為科學家沙依．丹奇格（Shai Danziger）的研究團隊，研究以色列公正法官做出的一千多項判決。[1]假釋委員會一整天都在聽犯人為自己辯護，決定是否讓他們提早假釋出獄。委員會一天有三個工作時段，中間有兩次休息時間。研究人員發現委員會的決策有明顯的模式：如果每段審理時間的開頭碰上的案子，法官剛休息完，頭腦清楚，囚犯有六五％的機會獲得假釋；如果是排在最後面的案子，法官要休息了，他們願意重新思考案子的機率降至零左右，不管什麼案子都一樣。判決模式很一致，每次休息完是高峰，接著穩定下降。犯人能否獲得假釋，最重要的顯然是提出的時機，以及法官有沒有力氣想他們的案子。

研究還發現，人疲累時，買東西也會隨便買，不管是在賣場買小東西，還是買昂貴的新車。[2]此外，人精神不佳時，也比較不會管道德原則或遵守安全規則。賓州大學的研究發現，醫院裡長時間工作、無法休息的人員，比較不會遵守基本的衛生清潔規則，即使他們知道那很重要。[3]

只要大腦的深思熟慮系統工作量太大，就會無法好好運轉，做事也跟著隨便起來。我們會看不清楚狀況，自控能力變差，無法專心，也沒辦法想太遠。一直工作不休息，大腦的自動化系統就會接手，選擇最快的解決辦法，或是非黑即白的答案，短視近利。或者直接選擇標準作法，以前怎麼做，現在就怎麼做，不去想更好的辦法。

我們肚子餓的時候，隨便做決定的現象會更明顯，因為深思熟慮系統改把注意力放在胃的迫切需求，開始想如何解決饑餓問題（「眼前這件事很快就會結束嗎？我該不該先離開？不曉得餅乾還有沒有剩？」）。我們的大腦和身體其他部分一樣，也需要血糖才能運作。但是大腦不像身體可以儲存很多血糖，我們需要定期進食才能讓腦袋保持清醒。[4]

由於前述種種原因，工作認真的人要是太久沒休息，就會欲振乏力。不休息的話，就算很努力，也不可能讓大腦維持無限期的高度專注。這也是為什麼很多會議開到最後，大家脾氣會有點暴躁：休息時間不足，很難心平氣和地一件事從頭做到尾。

## 休息時，大腦依舊在努力運轉

神經科學家發現，人類大腦沒做事、處於「休息狀態」時，其實依舊很活躍。[5] 大腦在那種狀態下做的事，變成近年來非常令人興奮的科學發現，原來我們讓大腦休息的時候，大腦還在解讀並整理我們剛剛吸收的資訊，而且這種反思時間會讓我們學得更好、看得更透徹。

任職於伯明罕大學（Birmingham University）與哈佛醫學院的神經科學家賽博・賽米（Saber Sami），找出我們的大腦「休息」時在做什麼活動。他請受試者躺在MRI掃描儀裡，同時手上拿著鍵盤，當影像閃過眼前，看到一樣的圖案就按鍵。接著，受試者有幾段休息時間，休息時儀器依舊掃描他們的大腦。經過六小時練習後，每位受試者辨識圖片的速度都變快了，而且研究人員看得到是大腦哪個部分讓速度變快。不過，最關鍵的發現是受試者休息時大腦出現了新連結，原本的連結也增強。也就是說大腦沒「做事」的時候，依舊在處理剛才學到的東西。[6] 受試者速度變快不只是熟能生巧，大腦的停機時間也扮演重要的角色。

賽米教授的受試者並未感覺到自己休息時，大腦還在想事情。不過吉妲・狄史提凡諾（Giada Di Stefano）的哈佛商學院團隊證明，**刻意**挪出時間思考效果驚人。研究人員首先請受試者在一堆數字之中，找出相加等於「十」的兩個數字。聽起來簡單，然而實驗給的數字包含小數點後兩位。研究人員發現令人振奮的實驗結果：如果請受試者先花點時間想怎麼找比較快，實際測試時會找得更快。[7]

接下來，狄史提凡諾與印度的電話客服中心合作。研究團隊發現，實驗搬到真實生活之後，效果更明顯。電話客服中心把新員工分成兩組，兩組都訓練四週，訓練內容一樣，但其中一組須多花十五分鐘寫下當天學到的重要新知。結果發生什麼事？訓練結束後，新員工接受測驗，結果每天停下來想一想的那一組，成績比另一組好二三％。換句話說，只要花一點點時間回想，就能大幅提升績效。

認知神經科學家潔西卡・潘恩（Jessica Payne）指出，讓大腦有機會暫時休息、整理剛才經歷的事，其實和睡眠有異曲同工之妙。潘恩是聖母大學（University of Notre Dame）「睡眠壓力記憶實驗室」（Sleep, Stress, and Memory Lab）的主持人，她表示：「如果想讓大腦善加利用吸收的資訊，先關機一下再開機顯然是好方法。」[8]

## 充電策略

如果我們在一天之中花點時間充電與反省，給自己一點喘息空間，不要一件事做完、立刻做下一件，會有更多腦力可用。

我用賽車的比喻提醒自己使用筆電一段時間就要休息。我小時候參觀過著名的銀石一級方程式賽車（Silverstone Formula One）工作區，我很訝異工作人員在幾秒鐘內就能換好輪胎、加好油。不過最重要的是，我學到如果要贏得比賽，不只要看賽車在跑道上跑多快，也要看進站策略夠不夠好。車隊會預先設計好關鍵的進站步驟，進站是刻意在工作站慢下來，讓車子接下來能跑更快。進站並非浪費時間，而是考慮周全的制勝法。我們的大腦就像賽車，工作和沒工作的時間一樣重要，一天之中一定要找時間暫停一下。請好好規畫自己的大腦停機時間，並且尊重這樣的時間，不要讓它被其他事排擠掉。

現在來詳細談談好的充電策略所需要的元素：聰明休息法與每日四「省」吾身。

## 聰明休息法

上一章我們提到要把一天的時間分段，類似的事一起做。除此之外，時間表的安排還得考慮幾件事：

- 一天之中，兩個不同的任務時段中間要安插一段休息時間，例如回了一小時的電子郵件後，給自己幾分鐘站起來，清空思緒。接著再去開會，或是做需要分析能力或創意的工作。
- 專心九十分鐘後，一定要讓身心休息一下。伸伸腿，到外頭走個幾分鐘。

為什麼是九十分鐘？佛羅里達州立大學心理學家安德斯．艾利遜（K. Anders Ericsson）多年來研究世界級運動員、西洋棋高手與音樂家的日常生活，想找出為什麼頂尖專家比一般人卓越。他們的做事方法是否有任何特殊模式？艾利遜發現最厲害的人士通常會專心九十分鐘，休息一下，然後再繼續。[9]

九十分鐘這個數字相當符合我個人的經驗。過去十五年來，我經常得安排董事會議程，花很多時間觀察如何讓會議順利進行。我發現會議一旦超過九十分鐘，與會者的注意力就會渙散，無法集中精神。如果他們來開會時已經就累了，更是不到九十分鐘就開始恍神。如果沒安排休息時間，大家就會拿出智慧型手機，因為每個人都想來點外界的刺激，讓疲憊的大腦清醒一下，但如果安排十五分鐘休息時間，大家回來的時候，就可以再度專心、有效率地再開九十分鐘會議。

前文提到的數位行銷顧問安東尼現在開完一段會議、做完一件事，一定起來走一走，吃點零食，喝點水。這麼做的好處很明顯，他自己的生產力提高，同事也發現休息好處多多。「我們辦公室的人現在都會安排中場休息，到外頭走一走，聊聊天，不再覺得休息是在鬼混，因為光是走一走，接著通常就能完成更多事。」此外，安東尼也認為工作很煩、很多時，中途離場一下的確可以讓腦袋處理資訊。「如果我一直卡在工作上的一個問題，出去散個步，不到三十分鐘，就會想到解決辦法。但如果我硬撐，想先解決問題再休息，反而得花更多時間。」這種讓大腦悄悄解決問題的現象，安東尼取名為「偷做工時間」。

少做一點工作，反而能讓大腦想出更多東西。

## 在狀態最好的時候做決定，不要擠在最忙最累的時刻

如果碰上耗腦力的工作，尤其該運用中場休息策略。計畫每日行程時，問一問自己：

- 我今天需要做哪些重要決定（需要分析或創意的選擇）？
- 如何在腦袋最清醒的時刻做那些決定，而不是最昏頭的時候？

如果知道自己得做很多決定，例如今天要做績效評估，或是編輯一份很長的文件，此時特別需要規畫每隔一段時間就休息，就算幾秒鐘也好。此外，不要讓饑餓感礙事。安東尼表示，他知道自己血糖低的時候，很難做出聰明的決定。「我知道自己什麼時候血糖低，因為我會有點煩躁，而且堅持己見。碰上這種時候，同事常叫我『去吃點堅果什麼的再回來』。而我真的會去吃。」

## 聰明的行程安排必須包括喘息時間

- 會議時間一般都是三十或六十分鐘，但請盡量縮短，給大腦五到十分鐘的充電時間。
- 盡量讓事情早一點結束，給自己、給所有人幾分鐘停機時間。

想一想我們通常如何安排會面時間。如果是非正式的見面，我們會說「我們今天下午三點來聊一聊」；如果是正式的見面，我們會發出邀請函，明確寫上會議時間是下午三點到四點。如此安排後，我們會覺得自己四點以後有空。然而，如果三點的事一做完，就立刻去做四點的事，就沒有停機時間。不休息，會讓四點要做的事效率下降。

薩庫・托明內（Saku Tuominen）與佩卡・波賈卡優（Pekka Pohjakallio）是九二五設計顧問公司（925 Design）的創辦人，專門協助企業打造高效工作環境。兩人的理念是仿效功能齊全的美麗椅子或電話帶給消費者的優雅氣氛與效率，用設計原則協助客戶安排一天的工作。[10]兩人分析一千多位專業人士的行事曆後，提出一個建議：何不把會議定為四十五分鐘，不要老是定為整整一小時？電話會議也一樣，可以定為二十或二十五分鐘，不要硬是開滿整整三十分鐘。托明內與波賈卡優讓各行各業的公司試行這個方案，效果十分明顯，大家發現少個幾分鐘，做完的工作量其實差不多，但按時休息一下，腦袋會清醒過來。

當然，有時時間表不是我們一個人可以決定的，不過還是有討價還價的空間，例如，不要告訴別人「我三點有空」，試著改說「我三點到三點四十五分有空」。樂觀又實際地告訴對方：「我得在三點四十五分前離開，不過我覺得這時間夠了，我們可以搞定一切。」此外，我們可以空下行程表上每個整點的頭五至十分鐘。有時的確很難堅持喘息時間，但就算成功率只有一半，效果依舊驚人。

此外，就算只是努力提前一點時間結束會議，同事也會非常感激你。我還記得我和邁克．巴博爵士（Sir Michael Barber）在麥肯錫共事時，他給過我一個建議。爵士先前是英國政府的資深顧問，他說自己每次都努力提早散會。如果能讓在場人士賺到幾分鐘休息時間，大家都會很快樂，尤其是首相東尼．布萊爾（Tony Blair）。

## 用DATE法每日「四」省吾身

解決掉麻煩的工作、學到新東西，或是開完會之後，最後要記得：

- 立刻花個幾分鐘回想剛才得知的新資訊，效果將加倍。請想一想剛才最出乎你意料的新知是什麼？（你要做出什麼改變？）
- 如果旁邊有人，請他們一起回顧。

創業家蘿平（Robyn）專門開設讓社會更美好的公司，她教更生人程式設計與商業技巧，協助他們重新打造生活。蘿平精力充沛，永遠閒不下來，但她也會刻意在一天之中數度停下腳步，反省剛才發生的事。她在與人交談或是讀完一篇文章後，會花三十秒寫下腦中冒出來的重要想法。「有時是對方說話的語氣，或是一項簡單的建議激發了許多其他點子，或是對方剛好提了什麼，讓我突然冒出一些點子。這種時候我會趕快寫下來。」蘿平說她不斷運用這項三十秒原則，最後「變得跟喝水一樣容易，而且很有幫助」。[11]

蘿平每天晚上還會進行自創的「DATE」反省法，回想當天發生的事，找出自己從中**發現**（discovered）什麼（「例如一件有趣的事或心得，或是明天要做什麼不一樣的事」），以及當天**完成**（achived）什麼，**感謝**（thankful）什麼，以及**體驗**（experience）過後想要記住的事，可以是工作上的事，也可以是其他任何事。蘿平表示：「每天花時間反省，不管當天過得好不好，都會是很寶貴、很獨特的一天。」

**特別安排中場休息時間**

請研究一下今天和明天的行事曆，然後安排幾件事：

➡**休息是明智之舉**：怎麼樣才有辦法每九十分鐘或每做完一件事，就休息一下？

➡**在頭腦清醒時做決定**：今、明兩天要做的事情中，哪一件必須做很多決定？怎麼樣才能安排在大腦最清醒的時刻？

➡**塞進喘息空間**：安排會議或會面時間時，能否以二十五分鐘或四十五分鐘為單位（不要三十分鐘或六十分鐘），讓自己做完一件事後能有短暫的休息時間？已經約好的事，能否想辦法提早結束？

➡**反省時間**：每做完一件事、開完一場會，花三十秒寫下最重要的心得，並在一天結束時做一下「DATE四省」（當天發現什麼？完成什麼？感謝什麼？體驗到什麼？）。

# 第6章　工作爆量該怎麼辦

安東尼是時間安排專家，有辦法用最少的時間做最多事，但由於他的數位行銷公司正在快速成長，工作量依舊很重。「每星期我都會碰上工作爆量的時刻，星期一的工作尤其會滿出來，因此新的一週才剛開始，我已經覺得很累，這對剩下的星期二到星期日很不公平。」安東尼還提到工作爆量每次都讓他的大腦進入防禦模式。「有時**我**想高舉雙手，大喊：『**夠了沒！**』那種時候我會清楚感覺到大腦停止運轉，接著很容易做出糟糕的決定，無法漂亮地解決工作。然後就會很慘，一直擔心最糟糕的結果，像是趕不上最後期限，甚至是丟了工作。一擔心，腦袋就更不清楚了。」沒錯，大腦的深思熟慮系統一旦收到太多指令，我們就會壓力很大，接著掉進防禦模式，更難解決問題。

我們壓力會這麼大，部分原因是現代職場壓力本來就大，不過還有一個原因是**計畫謬誤**（planning fallacy）。[1]「計畫謬誤」的意思是說，我們常覺得花一點時間就能完成一件事，實際需要的時間卻沒那麼短，因為我們安排時間的時候，會依據最突出的記憶來評估，而我們最記得的時間，是過去做類似事情時做得**最好**、**最快**的那一次，而不是**平均**時間（這也是大腦的自動化系統常見的捷思法，我們會依據單一例子下判斷，不會麻煩地算出每次經驗加總後的平均值），結果我們通常做出過於樂觀的預期。如果本來就很忙，過於樂觀的計畫，更是會讓我們被一根小稻草壓垮，例如同事跑去休假，或是截止期限讓人緊張。只要突然冒出出乎意料的問題，或是隨口答應了不該答應的事，就會讓我們崩潰。

既然我們知道大腦會出現「計畫謬誤」，要避免其實很簡單：預估工作時間時，想像一下萬一事情沒完全按照計畫走，會發生什麼事，平衡一下大腦過於樂觀的看法，接著依據**事情萬一不順利**的狀況定計畫。此時我們預估的時間，才是精確時間，不會被大腦謬誤牽著鼻子走，而且如果一切順利提早完成，我們會很開心。

如果工作爆量已成事實，沒辦法事先多給自己一點時間，還可以靠著幾個和禪修很像的辦法，不用摔可憐的手機發洩情緒，就能讓頭腦恢復理智。

## 花幾秒鐘做正念練習

安東尼很清楚自己壓力過大時的症狀。他全身肌肉緊繃，開口就沒好話，腦子一團亂，不過他有一套讓大腦重返發現模式的可靠方法。

安東尼說自己意識到壓力上升時，他會停下來深吸一口氣，問自己：「需要這樣嗎？」

安東尼解釋：「我知道會有情緒，是因為大腦接收太多命令，但其實有很多方法可以幫助大腦渡過難關。我發現光是問自己『需要這樣嗎？』就能提醒自己我是有選擇的，可以決定自己要有什麼反應。接著我就會恢復理智，有點像在夢裡捏醒自己。」

安東尼用特別的方法深呼吸：「我們恐慌的時候會覺得喘不過氣，但其實我們沒缺氧，反而是氧氣過多，過度換氣，因此我使用『三的呼吸法』，用三秒鐘吸氣，用三秒鐘吐氣，然後閉氣三秒，讓心跳慢下來，告訴大腦威脅已經過去，不用再發送壓力訊號。」本書開頭的〈腦科學基礎理論〉一章提過人類的大腦與身體會互相影響，呼吸就是一個很好的例子。

安東尼靠著呼吸這一招，在第一時間減緩工作過量的壓力，讓頭腦清醒起來，增強抗壓能力。他做的事與神經科學研究的「正念」不謀而合。他的呼吸法聽起來與正念無關，但其實就是一種正念的方法。安東尼一邊呼吸，一邊數秒，提供過載的大腦可明確專注的點，有幾分鐘時間卸下所有試圖記住的事。正如安東尼所言：「三的呼吸會瞬間讓事情和緩起來。」

各位如果被工作淹沒，想悄悄停下來做一點正念練習，可以試試這一招：

➡想辦法讓自己舒舒服服坐著（站著也可以），雙腳穩穩地放在地上，接著閉上眼睛。若旁邊有人，不適合閉眼的話，視線朝下看著大腿。

➡接下來，選一個簡單的專注點：

- 專注於呼吸。各位可以利用安東尼的三秒法，也可以吸氣時數「一、二」，吐氣時數「三、四」。手放在肚子上感受吸氣、吐氣時腹部的起伏，也能協助集中精神。
- 感受一下身體各部位，從腳指頭開始，一直向上感受到頭部。
- 在心中從「一百」倒數到「零」。

➡各位如果一邊做，腦子裡還一直東想西想，不用擔心，那很正常，不要責備自己。萬一思緒走偏，拉回來就好。

如果是開會開到一半突然覺得受不了，可以做一下「迷你版」的正念練習，讓大腦重返聰明模式：專心做一、兩次吸氣與吐氣，從「十」倒數到「零」（迷你版不必從「一百」開始倒數），花一秒鐘注意一下自己放在地板上的腳有什麼感覺。除了充滿感激的大腦，不會有人發現我們做了什麼。

## 別什麼都用腦子記

人腦的工作記憶容量非常有限，再小的干擾都會影響我們專心。想著還沒做完的事更是嚴重的干擾，特別是試著把一切都記在腦子裡。當你每次告訴自己「今天一定要記得去拿乾洗的衣服」，都會耗掉一點深思熟慮系統的力氣。佛羅里達州立大學的心理學家E．J．瑪思坎普（E. J. Masicampo）與羅伊．鮑梅斯特（Roy Baumeister）發現，受試者想到還有另一件事沒做完時，解字謎與邏輯問題的表現會變差。[2]這種現象甚至有專有名詞，叫「蔡格尼效應」（Zeigarnik effect），用以紀念發現這種現象的俄國心理學家。

克服蔡格尼效應的關鍵是把基本的記憶工作外包出去，例如交給錄音裝置，空出大腦的空間，讓大腦有餘裕思考：

- 養成習慣，沒做完的事，或是突然間想到什麼，立刻寫在「紙」上（真的紙或電子裝置都可以），避免大腦多花力氣記住那些事。本書第二章也提過，再小的待辦事項都要寫下來。
- 在自己最容易有靈感的地方，放置便條紙或錄音裝置。例如我在淋浴間放了防水筆記本，在床邊放了普通筆記本，手機也下載好用的筆記本應用程式。

儘管稍後還是得想辦法處理筆記本上的每一件事，一旦不再浪費腦力試著記住每一件事，眼前的工作會立刻變得容易。沒做完的事，就像是纏著我們吵吵鬧鬧的幼兒園小朋友，先讓它們乖乖坐下，就比較好處理了。

## 最重要的事先做

幾年前，某個現在已經沒有新文章的推特帳號，貼出一個像俳句的句子，標題是「生產力十一字」（productivity in 11 words）：「一次一件事，最重要的先做，現在就開始。」（One thing at a time. Most important thing first. Start now.）[3]這句話不是行為科學家寫的，但行為科學家也會告訴我們相同的忠告，因為大腦的深思熟慮系統很容易過載。

問題是什麼**才是**最重要的事？如果今天只能做一件事，你會做什麼？我曾在某個一月天輔導薇蕾莉（Valerie）。她是紐約舉足輕重的企業人士，即將前往瑞士達佛斯（Davos）參加全球領袖都會出席的「世界經濟論壇」（World Economic Forum）。薇蕾莉必須寫一篇談企業社會責任的重要講稿，同時她正在換工作，手邊還有答應別人的十幾件事，可以想見她有多少事要做。我們走在雪地裡，薇蕾莉一一細數自己有多忙，大呼受不了。

最後，我在薇蕾莉終於停下後問她：「沒錯，妳有很多事要做，不過所有的事情之中，如果只能選一樣，妳今天最重要的任務是什麼？」

薇蕾莉張大了眼：「沒錯！」

我呆呆望著她。

薇蕾莉說：「妳剛才說的話打醒了我。」我剛才問的那個問題，其實不是什麼全世界最發人深省的問題，卻足以讓薇蕾莉找出當天最重要的事，就是發出邀請函，請幾位關鍵人士出席她在達佛斯的演講。薇蕾莉非常渴望那場演講能成功，而且演講日就快到了，她該做的事就是快點邀請大家。薇蕾莉該做的事其實很明顯，但由於她焦頭爛額，很明顯也變成不明顯，不過再次抓住重點、減少腦中雜音後（更明確地說是減少大腦工作記憶的負荷），她就知道該做什麼了。

安東尼碰上每週的工作壓力臨界點時，也使用這個簡單的辦法。「我做完深呼吸，清醒一下腦袋後，看著所有的待辦事項：『OK，今天**一定**得完成的是哪件事？』光是知道這個問題的答案，壓力就沒那麼大了。」萬一同時有好幾件緊急的事要處理怎麼辦？「如果我對自己誠實，永遠會有真的重要的一件事，別的事都要靠那件事，或是那件事沒做好之後會更難收拾。剩下的事，其實可以晚點再做，或是交給別人。甚至仔細想一想，完全不做也沒關係。」

請檢查一下自己的待辦事項，找出幾個問題的答案：

- 眼下最重要的事是什麼？（無法判斷的話，可以回想一下今天的主要目標。）
- 今天一定、絕對得完成什麼事？
- 想像今天已經過完，你會最慶幸什麼事已經做完，鬆了一口氣？

## 最小、最小的第一步

好了，我們已經找出最重要的任務，但如果是很複雜、很麻煩的任務，我們依舊可能卡住。萬一卡住了，就問一個簡單的問題：

➡如果要前進，最小、最小的第一步是什麼？

這個表面上看來簡單的問題，可以安撫驚慌的大腦。首先，這個問題讓我們不再擔心眼前的挑戰有多大，而是思考自己可以做什麼。大腦開始期待第一步成功後會獲得獎勵，因而脫離防禦模式，進入發現模式。此外，問「最小的一步」也可以減輕大腦的負荷，從關注「事情很難辦」（未知的未來令人害怕），變成「事情好簡單」（想出能立刻採取的行動）。

安琪拉（Angela）是法務人員，她的公司主管由同仁投票選出，而不是由上頭指定。只要是能提出好點子、人緣又好的人，就可能升官。安琪拉兩點都做得很好，但每次要提名自己的時候，她就裹足不前。安琪拉幾乎每一天都在待辦事項寫上「準備參選」，但她每天都很忙，選主管又好像很麻煩、很複雜的樣子。

安琪拉說：「後來我發現，想當主管的第一步很簡單，就是在喝咖啡的時候，告訴老闆我想參選。老闆人很好，我跟他很熟。我在黃色便條紙上寫下『告訴老闆』，接著打電話給老闆的助理，約好見面時間。在那之後，我用同樣的方法走下一步，事情自然而然就發生了。」勇敢踏出小小的第一步果然奏效，安琪拉被同事選為主管後，每次遇上困難的任務都採用這個方法。「這一招**每次**都奏效，只要努力找，一定可以找出讓自己覺得事情有進展的小步驟。我覺得事情失控時，這一招萬無一失。」

## 你的相對優勢

有時我們已經找出最重要的任務，也知道第一步可以做什麼，但還是覺得時間太少、事情太多，實在做不完。這時我們可以靠**相對優勢**（comparative advantage，又譯「比較利益」）這個古老的經濟學概念來解決問題。經濟學家大衛・李嘉圖（David Ricardo）率先在一八一七年提出「相對優勢」的概念，不過這個概念常被誤解。

「相對優勢」的概念如下：假設英國和葡萄牙都有能力生產布料和葡萄酒（你可以想像你是葡萄牙，英國是你同事）。葡萄牙出產的布料和葡萄酒都比英國優秀，所以應該什麼都交給葡萄牙生產，英國什麼都別生產嗎？不對，因為葡萄牙的資源有限（如同我們一天就只有那麼多時間），而且英國也不是完全不能製造布料和葡萄酒，只是品質沒有葡萄牙好。

這麼說，應該讓兩個國家兩種產品都生產嗎？嗯，如果兩國可以互通有無，也不該兩國都生產葡萄酒和布料。假設英國會做「還可以」的葡萄酒和布料，但葡萄牙會做「無與倫比」的葡萄酒，以及僅僅是「相當不錯」的布料，那麼兩國葡萄酒實力的差距，大過布料實力的差距，此時我們會說葡萄牙擁有葡萄酒的**相對優勢**，布料則沒有。所以結論是什麼？結論就是資源有限時，葡萄牙應該專心做自己比所有人都在行的事：生產葡萄酒。李嘉圖證明，如果葡萄牙專心釀酒，英國專心生產布料，此時兩國製造的布料和葡萄酒總數，將超過兩國各自試著又生產布料、又生產葡萄酒。[4]

我們有太多事要做的時候，相對優勢的概念可以派上用場。我們常常會把應該請別人幫忙的事攬在身上。我們告訴自己，其他人的經驗不如我們，能力不如我們，或是自己做比較快，然而這種思維會讓我們付出很大的代價。不願意把別人做得還ＯＫ的事分出去，結果就是真正重要、真正棘手、**只有**我們能做的事的進度就被拖累。美國羅斯福總統（Teddy Roosevelt）相當瞭解不該幹這種事，他打字的速度快過私人助理，但不管他打字有多快，他的相對優勢是當總統，當總統才是他較獨特的能力，因此他專心當總統，把打字的事交給助理。羅斯福總統所做的相對優勢選擇，最後當然對國家整體來說比較好。

請看著今天要做的工作，問一問自己：

➡哪些事是真的只有我能做？

➡哪些事是別人可以做得還不錯的事（就算沒我好）？

安東尼努力排開不是真的需要他的事。「生活裡每件事**感覺**都很重要，但人不可能每件事都做，所以我得學會放手。一開始，要放手實在太難。」安東尼的方法是開誠布公，和同事討論一下他手上有什麼事，他們手上有什麼事，找出大家可以有效分攤工作的方法。「我發現有些事是我喜歡做、也很會做，但可以讓別人去做的事，例如幫公司部落格寫文章，或是發公司推特。有些待辦事項則是只有我能做又還沒做的事。把可以分的事分出去之後，我就有辦法做那些『非我莫屬』的事。」

## 說「No」也沒關係的方法

我們一天就只有那麼多小時，也就是說無法什麼都做。我們每答應一件事，其實就是在對別的事說「No」，因此我們答應的事，一定得是只有我們能做的事。不過我們一般很難只做「非我莫屬」的事，因為我們覺得拒絕別人很尷尬，不想開口說不。安東尼說：「我不喜歡拒絕別人時心中不舒服的感覺，因此我很難開口回絕。如果我知道得說『不』，甚至在還沒打電話或走進會議室之前，就開始緊張了。」

碰上該拒絕的時候，我們可以試一試「先說好話再拒絕」（positive no）這一招。如果各位很難從優先順序不高的事情脫身，學會這一招會像得到超能力，讓每個人因為你做的決定而心情變好、心無芥蒂，而你也能鬆一口氣。

這一招的開山鼻祖是哈佛談判中心（Harvard Program on Negotiation）的共同創始人威廉．尤瑞（William Ury），原理與人類大腦中的「發現－防禦坐標軸」息息相關。還記得嗎？大腦會不停尋找威脅或獎勵。碰到威脅時，大腦像是突然碰上失火，從好好思考，變成驟下決定。

請回想一下，我們一般如何禮貌地拒絕他人請求。我們會說：「很抱歉，但我無法參加會議／加入專案／接您的案子……」這句話聽起來禮貌，然而用負面的「很抱歉」開頭，會讓對方警鈴大作，大腦立刻進入防禦模式：「你不肯做！這是威脅！」人們處於這種狀態時，腦子沒有餘裕好好思考。我們希望別人體諒我們還有很多別的事要做，但對方的大腦處於防禦狀態，沒法當善解人意的天使。

為了減輕對方大腦防禦模式帶來的後果，我們最好先說一些好話，再釋出壞消息，例如：

➡**從善意開始**：一開頭先感謝對方給你這個機會。

➡**你的「Yes」**：不要用「很抱歉……」幾個字開頭，而要很熱情、很正面地告訴對方你目前的第一要務，讓他們瞭解為什麼那件事很有趣、很重要、很有意義。請挑對方會有同感的理由。

**➡你的「No」**：解釋由於你有別的事要做，無法做他們請你做的事。

**➡以善意結尾**：提供建議，或是自己可以幫的小忙，例如介紹其他可以協助的人士。最後最後，誠摯祝福對方的計畫成功。祝福是很重要的結束語，但我們常因為忙著尷尬，忘了加上最後那一句。

我們要如何減少手上的事，先說好話再拒絕別人？安東尼舉了近期一個例子。安東尼很愛到遠方旅行，只要是有趣的團，就算不是非去不可，他通常也會答應。最近他答應別人要去吉隆坡，然後才想起自己很難擠出時間。他覺得答應了就不該反悔，但去了後果會比失信還慘：他最近在做一個會影響公司未來發展的案子，要是去了吉隆坡，他只能交出馬馬虎虎的成績。安東尼知道自己得告訴主辦人他必須退出，把旅行的時間拿來工作。

安東尼一般會這樣寫拒絕信：

「很抱歉，但我無法跟大家一起去吉隆坡了。我公司最近有三個大案子，我分身乏術，實在找不出時間，真的很抱歉。」

然而，如果採取「先說好話法」，信應該這樣寫：

「好榮幸你們找我去吉隆坡，你們辦的活動每次都非常精彩〔釋出善意〕。你可能聽我說過，我公司最近幾個月大幅成長，接到三個令人興奮的大案子，我們扭轉了客戶對於行銷的看法。下個月我要主持這些案子，扛起責任，讓計畫成功〔安東尼的 Yes〕。不過要全力以赴，我得放棄很多事。很遺憾，我必須放棄去吉隆坡的機會。我覺得實在很討厭，我期待這行程很久了〔安東尼的 No〕。如果你們需要我幫忙找更棒的人代替我的位子，請告訴我，我有幾個人選。祝大家這趟旅程圓滿〔釋出善意〕。」

前述兩封信讀起來不太一樣，對吧？其實安東尼的「先說好話」回信，基本上和平常的拒絕信意思差不多，都包括：一、寫信的人做的決定。二、解釋。三、道歉。帶隊者先讀到安東尼的好話後，大概已經猜到信接下來要講什麼，然而第二封信給人的感覺，和第一封很不一樣。主辦人讀到「好話版」的時候，她渴望獎勵的大腦會因為安東尼提到公司新計畫的語氣很樂觀，也跟著振奮。雖然安東尼不能參加令人失望，但理由能讓人諒解，她尊重他的決定。安東尼發現，好好解釋之後，大部分的人都能體諒。他以前會害怕跟別人說「不，謝了」傷感情，自從他採取「先說好話法」之後，還沒碰過雙方因此決裂的事。此外，安東尼的心得是「與其什麼都做、什麼都做不好，還不如清楚、誠摯地告訴他人『我現在真的無法全力以赴做你要我做的事』」。

## 畫定界線，不讓人予取予求

有時候，我們會覺得全世界都在要求我們做東做西。克麗絲汀（Kristen）在事業的頭幾年，的確有這種感覺。克麗絲汀是精明幹練的人資主管，替一家事業遍及全球的藥廠工作，十分忙碌，通勤時間又長，還生了四個孩子。孩子一個個出生後，她常覺得無法兼顧家庭與工作。

克麗絲汀回想：「我休完第三胎的產假回公司上班時，覺得自己四年沒睡過覺了。我的工作進度慢了三個月，因為我不在的時候，完全沒代理人，我被工作壓垮，坐在辦公室裡，心中抓狂，我想指名道姓說出我在氣誰。一開始，我把矛頭指向公司。我很生氣，因為公司要我一大早就去開會，晚上又一直拖，讓我不能回家。但是接著我想，誰是『公司』？」克麗絲汀說，在那個瞬間，「我突然明白我最氣的人其實是**自己**，我沒有劃定界線，是我讓事情失控，卻在責怪別人。如果我不自己設界線，誰會幫我設呢？」克麗絲汀笑著搖了搖頭：「難道公司會說：『噢，可憐的克麗絲汀，妳剛生完孩子，所以不用八點前進公司，晚一點再到就好，然後六點準時下班』？公司才不會說那種話，我得靠自己。或許公司應該主動體諒員工，不該等員工抗議，但通常公司都是那樣。」

就這樣，克麗絲汀決定找回主控權。「我在便條紙上寫下自己的界線：『我不開早上八點以前的會，六點就要下班。中午十二點到一點之間，我要坐在桌前吃飯。我回家，就是回家。我工作，就是在工作。』我要做的事就是這幾件，我心想：『要是前途因而受到影響，那就影響吧，不然日子過不下去。』諷刺的是，我定下那些界線之後，反而事業一路平順。」為什麼會這樣？克麗絲汀認為：「有了界線之後，我變得更冷靜，做事更有效率。我原本不是主管，但畫好界線讓公司看到我有能力當主管，因為我懂得管理自己。」

克麗絲汀做的事很簡單。她沒抱怨自己的生活有多慘、有多少事要做，而是直截了當告訴大家，她何時有空、何時沒空。「我講得很清楚，例如我會說：『這件事早上十點一定要結束，我有別的事要做。』我只講這句話。」克麗絲汀不會費心解釋為什麼自己得準時離開會議。「不管發生什麼事，十點得走就是得走。」

用這種沒得商量的方式畫界線很有效，因為人類的大腦會把模稜兩可視為威脅，直接講清楚反而讓人感到鎮定，就算是不想聽到的事也一樣。克麗絲汀說：「我下定決心，我不需要隨時隨地生別人的氣。我只要知道自己能做什麼、不能做什麼，而且清楚告訴別人我的情況，確實執行。」於是，她在公司裡繼續大受重用。

## 小事請按標準步驟「自動化」解決，不要浪費腦力

無論是大事還是小事，只要是需要決定的事，就會讓大腦的深思熟慮系統累得半死。我們很容易在不知不覺中，為了不重要的選擇耗掉大量寶貴的腦力，例如今天要吃什麼、

穿什麼衣服、什麼時候要運動、什麼時候要睡覺、要不要接電話，或是「要先做A，還是先做B」。研究建議我們把一天之中沒那麼重要的決定「自動化」，預先設定好不需用腦的簡單規則。小事都解決了，腦子就有空想真正重要的事。

舉例來說，全球有很多領袖都盡量不花力氣想「今天要穿什麼」。美國歐巴馬總統（Barack Obama）曾說：「我只穿灰色或藍色西裝，我不想決定要吃什麼、要穿什麼，你得幫自己決定好日常瑣事的固定作法，把腦力留給重要決策。」[5] 德國總理梅克爾（Angela Merkel）也一樣，她只穿一種款式的外套，只是顏色、布料不同。

艾莉森（Aliceson）替獵人頭公司工作，衣櫥裡的外套絕對不只一種款式，不過她和歐巴馬、梅克爾一樣，把每天都要做的決定自動化。「我努力把很多事變成日常習慣。」以運動和學法文為例：「我每天都會花幾分鐘做運動和學法文，不要糾結今天到底要不要做運動，今天要不要念法文，去做就對了。與其花精神計畫一星期要復習幾次法文，然後想是否可能擠出時間、什麼時候要復習，還不如每天花一點時間去做。」艾莉森靠著每天做一點這一招，得到一個附帶的好處：她從十六歲開始，幾乎每天都能運動，就算工作量很大，還是可以想辦法，例如拜訪客戶時用走的，不要坐車。

如果各位覺得腦袋沒力氣，或是最近工作讓人壓力特別大，或許可以學學梅克爾，問一問自己：

- 我能否決定每天在相同時間、用相同方法做某件事？
- 我能否替自己決定簡單的應對方式，盡量不要花時間決定經常碰到、但不重要的事？

舉例來說，我以前接到未知來電，會花三秒鐘想到底是要接，還是不接，雖然才幾秒鐘的時間，但工作就分心了，而且絕大部分的未知號碼都是推銷電話。如果真有重要的事，對方會留言，我花力氣想要不要接，根本是浪費時間，所以我幫自己定下自動處理原則：「如果是不認識的號碼，永遠不要接。」要不要接電話這件事雖然沒什麼，然而在「善用一天的每一分鐘」這場艱困戰役中，我又前進了一小步。

**工作爆量該怎麼辦**

下次覺得壓力太大時，可以試試以下幾招，甚至現在這一秒就開始行動：

- **給自己一點練習「正念」的時間**：讓大腦的深思熟慮系統有專心的機會。請停下手邊的事，花五分鐘時間把意念專注在呼吸上（也可以感受一下身體的各部位，或是從「一百」倒數到「零」）。
- **不要什麼都用腦子記**：把腦子裡雜七雜八的事統統寫下來，就算是「記得買麵包」這種小事也一樣。

➡**最重要的事先做**：眼前最重要的事是什麼？今天一定得做完的事是什麼？今天不做後果最嚴重的事是什麼？

➡**最小、最小的第一步**：最重要的那件事，今天就能先做的一小步是什麼？

➡**相對優勢**：哪件事**只有**我能做？哪些事可以讓別人去做，就算別人做得沒有我好？集中力氣，只做自己能力大幅超過別人的那件事。

➡**先說好話法**：如果碰上必須拒絕或轉給別人做的事，第一步是釋出善意，說出你的「Yes」，然後說出你的「No」，最後獻上祝福。

➡**做人要有界線**：如果能幫自己的時間設界線，你會設什麼界線？要怎麼說，才能讓大家都明白你何時有空、何時沒空？

➡**事先決定好每天的瑣事該如何處理**：是否有一些事，每天都能在相同時間、用相同方式去做？請把寶貴的腦力留給真正重要的事。

➡最後：不要忘了第四章提過的「一次做一件事就好」，還有第五章的「停機時間」。「專一」與「短暫休息」會讓大腦更有力氣思考，不再覺得壓力那麼大！

# 第7章 戰勝拖延症

晚上睡覺前如果想到今天完成了很多事，感覺是不是很棒？我們每成功解決一件事，都會讓大腦的獎勵系統十分開心，心情大好。

雖然完成事情會帶來心滿意足的感覺，我們常常習慣拖延，就算是重要的事也一樣：該回的信不回，該動的計畫不動，而且今天不做，明天和後天也不見得會做。就連得過諾貝爾獎的經濟學家喬治．阿克洛夫（George Akerlof）也有這個問題。幾年前，阿克洛夫住在印度，想寄衣服給美國的朋友，但整整拖了八個月才寄，他奇怪自己怎麼會這樣。阿克洛夫和我們多數人一樣，責怪自己拖太久，但依舊沒出門寄衣服。

阿克洛夫太過驚訝，自己連去一趟郵局都能拖上八個月，於是寫了一篇重要的論文，解釋為什麼我們老是脫離不了「拖延」的魔掌。[1]接下來，我會引用阿克洛夫及其他行為科學家的發現，告訴大家如何戰勝「明天再說」的誘惑。

說話輕柔的德州人艾塔（Elta）經常在想，怎麼樣才能打敗自己拖延的毛病。艾塔在一家跨國研究公司擔任資深經理，專門研究食物政策，不過她的工作不是決定午餐要吃什麼，而是催促各國政府保護食物鏈。艾塔是優秀人才，但她很討厭做簡報，經常拖到最後一秒才開始準備。「要在眾人面前講話的事我通常會拒絕，萬一拒絕不了，就想盡辦法拖延，死都不肯想自己到時候要說什麼。」不過艾塔後來學會戰勝拖延的方法，讓自己不至於在眾人面前啞口無言。艾塔學到的絕招和一個基本概念有關：讓大腦重新同時評估「短期成本」與「長期好處」。以下讓我們先瞭解一下，為什麼同時想這兩件事對戰勝拖延來說那麼重要。

## 「明天、明天再說」

我們拖延的事大都「現在」就得花力氣，但好處要「以後」才看得到，例如更美滿的夫妻感情、更成功的事業、更大的成就感等等。以艾塔的例子來說，多到外頭演講會讓她更有名氣、人脈更廣。好好準備的話，演講就會更成功，以後有很多好處，但如果今天就要準備講稿——嗯，很麻煩，不想寫。

「短期的麻煩」和「長期的好處」一比，我們經常選擇躲避麻煩，拖延症就是這樣來的。我們的大腦比較容易評估「現在知道的事」，很難評估「未來還不知道的事」，因此自動化系統老是抄捷徑，覺得眼前的事勝過以後才會發生的事。我們想今天就嘗到甜頭，不想明天或下星期才得到好處，畢竟就算理論上以後會有好處，誰知道真的會有？換句話說，我們會出現經濟學家所說的**偏好當下**（present bias）現象。

「偏好當下」對物種演化來說有其好處。動物壽命不長，處處有危險，因此早期的人類把有限的心力，用於避開立即、迫切的危險，例如潛伏在暗處的劍齒虎，或是手上的果子是否有毒。

今日的人類大都沒有迫切的生存危機，但我們依舊難以為了**以後**犧牲**現在**。我們的確有辦法深謀遠慮，但得花很多力氣。大腦的深思熟慮系統必須動用與「自我控制」和「計畫」有關的複雜神經連結，一旁又有很多立即獎勵在誘惑我們，例如跟同事聊天、瀏覽網頁、畫掉待辦事項上好做的事。由於大腦的自動化系統永遠努力節省力氣，我們會跑去上網，不會動腦想困難的事。

我們要怎麼做，才能避免目光短淺，讓自己做待辦事項上難做的事？答案是，我們得想辦法改變大腦感受到的好處與壞處。如果讓大腦自己決定，大腦會自動覺得「眼前這一秒要做事很麻煩」比「長遠來說能完成一件事」重要。關鍵在於，我們得讓自己覺得「採取行動的整體好處」大過「整體要花的力氣」。

# 幻想一下好處

加州大學洛杉磯分校的心理學家豪爾．厄斯納–赫什菲爾德（Hal Ersner-Hershfield），深入探討什麼因素會讓我們願意做沒有立即好處的事，例如怎麼樣才能讓人儲蓄？厄斯納–赫什菲爾德的團隊發現，受試者看見自己未來的照片、對未來更有真實感的時候，對存錢會產生很不一樣的看法。團隊做了四種實驗，同樣是問受試者願意把一千美元中的多少錢存下來，受試者如果看到電腦上自己老年的樣子，他們存的錢是兩倍（$172 vs. $80）。[2] 厄斯納–赫什菲爾德表示：「對感受不到未來的受試者來說，存錢就像是選擇要『今天就把錢花在自己身上』，或是『把錢送給多年後的陌生人』。」如果受試者看到自己老年的模樣，大腦就比較能真實感受到未來。

如果待辦事項上有一直拖著不肯做的事，很簡單，只要在心中仔細想像做完的好處，就會有動力去做。例如艾塔想像發表完一場成功的演講後，自己會有什麼感覺：「觀眾席裡的人會記得我講得很好，下次看到我，會比較尊重我給的建議，因為他們知道我有重要的事要說。人們會更敬重我，我一直想得到別人的敬重。」艾塔表示，想像那些好處讓她心情愉快，心情一愉快，就會想準備演講。

此外，艾塔還詳細記錄自己得到的好評，下次準備演講時，那些好評可以幫助她想像仔細準備的好處。「如果聽眾告訴我，他們喜歡我的演講，我不會只是微笑感謝他們，我會盡量問出他們覺得哪些部分有幫助。例如曾經有人說，他們喜歡我在每一張投影片上，用一個框框列出重點。下次當我覺得準備投影片很煩，我會提醒自己大家喜歡我的投影片，然後就又有動力準備了。」

各位有不想做的小事時，也可以靠著「想像好處」這一招來克服拖延的毛病。如果有一通電話一直不想打，有一封信一直沒回，那就助大腦一臂之力吧，想像一下打完、回完之後感覺有多美好。此外，你還可以想像接到電話、收到回信的人，臉上表情有多如釋重負，終於收到回應了！

## 給自己能立刻享受的小獎勵

如果是要努力好多天或好幾週才看得到成果，好處實在太遙遠，感受不太到。你可以答應自己，只要完成計畫的小步驟，就可以先得到一個小獎品。

舉例來說，我有一個前同事很愛運動，所以她答應自己，只要做完某件一直沒做的事，就可以去騎單車。我一個滿知性的友人則是答應自己，只要做完某件很麻煩的工作，就可以看一集沒營養的電視節目。我還看過有人在手機上裝計數app，記錄自己做了多少次運動。每去一次健身房，就可以喝一罐啤酒。

當然，或許我的朋友不管怎樣，最後都會跑去騎車、看電視、喝酒，然而如果事先**計畫好**，把那些事當成獎勵，就可以幫助大腦克服拖延的毛病，覺得花力氣會得到好處。現代人可以靠著給自己小獎勵這一招，開開心心提升生產力（只要最後不是邊喝酒、邊騎腳踏車）。

## 把踏出第一步變成開心的事

我們在第六章提過，我們很怕做某件事的時候，可以先找出「最小的第一步」，讓自己鎮定下來，開始往前走。如果不害怕，只是拖著不想做，其實也可以用「第一步」這一招，讓大腦不再覺得短期要付出的成本太大。此外，我們還可以進一步防止自己拖延，把「第一步」和「今天很期待的事」連在一起。換句話說，我們可以把「逃避的事」和「**不**逃避的事」綁在一起。

艾塔就是靠這一招讓自己願意準備講稿。「我真的很希望聽眾離開時覺得學到了東西，因此我的『小小第一步』，永遠是花十分鐘決定我希望這次聽眾印象最深刻的一句話是什麼。」此外，艾塔讓那個十分鐘變成一天裡最開心的時刻。「我一向努力把『休閒』和『麻煩事』放在一起，例如我上班喜歡穿越某座公園，因此我會一邊走過公園，一邊思考自己逃避不想做的事，像是接下來的演講要講什麼。心情好，腦袋也會特別靈光。」

艾塔其實是把本書第二章提到的「如果……就……」公式，再外加一點樂趣。「**如果**走過讓我心情好、綠意盎然的公園，**就**花一點時間思考我在逃避的工作。」同樣的道理，各位在健身房的時候，可以允許自己看沒營養的報章雜誌，因為有罪惡感的樂趣讓大腦覺得運動要付出的短期成本沒那麼討厭。有累人的工作等著我們去做時，可以答應自己去一家很好的咖啡廳，點一杯平時不准自己點的飲料，哄騙自己一邊喝、一邊工作。我們可以靠著小小的獎勵，讓大腦覺得眼前要做的事是小小享受一番的機會，為最終的好處努力是好事一樁。

## 提醒自己不做會有什麼後果

我們知道要評估做一件事的好處與壞處，但**不**做的優缺點呢？如果繼續維持現狀會發生什麼事？一般人通常不會去想不行動的結果，這種現象叫**忽略偏見**（omission bias），「什麼都不做」感覺比其他選項更具吸引力，我們的拖延症就是這樣來的。

我問艾塔，她覺得拖到最後一秒、一直**不**準備演講，有什麼優缺點。艾塔想了半天，不準備的好處只有「感覺壓力會比較小」。這個優點聽起來不怎麼樣，而且也不是真的。不準備的話，今天的工作量的確會少一點，但絕對不會減少演講前幾天的焦慮感。接著艾塔想了想一直不準備的壞處，突然想通了。她在心中想像不準備的結果後，發現那是自己最大的噩夢，她會在台上發抖，講得很差，接著專業名聲就毀在自己手裡。艾塔單單想像一下不行動的壞處，突然間動力就來了。

## 說出口就無法反悔

如果想著維持現狀要付出的代價，還不足以讓各位行動，研究顯示還可以靠另一個方法有效讓「不行動」感覺更恐怖：事先向大家宣布我們要做某件事。

牛津大學神經科學家莫莉・克魯克（Molly Crockett）證實，我們人在抵抗誘惑時，就算沒有對全天下公布，先做一些準備，承諾自己要做某件事，也會比光靠意志力有用。換句話說，如果事先封鎖自己最喜歡的貓咪影片網站，我們比較容易抗拒看貓咪影片的誘惑。[3]

如果**公開**承諾要做一件事，威力又更大，因為大腦中的威脅與獎勵系統，非常在意別人對我們的看法。如果我們把自己的計畫說出去，等於在給自己增加不完成計畫的社交成本，我們不希望別人覺得我們很好笑或很懶惰。因此，很多人在報名馬拉松之後會向所有的朋友放出消息。我的話，我知道自己很想翹掉某幾天的合唱團練習時，會事先告訴先生我會去。更有效的辦法是呼朋引伴，要是我們**真的**偷懶沒出現，同事或朋友會氣死，我們會得罪所有人。

艾塔也說自己利用事先承諾法給自己動力。「首先，我會強迫自己正式報名演講，雖然我並不想演講。」為什麼？因為她不會想讓聽眾空等，一直等不到講者，也不想讓大家覺得她是會放鴿子的人。接下來，為了增加準備演講的動力，艾塔會讓朋友或同事一起加入。「我會告訴他們：『我要在你面前練習演講。』舉例來說，我在柏克萊工作時有一個好朋友，她知道我很討厭演講，所以我們會約在咖啡店，接著她會聽我練習。我們其實不是同行，她是另一個領域的人，但約好要見面代表我得事先準備。」艾塔一舉兩得，很高興自己認真準備演講，還可以順便見到朋友。對喜愛社交的大腦來說，見到朋友是很棒的短期獎勵。

## 試試「五個 Why」這一招

我們有時候一直說要做了、要做了，但遲遲沒踏出第一步，例如每天早上都說要設定目標，但不曉得為什麼一直沒時間。我們可能希望自己不要一心多用，但每兩分鐘就忍不住瞄一眼手機。我們心中有一個聲音：「那麼做很好，可是……還是算了。」碰上這種情形，我們得追根究柢找出那個「可是」究竟是什麼，要不然很難有進展。

我們要如何戰勝拖延的毛病？第一件事就是找出「可是什麼」。我們的日常行為大都受大腦自動化系統驅使，我們內心深處的需求與恐懼影響著我們的決定，但我們很難意識到那些東西。如果我們陷入行為迴圈，一直重複做不希望自己做的事，例如逃避做內心期望完成的事，此時應該停下來好好想一想。理論上，我們不會知道自己的大腦自動化系統做了什麼，不然就不叫自動化系統，不過我們可以問自己幾個不帶成見的問題，試著瞭解自己究竟為什麼一直逃避。

我個人喜歡用「五個為什麼」（five whys）快速找出自己裹足不前的理由。請耐心地一遍又一遍問自己「為什麼」，找出自己遲疑的真正原因，一般問到第五遍，真正的理由就會浮現，也因此這個方法被稱為「五個為什麼」（我個人的經驗則是問第三次或第四次就會找到原因）。「五個為什麼」提問法最初由汽車產業提出，用於找出製造流程出錯的地方，這個方法絕對無法取代心理治療，不過依舊能用驚人的速度，挖掘出許多日常生活中拖拖拉拉不肯做事的真正原因。

艾塔先前就是用「五個為什麼」，找出自己不想準備演講的真正原因。她說：「我停下來問自己幾個問題。首先我問：『**為什麼**我不想準備？』接著又問：『**為什麼**我那麼說？』『**為什麼**那是一個問題？』一路問下去。」

首先，艾塔發現自己心中有一個小小的聲音：「我不想花力氣準備演講，是因為反正最後一定會搞砸，幹嘛要準備？」艾塔奇怪自己怎麼會有這種念頭，「於是我逼問自己，**為什麼**覺得一定會搞砸。我最後發現，原因是我害怕自己沒什麼好說的，我害怕雖然自稱是專業人士，其實根本不是。」但是艾塔為什麼害怕自己能力不足?她又問了一遍「為什麼」，發現原因是自己先前選擇了不尋常的職業生涯。「我一直覺得自己不屬於這一行，我既不是量化分析師，也沒有擔任顧問的經驗，只是一個對公共政策有興趣、恰巧又對食品感興趣的學者。然而，對我的公司來講，食品又是次要業務，我不知道自己的定位在哪裡。這就是我會焦慮的原因。」

艾塔發現自己逃避演講的真正原因後，拖延的毛病就有解了。她仔細檢視自己挖掘出來的擔憂：如果不是自己想太多，而是真的有問題，就想辦法解決。「我問自己：『我真的是個沒能力的人嗎？』答案是：『這不是真的。』我可以一整天講食品政策講個沒完。我提醒自己，我幫公司拿到過案子，而且同事都請我加入他們的專案，種種證據顯示我對自己的專業很內行。」艾塔為了進一步讓自己相信自己，決定和主管談一談她對公司有哪些貢獻。那次談完之後，艾塔發現拖延的毛病就很少出現了。

各位自問「五個為什麼」的答案，不一定會像艾塔一樣那麼深層、那麼嚴肅，甚至牽涉自己存在的價值，但依舊可以解決拖延症。可能你同一時間還有別的事要做，也或者你習慣做某些事，讓你明知不該拖延卻依舊拖延。例如你希望早上起床後，就要設定一天的目標，但一直沒做到。多問幾次「為什麼」之後，你發現真正的原因出在，你把早上那段時間用在和家人一起吃早餐。一旦知道問題出在哪裡，就比較容易找出解決方法。你可以改在前一天晚上先定好目標，或是利用上班通勤時間做這件事。如艾塔所言：「如果不找出真正的問題，我們會一直原地踏步，覺得自己很糟糕。只要找出答案，就能想辦法解決。」不再拖延、完成工作可以讓我們心情大好，每天過得更開心。

**戰勝拖延症**

想一想待辦事項中，有哪件事是你應該做、但已經逃避一段時間了（如果沒有，請接受我的掌聲，直接跳到下一章）。

- **想像一下好處**：完成這件事之後，你和他人會得到什麼好處？感覺有多棒？回想一下上次做完差不多的事之後，發生了什麼好事？
- **給自己能立刻享受到的小獎勵**：雖然長期的目標要靠日積月累的努力，無法在一天之內完成，你計畫如何獎勵今天的進度？
- **把踏出第一步變成開心的事**：找出小小的、必要的第一步，想辦法把那件事和今天一定會做、而且做起來很愉快的事綁在一起。
- **放大不做的負面影響**：我們可以如何讓自己更加清楚意識到不做的後果？可以事先做哪些承諾？最好讓大家知道我們要做那件事。
- **問「五個Why」**：如果前述方法都試過，依舊不想做，那就問自己五次「為什麼」。真正妨礙我的事是什麼？可以如何解決？

# 第三部分　人際關係：讓每一次互動都是美好的互動

歷史上大部分的勝利，以及大部分的悲劇，始作俑者都不是大善人或大惡人，而是普普通通的一般人。

——作家泰瑞・普萊契（Terry Pratchett）與尼爾・蓋曼（Neil Gaiman）

幸福感的實證研究指出，人際關係深深影響我們是否快樂。[1]我們一天之中，三分之一的時間都在工作或者想著工作，因此影響我們幸福與否的人際關係，除了家人和朋友，我們與同事、顧客的互動也很重要。工作場合一次愉快的對話，可以鼓勵我們、逗笑我們，或是讓我們感到自豪，人生充滿目標。一天的心情因而深受影響。

人是社交的動物，我們的大腦隨時在評估我們與他人的關係，不斷試著找出自己在團體中扮演的角色。[2]我們內心的對話很多都在想別人的事——那些人做了什麼？他們為什麼那樣做？他們怎麼看我們？我們和他們比起來如何？……我們想著別人的時候，別人也想著**我們**。我們心中永遠在上演小劇場，工作時尤其免不了這種事。

既然是小劇場，就算周遭都是很能幹、很好相處的人，也會有誤解。有時同事讓我們人生很美好，有時則是一場噩夢。有的人讓人心情愉快，有的人則讓我們失控抓狂。不過生活中本來就有好人有壞人，萬一碰上了，我們通常忍著點就對了。

事實上，我們做的事、我們的態度，深深影響他人的行為。我們以為每天都得看運氣，別人心情好不好，決定我們今天會很愉快還是遭殃，其實不然。本書接下來幾章要告訴大家，可以從一開始就打下良好的人際關係基礎。我會帶大家瞭解一般人的心中通常在想什麼，為什麼他們會那樣想，怎麼樣才能讓他們有所發揮。此外，我還會教大家解決衝突的簡單方法。互動不良時，如果能拿出智慧與自信，我們心中的小劇場永遠會有幸福快樂的結局——至少會讓大家獲益良多。

# 第8章　營造真正的和諧氣氛

人與人之間心意相通的那個瞬間，不論多短暫，感覺都很美好。我們懂彼此在說什麼，臉上露出微笑，心中充滿自信。對面的那個人，可能是店員、同事，也可能是另一半（我們絕對希望和配偶心有靈犀一點通）。我們感覺別人懂自己的時候，就算眼前充滿險阻，一切似乎變得容易許多。

人和人之間會不會一拍即合是緣分嗎？可能是，不過研究也顯示，幾項人為因素能快速增進人與人之間的溫暖情誼與信任感。如果我們與人為善，多關心他人，努力找出雙方的共同點，敞開心胸，就可能破冰。

## 設定與他人合作的目標

首先我要再提一遍設定目標的重要性，不過這次是從人際互動的角度出發。本書的第一部分已經提過，我們每天的生活體驗其實非常主觀，我們重視的事、我們的態度、我們的成見，影響了大腦觀察到的事，也因此我們一旦預期接下來會發生什麼樣的人際互動，大腦就會尋找符合那些猜想的證據，對相反的事實視而不見。我們如果尋找合作的機會，就很可能找到合作的機會。如果我們覺得一定會開戰，眼中只會看到雙方的不同與不和之處。由於這種「只看到自己想看的事」的篩選過程發生在潛意識，我們沒意識到自己不公正。我們發誓自己絕對是以非常客觀的角度在看事情，但其實才怪！

彼得（Peter）就是因為自認客觀，人際關係才碰上了麻煩。彼得是一家顧問公司的ＩＴ顧問主管，負責在大專案出錯、來不及重來時跳下去救火。彼得非常能幹，也懂得微笑，但他發現自己常與客戶、同事處於劍拔弩張的狀態，覺得身邊的人很笨，其他人也不想和他共處一室。彼得找我幫忙之前，照他的說法，都是因為辦公室政治的緣故，客戶才不願意繼續和他合作，「我人很好，不是混蛋，我得找出發生了什麼事。」

我和彼得聊過之後，找出原來長久以來，彼得認為自己的價值在於很聰明、很擅長找出問題，而且立刻就能解決。這些年來，他和別人對話時，他的目標雖然沒有明講，但是很清楚：他要證明自己是對的，證明自己是有用的人，而他採取的方法，就是指出其他人都是錯的。

彼得內心的目標讓他很難與人互動。他隨時隨地都在找機會證明自己的觀點，蒐集一堆資料和圖表證明自己是行家，只要看到別人疑惑皺眉，他就受不了。此外，就算客戶問合理的問題，分享有用的觀點，彼得也接收不到訊號，每次和別人講話都變成針鋒相對。彼得隨時隨地都在挑起戰爭，然而他的目標其實很崇高。在他內心深處，他想要幫忙，他覺得只要別人給他機會，他就**能**助他們一臂之力。我們聊過之後，彼得終於明白，如果他想幫忙，就得表現出更合作的態度。想通這點後，他和客戶開會時，開始依據兩個大方向設定目標：

➡**目標**：首先，決定你希望雙方在對話過後將如何合作。這個結論必須是雙贏，而且能促進雙方情誼。

➡**假設**：檢查自己是否對對方存有偏見，偏見讓我們只看到對方不好的一面，請提醒自己找出對方正面或有趣的地方。

彼得停下來想了一想，立刻知道第一個問題的答案：「我**真心**想從這段對話中得到什麼？」他希望客戶信任他，雙方開誠布公，一同解決麻煩。他希望客戶喜歡跟他一起工作，期待會議的來臨，而不是想到他就怕。至於第二點，彼得明白自己必須停止假設「客戶就是不懂」。

彼得進行第一場重大實驗，請某客戶的執行長吃晚飯。彼得先前替對方的ＩＴ長提供諮詢服務時，樹立不少敵人。由於那位執行長剛接掌公司，彼得一如既往，立刻覺得對方沒什麼料，搞不清楚狀況。如果是在過去，彼得會立刻指出自己所有比對方公司行的地方，想讓執行長覺得他就是他們需要的人。不過這次彼得設定的聚餐目標是促進雙方合作，瞭解執行長新官上任有什麼抱負，心中最大的期望以及最擔心的事。彼得說：「吃飯時，我忍得很辛苦，一直想拿出數據，告訴那位執行長他的公司現況有多糟，但我忍住了。」彼得的努力有了回報：「我們聊得很愉快，比我預期的好太多。」此外彼得也發現，先花時間建立和諧的氣氛後，他也得到小秀一下的機會。「飯局快結束時，執行長直接問我的意見，我終於有機會告訴他一些我的發現，他似乎還滿喜歡我講的話。」就這樣，彼得和那位執行長的公司重新展開良好的關係。

## 問真正關心他人的問題

我們在講話時，倘若聽的人心不在焉，是不是很氣人？有時我們認真告訴別人事情，但對方只回應「嗯嗯」，還不時瞄一眼智慧型手機，顯然在想自己的事。有時候，對方一直講一直講，不讓人有插話的機會。還有一種人則是一直講「我懂、我懂」，讓你覺得自己碰上的事根本沒什麼，大家都一樣。另外一種則是客套的對話，雙方高來高去，講了半天什麼都沒講到。

我們討厭前述幾種對話，然而我們自己或多或少也是這種人。我們的大腦大多數時間都在想自己的事，沒太多空間留給別人。大腦的自動化系統甚至為了節省腦力，採取捷徑，自動假設所有人都跟我們很像。我們的理智知道，其他人顯然不會和我們一模一樣，但我們直覺認定大家的偏好和觀點跟我們一樣。我懂的東西，每個人都懂。我重視的東西，別人也重視。科學家稱這種現象為**投射偏見**（projection bias），我們其實並未隨時仔細聆聽他人講話，如果我們還想著自己接下來要說什麼，更是聽不見。

聽不見別人說話無助於建立和諧氣氛。回想一下，上一次你覺得自己和別人心有靈犀，那次對方大概對你的生活、你的意見，表現出很大的興趣。對方大概給了你空間，讓你侃侃而談，讓你覺得自己說的話被聽見。別人請我們分享想法與經驗時，我們興致勃勃，愛好社交的大腦覺得獲得很棒的獎勵。

研究證明人類的確喜歡談論自己。哈佛心理學家戴安娜．塔米爾（Diana Tamir）與賈森．米切爾（Jason Mitchell）近日做了一項研究，請受試者回答三種問題：一種問事實，如：「《蒙娜麗莎的微笑》是達文西畫的，對還是錯？」一種請受試者猜別人的事，如：「美國總統多喜歡滑雪等冬季運動？」第三種問題則是讓受試者有機會表達意見，如：「你多喜歡滑雪等冬季運動？」問完後，研究人員會給受試者小額的現金獎勵。整體而言，受試者喜歡談論自己，甚至願意放棄獎金，也要選擇談論自己的問題（談論自己的獎金，比另外兩個選項低一七％）。大腦掃描也顯示，受試者談到自己喜歡什麼、不喜歡什麼的時候，神經獎勵系統會被觸發。如果是猜**別人**喜歡什麼、不喜歡什麼，大腦不會出現相同的反應。[1]

所以說，如果我們表現出真心對他人感興趣的樣子，對方會覺得和我們說話很開心，這是良好對話的基礎。不過，怎麼樣叫表現出真心有興趣？要一直問問題嗎？問問題是一個起點，不過光是問問題還不夠，因為多數問題無法傳達出真心對他人感興趣。下一次一群同事在聊天時，仔細聽一下，你會發現大家問的問題大都不脫三種：一、客套話（「週末過得還愉快嗎？」「還不錯，你呢？」）；二、事實性的問題（「我們是哪一天要去吃飯？」）；三、表面上是問句，但其實是在提出自己的假設（「你有沒有想過XYZ？」「你能不能多授權，讓事情進行得更順暢？」）問這類問題時，我們是好心，但目的其實是讓別人聽聽我們的意見，而不是找出對方在想什麼。

讓別人感受到我們真心感興趣的問題則很不一樣。首先，那種問題是開放性的問題，無法靠「是」或「不是」回答。第二，要讓對方說出自己的想法、動機或感受，而不只是回答事實。第三，我們是真心想聽對方的答案，而且會加以思考。我稱符合以上三個條件的問題為「高品質問題」（quality question），因為它們能立刻提升對話的品質。舉例來說：

- 不要問：「你有沒有想過XYZ？」而要問：「你怎麼看這件事？」
- 不要問：「你覺得這件事不好處理，是因為你是第一次接觸嗎？」而要問：「為什麼這件事很難解決？」

➡如果要關心別人的生活，不要只問：「週末過得如何？」而要問：「你平常做什麼休閒活動？你一開始為什麼想做那件事？」

問完問題後，邀請對方多分享一點，然後才跳進去講自己的看法。光是請對方「多講一點」，我們已經是對方當天碰到最懂聆聽的人。[2]

彼得的任務是把自己所有的「我比你聰明」，換成「高品質問題」，真心表現自己有興趣聽客戶說的話。彼得花了一點時間才習慣這件事。他最近和一位潛在客戶見面，他沒忘掉一開始要先問可以認識對方的問題，「可是對方的答案都很無聊，扯一些有的沒的，所以我立刻回到原本的自己，侃侃而談自己的看法。」結果不太理想。「對方呆住了，不曉得我在講什麼，那次的見面就這樣草草結束了。」彼得自我反省，發現自己問的問題「依舊流於表面，只是在問『是不是怎樣』，只是在蒐集客戶的事實性資料，沒認真聽對方回答。我只是忍到他講完，然後就開始講我知道的事。」

我問彼得他最近和別人講話時，哪一次真心想知道別人的事。彼得回憶，有一次他要和一個義大利客戶見面，但時間一直改來改去，等到雙方終於見面，已經沒什麼重要的事要討論。由於那次沒有一定得談的公事，兩個人反而真的聊起對方的公司、個人生活，而且彼得還專心聽對方回答。當天散會後，客戶寄了一封信過來，說自己從來沒和有生意往來的人有過這麼棒的對話。

彼得想起那次的經驗後，決定以後開會時，在別的客戶身上試試看。他寫下一張提醒自己的清單：

- 不要急著達成目的（要有信心最後一定有機會分享自己的看法）。
- 想辦法找出對方有趣的地方。
- 問真正的開放性問題，別把建議包裝成問題。
- 認真聽對方回答，針對最想不到的事多問一點。

彼得反省完自己後，再次聯絡上次被他嚇到的客戶。「我向他道歉上次**都是**我一個人在講話，我想多聽聽他的想法。再次見面時，我採取完全不一樣的作法，這次我問了真正的問題。我很訝異，我們兩個人並沒有好的開始，但我改變說話方式後，事情立刻回歸正軌。」

## 「我們是一國的」

我們在路上看到人的時候，大腦會飛快決定如何應對。我們認得那張臉嗎？那個人是威脅嗎？他們最明顯的性格是什麼？他們跟我一樣嗎，還是不一樣？

最後一個問題很關鍵。我們缺乏判斷資訊時，傾向把陌生人當成威脅。大腦的生存迴路說：「寧可錯殺，不可錯放。」然而，只要我們一覺得對方和我們有相似之處，例如支持相同政黨、有相同的背景、相同的興趣等，我們就會放鬆，下意識視對方為潛在的盟友，或是以科學術語來講，我們把對方劃進**內團體**（in-group）。這種小小的社交算計，大大影響我們和對方互動的方式。首先，我們不再處於防禦模式，社交魅力因而增加。此外，研究還發現我們一旦把某個人劃進「內團體」，立刻更能感同身受對方的痛苦，也更能分享他們成功的喜悅。[3]大腦掃描顯示，一般而言，我們想著和我們同類的人，神經活動類似於想著自己的時候[4]，也難怪我們會和善大方地對待同一國的人，用對待自己的方式對待他們。

「同不同類」會在職場上造成很大影響。首先，人們喜歡雇用外表投緣、背景和自己類似的人。西北大學的社會學家蘿倫・李維拉（Lauren Rivera）發現，七四％的大公司經理說，自己最近雇用的新人「個性和我很像」。[5]主管怎麼知道自己和新人「很像」？他們不會深入評估，最重要的判定指標是休閒活動相同，例如都喜歡做運動，或是都對科技感興趣。

好消息是，研究證實只需要很小的事，就能營造出「我們是同類」的感覺。實驗還顯示，受試者不過被隨機分組，心中立刻出現自己和組員同一國的感覺。[6]研究人員甚至發現，光是請受試者用手指敲打同一首歌曲節奏，他們就會更願意幫助彼此。[7]

我不是在建議各位現在就到走廊上隨便抓人跟自己同組，也不是在建議下次開會時，一邊哼自己最愛的歌，一邊在桌上敲節奏。然而，如果問了夠多問題，找出自己和其他人共通的小事，比如相同的興趣、嗜好、目標或討厭的事，然後花時間多跟對方聊一下那件事，很快就能享受到強大的「同一國」好處。

當所有人都很忙、壓力又大，我們很容易跳過這個「花時間營造同一國感覺」的步驟，覺得是在浪費時間閒聊。其實閒聊才是關鍵，研究顯示人一有壓力，很容易失去同理心。[8]肩膀上有壓力的人，很容易把我們視為威脅，他們不在乎我們怎麼想，也更可能拒絕我們的點子，無視於我們請他們協助。因此，如果期限很趕，或是對方心中上演小劇場，我們更應該想辦法和對方博感情。

法蘭斯科（Francesco）是會計師，有一次他要和客戶開會談合約條件，料想這次的事大概很難搞定。平日，他協商時會直接進入主題，不過他想起最近和我談過「內團體」的研究，決定嘗試不一樣的作法。「客戶到了之後，我先把對方當成一般人，而不是敵人。」法蘭斯科問起對方的工作和背景，立刻發現兩個人很久以前待過同一家會計事務所。他們聊了一下那段工作經歷，幾分鐘後開始談判時，對方告訴他：「別擔心，我信得過你，你提的條件看起來沒什麼問題。」法蘭斯科說：「我以前開其他會的時候，試過這個方法，效果不錯，但沒想到這麼重要的會議也有效。我猜對方大概只是想確認我不會耍手段。知道我們兩個人有共同的經歷，似乎就足以讓他相信我不會害他。」

有幾種方式可以快速讓人感到「我們同一國」，下次和別人談話時，不妨試一試：

➡**找出共同的興趣**：努力找出你和對方有共同興趣或相同偏好的蛛絲馬跡，音樂、3C產品、衣服、興趣，統統都可以。表現出有興趣的樣子，多問一點問題，然後分享自己的經驗。

➡**強調共同的目標**：共同的目標可以加深雙方的關係，因為共同的目標通常代表著共同的價值觀。問對方：「這個案子對你來說，最重要的事是什麼？」以及「我們雙方都想完成什麼事？」找出共同的目標。

➡**聊一聊共同的怨言**：使用這一招要小心，因為負能量會讓大腦退出發現模式，不過抱怨壞天氣或塞車是找話聊的簡單方法。分量不過多的「我們一同對抗這個世界／競爭者／公司總部」，可以營造出同仇敵愾的氣氛。

➡**附和對方的話**：這一招會讓對方感覺你們波長一樣，而且重複對方的話會讓人覺得你有專心在聽。就算只是重複普通的事實，也會有驚人的效果。研究發現服務生如果照顧客的說話方式重複一遍對方點的東西，就會拿到更多小費。[9]

# 我講一點祕密，你也講一點祕密

經濟學有一支叫「賽局理論」（game theory）。這一派的理論想找出同時牽涉好幾方的時候，人會如何做決定——我們如何猜測他人動機，接著依據自己的猜想做決定。賽局理論有點像在預測棋局，或是猜測約會時的互動。「如果我這麼做，或許對方會那麼做，接著就會……啊，看來還是別這麼做好了。」複雜的賽局理論證實了心理學家多年來的猜測：對人類來說，「互相」很重要。

經濟學家用著名的「囚徒困境」（Prisoner's Dilemma）說明賽局理論。兩名同夥罪犯被關進不同的牢房，兩人得各自決定是要「合作」還是「背叛」，不能事先串供。如果選擇「合作」，兩個人都堅持原本的說辭，最後兩個人都會被輕判。如果選擇「背叛」，告發夥伴，自己就可以無罪脫身，但被告發的人得坐很久的牢。此一賽局的設計是鼓勵兩名囚犯都背叛夥伴，因而產生有趣的困境。研究人員多年來做了數千次囚徒賽局，利用不同的故事解釋基本的遊戲規則。研究結果顯示，唯有在遊戲只玩一次時，典型的「背叛」選項才會誘人。研究人員發現，一旦設定成較為接近真實世界的情境後，例如跟真實的人際關係一樣，玩家不只互動一次，可以依據他人的行為改變自己的選擇，玩家大都會出現非常不一樣的策略。此時他們會傾向**互惠合作**（reciprocity），經濟學家稱之為「以牙還牙／投桃報李」（tit-for-tat）。如果這次你背叛，下次我也背叛。如果這次你合作，下次我也合作。這種作法不如德蕾莎修女（Mother Teresa）崇高，但也不像電影《華爾街》（*Wall Street*）的主角哥頓・蓋柯（Gordon Gekko）那麼奸詐。[10]

腦神經科學家檢視受試者玩「囚徒困境」等賽局時的大腦掃描，找到大腦偏好「互惠合作」的證據。科學家發現，若有受試者選擇背叛、沒選合作，另一名受試者就會焦慮，啟動大腦中處理「衝突解決」與「自控」的區域。如果其中一人選擇合作，則會啟動另一人腦中的獎勵系統。如果兩人都合作，兩人大腦中的快樂區域都會亮起來。換句話說，合作令人感到開心。[11]

這就是為什麼慈善機構請大家捐錢時，還會送我們鈕扣或鉛筆。這也是為什麼有人告訴我們精彩的八卦（「我聽說……」），我們很可能也會透露資訊（「真的啊，可是**我**聽說的版本是……」）。這也可以解釋，當我們告訴別人「我愛你」，但對方僅微笑以對、沒說「我也愛你」的時候，我們會心碎。人與人之間的「互相」是很重要的社交潤滑劑。

人與人之間要「互相」，究竟代表什麼意思？幾年前，我和一群私募股權合夥人談過「互相」的重要性。我的客戶平日會買下表現不佳的公司，改造一番，幾年後用更高的價格轉手賣掉。買下新公司後，他們會指派有經驗的主管負責管理，期望新公司有什麼事，他們指派的人都會告知。沒想到，建立信任感非常困難。我的客戶非常不解，為什麼他們親自挑選的主管不願對他們（也就是公司老闆）掏心挖肺。

我和那幾位主管談了之後，瞭解是怎麼一回事。主管們不覺得私募股權的老闆是有血有淚的人。在他們眼中，私募股權只是一群惹不起的金主，能躲就躲，更別提要說出心聲。我的客戶很震驚、很失望，但我問他們，他們與那些主管分享過什麼人生與工作方面的想法，他們卻一臉茫然。提公事上的建議和點子沒問題，但為什麼要告訴那些主管他們心裡在擔心什麼？我的客戶問：「幹嘛要那麼做？」我的回答是，因為他們期待那些主管說出自己在擔心什麼。要別人掏心挖肺，自己卻不準備掏心挖肺，這可不太公平。

漸漸地，我的客戶接受「讓公司主管看見自己私底下的一面，可以鼓勵他們開誠布公」。他們從來沒想過這種事，但效果立竿見影，例如約翰（Johan）原本是不太談自己有什麼感受的大男人，更別提要告訴外人自己工作上的煩惱，不過他決定透露自己的海灘度假小屋工程不順利。那不是什麼特別私人的事，但依舊是很好的第一步。下一次我和約翰碰面時，他精神奕奕地告訴我：「開完會之後，我和其中一位主管坐同一輛車，我心想：『機會來了。』我開始講我家度假小屋的事，效果很驚人。對方開始告訴我各式各樣的事，最後我們也聊起公司的情況，那是有史以來最棒的一次討論。」當然，重點不是度假小屋，而是約翰願意敞開心胸講心裡話。

約翰的故事，不會讓石溪大學（Stony Brook University）心理學教授亞瑟．亞隆（Arthur Aron）感到訝異。亞隆教授的研究顯示，光是講不到一小時的心裡話，就能讓兩個陌生人產生親密感。若滿分是七分，數百位受試者說自己「最深刻」的人際關係親密度是四．六五分，但是和隨機配對的陌生受試者聊了四十五分鐘私事後，萌生的親密感是三．八二分，比四．六五分低不了多少。[12] 結論是，如果想和他人博感情，我們要願意透露一點自己的事。

## 把手機收起來！

最後再提醒大家一件事，科技讓我們隨時和他人保持聯絡，但如果各位不知不覺中還是會不小心去瞄手機，那麼不管再怎麼努力問「高品質問題」，或是營造「我們兩個人很像」的感覺，還是透露自己的小祕密，都不會有用。英國心理學家發現，同樣是請受試者和其他不認識的受試者聊天，光是桌上擺著手機，受試者就比較不覺得「和這個人多交流一點，我們可能變朋友。」[13] 如果真心想和他人交流，請把手機收起來，專心講話。

## 營造真正的和諧氣氛

下次碰到一定得營造和諧的談話氣氛時，可以這麼做：

- **設定與他人合作的目標**：把目標放在改善雙方的關係，而不是完成對我們有好處的事。請檢查自己心中的成見，努力找出對方有趣的地方。
- **問「高品質問題」**：真心對他人感到好奇，把平日習慣問的封閉性、事實性問題，改成沒有固定答案的問題，鼓勵對方分享自己的意見與感覺（無法用 Yes 或 No 回答的問題）。找出可以請對方「多說一點」的事，讓對方感受到我們用心聆聽。
- **「我們是一國的」**：找出雙方相似或有交集的地方，例如共同的目標、牢騷或興趣，營造出「我們同一國」的感覺，讓對方的大腦視我們為朋友而非敵人。
- **我講一點祕密，你也講一點祕密**：如果希望對方敞開心胸，那就想一想我們願意透露自己私底下的哪一面、我們願意分享什麼私事。
- **把手機放在談話對象看不到的地方**：如果進行重要對話時，必須讓人找得到，那就把鈴聲調到放口袋或包包裡也聽得到。

# 第9章　化解緊張氣氛

與人相處有時不是那麼容易。每個人都有自己的人生要過，有自己的目標與需求。每個人方向不一樣的時候，很容易有摩擦。有時候事情很小，例如通勤時被不耐煩的路人撞到，或是被人隨口罵了一句髒話。有時候事情感覺很大，像是公司不找我們開重要的會議，或是同事一直沒做答應要做的事，讓爭論一發不可收拾。

緊張情勢不斷升溫時，我們不太可能掌控全局，不過我們可以選擇自己要如何反應。接下來的章節將解釋從自己做起可以帶來多大的不同。就算是別人在挑起事端，而不是我們，如果找出**自己**可以做點什麼，通常就能化解部分的緊張氣氛，甚至消弭一場戰爭。

## 找出共通點

首先，請先想像一個雙方直接挑明「我們不和」的情境。其實這種事若不常發生還滿不可思議的，因為大腦的自動化系統篩選了我們接收到的訊息，造成我們無意間沒看到很多東西，只看到自己想看的，以高度主觀的方式體驗現實。不用多，只要有一個同事早上來上班時不順，心情不好，大家坐在同一間會議室開會時，他看事情的方式就會和你不一樣（例如本書第一部分提到的盧卡斯和我的故事）。由於沒有人能看到全貌，同樣一件事，很可能我們和同事**同時**是對的，也是錯的，大家看到的「大猩猩」不一樣。

數學心理學家阿納托・拉普伯特（Anatol Rapoport）告訴我們，解決紛爭的關鍵在於認清很基本的一件事：其實不太可能有哪一方百分之百錯誤。拉普伯特的經典著作《衝突、賽局與辯論》（*Fights, Games, and Debates*）中，解釋「用同理心理解」（empathetic understanding）每個人的觀點的強大威力，我簡稱為找出「共通點」。我們要讓別人瞭解，我們懂他們的理由，並且強調雙方的共通點。找出共通點之後，就比較容易找出雙方都能接受的解決方案，因為找出共通點的過程會幫助大腦脫離防禦模式，讓思考多一點創意，並且以更開放的心態找出折衷之道。[1]

我把拉普伯特的研究整理成五大步驟：

**⬇步驟一：用「假設自己很喜歡」的方式描述對方的觀點**。盡量用最吸引人、最寬大的方式描述。套用哲學家丹尼爾・丹尼特（Daniel Dennett）的話來說：「你應該想辦法用自己的話講一遍對方的立場，而且要清楚、生動、精彩到對方說：『謝了，我自己都不知道可以那樣講。』」

**步驟二：找出雙方都同意的所有事**。找出兩方**都**同意的事，就算不多也沒關係。這個步驟可以幫助建立「內團體」的感覺，請主動提出自己的建議，然後一起努力，問對方：「還有哪些事我們雙方都同意？」大家一起找出共通點。

**步驟三：找出真正的不和之處**。仔細說出雙方哪裡不同，深入挖掘：「為什麼我們對這件事的感覺或想法不同？」請找出以前發生過什麼事，或是我們有哪些預設的成見，造成我們今日抱持那樣的觀點。請找出雙方各自的「大猩猩」，雙方甚至可能向彼此學習。

**步驟四：搞不好「雙方都是對的」**。一旦找出雙方有什麼共通點，以及為什麼兩方意見不合，就能達成「我們的確不和的共識」。不過也可以問：「是否有可能雙方都說對了某些事？」這種雙方都「對了一部分」的情形常常發生。

**步驟五：照雙方的共通點來看，現在可以怎麼做**？事情永遠有辦法解決。想到事情可以有進展，雙方心情都會好起來，更有可能解決問題，或是接受目前的狀況。

舉例來說，假設你跟同事在爭辯，如何讓顧客提供有用的意見。你覺得公司應該請大家匿名填寫意見表，因為你覺得不具名，大家比較可能說真話。然而同事持相反意見，他認為顧客應該填上真實姓名。所以首先，你要讓同事知道你懂為什麼他那樣主張，你列出他提的方法有哪些好處，像是署名的話，顧客比較不會亂填，而且是真的很不滿才會寫出來。此外如果具名，公司也才能直接處理。

下一步，你們兩人都同意什麼事？你們都同意多聽顧客心聲有好處，也同意要用網路問卷，而且你們希望這個月就完成這件事。唯一有爭論的地方，只是要不要讓顧客匿名。問了幾遍「為什麼」之後，答案水落石出。你們兩個人對於顧客是否會說出心聲的看法不一樣，你擔心不匿名，人們不願意說出心聲。你的同事則擔心匿名會讓人過於暢所欲言。同事為什麼會這麼覺得？因為最近他辦了一次社群網站行銷，結果被網友大加撻伐。

怎麼可能你們兩個人都是對的？答案是，這次你們要調查的不是同一批顧客，不同顧客會有不同反應，你們兩個人可能都是對的。你和同事討論到這裡，想出了幾個點子，或許問卷可以兩個選項都提供，或許你們可以一開始就讓顧客自己選擇要不要匿名，不要替他們決定。你們也可以一週試一種辦法，看看情況如何再決定要怎麼做。

一旦找出共識，就可以繼續處理剩下的流程，匿不匿名其實可以之後再處理，不需要一切都卡在這件事上。決定這樣處理後，你和同事會覺得這簡直是明擺著的答案，但我們的大腦處於防禦模式時，很難理性地處理事情。不怎麼重要的意見不合，就可能拖累整個流程，難以收拾。如果專注於雙方同意的事，大家都能用更聰明的頭腦想事情，立刻解決問題。

## 用正面情緒感染他人

情勢劍拔弩張時，各位還可以利用**情緒感染**（emotional contagion）這一招，把現場導回有建設性的對話，因為人類高度喜愛社交的大腦，能感受到周遭人們的情緒狀態，並且跟著同步。[2]

隆恩・傅利曼（Ron Friedman）等社會心理學家發現，光是接近心情好的人，就能促進我們做事的的動力，表現也會因而提升。接近暴躁的人，則會影響我們的生產力。傅利曼與羅徹斯特大學的研究同仁發現，就算幾個人在做完全不一樣的事，而且完全沒交談，五分鐘之內，他們的情緒就會受到彼此影響。[3] 此外，壓力也會傳染，研究人員發現如果突然請一個人演講，不只講者會神經緊張，就連被分配當聽眾的受試者，皮質醇濃度也會上升。[4] 此外，不需要做什麼事，情緒就會傳到別人身上。德國的研究人員發現，光是看著照片中的笑臉或痛苦的臉，就會引發明顯的快樂或憂傷情緒，即使受試者只看了半秒也一樣。[5]

因此，工作氣氛緊繃時，我們選擇帶著什麼情緒加入對話，有可能火上加油，也有可能緩和氣氛。我記得有一次我得做一場長達數小時的輔導，對象是四位精力充沛的企業律師。已經到場的人告訴我，其中一名女律師很晚才會到，我們可以先開始。談話氣氛很融洽，很快地，在場的人互相加油打氣，彼此分享建議。

過了兩小時，姍姍來遲的女律師終於抵達，一進門就大力坐在椅子上，全身散發壓力，抱怨自己的行程表有多滿，接著劈頭就問下次輔導時間是什麼時候。我溫和地提醒，兩個月後還有一次很久以前就說好的會面。女律師開始連珠砲地抱怨：「不行，我沒辦法，行事曆上沒寫，我不可能擠出時間……」我驚奇地看著其他三位原本心情很好、很有活力的律師，一下子行為舉止完全改變。剛剛他們才確定下一次還要參加輔導，突然間，所有人開始發牢騷：「我的手機呢？」「我行事曆上也沒寫。」「我不覺得我能擠出時間。」「煩死人了。」暴躁的情緒互相感染，愈演愈烈。

我有幾個選擇。我可以說出自己內心感受到的不開心與不耐煩，也或者我可以試試正面一點的東西。我回想這次見面的真正目的：最重要的事是什麼？答案很清楚：我想讓團隊再次充滿合作的感覺。好，所以我應該散發什麼樣的情緒？這一切的思考，都發生在迅雷不及掩耳的一秒鐘之內，我當時想到的答案是「愛」。請別抱怨這是老調重彈。「愛」這個答案很簡單，也很強大，但我不可能對著所有人大喊：「冷靜，大家要有愛。」

我知道光是咬著牙告訴自己「可惡，要有愛」，也於事無補，我得真正感受到溫暖，才有辦法感染其他人。因此我開始回想，目前為止為什麼我喜歡和這群人合作。回想之後，我就很輕易帶著善意對他們微笑，點頭同應，冷靜回答他們的問題。幾分鐘之內，我感覺氣氛沒那麼焦躁了，大家放鬆了一點，回歸正軌，好好利用剩下的輔導時間。

下一次，我們碰上一群情緒緊繃的人，或是感受到氣氛愈來愈糟，不要忘了，我們自己可以影響大家的潛意識。或許不是每次都能扭轉談話方向，但可以靠幾招改變現場氣氛：

- 提醒自己，你想讓大家通力合作，問問自己：「我想讓大家感受到什麼樣的情緒？」
- 回想以前自己有那種情緒的時刻，或是能讓你有那種感覺的人。運用本書第三章的內心演練法，在心中想像先前的情境或人。

我建議各位在開會**之前**，先做這種心理準備，這樣一進門就可以感染大家，感染力愈強愈好。

## 在心中預設「大家人都很好，只是碰上不如意的事」

前文已經提過，我們對他人的假設會深深影響彼此的互動方式。「確認偏誤」意味著，如果我們預期別人很笨、很惹人厭，我們就會下意識特別去找他們說了哪些笨話，做了哪些惹人嫌的事。我們甚至會扭曲自己看到的東西，好讓事情看起來符合心中假設。還記得第一章提到的香蕉實驗嗎？明明是灰色香蕉，我們卻覺得自己看到黃色香蕉。雪上加霜的是，如果我們自以為抓到別人惹人厭的地方，然後又用負面的方式面對，表現出沮喪或不耐煩的樣子，我們會讓對方的大腦陷入防禦模式，而人一陷入防禦模式，就**更難**表現出聰明有魅力的一面，還**可能**惡言相向。我們對別人的負面假設，一下子就會成真。

此外，心理學家還發現，我們人習慣性假設別人都不是什麼好東西。我們想到自己的時候，知道自己的行為受外在因素影響，比如我們今天如果沒完成所有的工作，我們知道那是因為昨天沒睡好或是身體不舒服，或是我們在等某位同事回信，才能處理後續事宜。然而，如果是**別人**完成的工作量不如我們的預期，我們就會假設對方有一些根本缺陷，例如能力有問題或是性格有問題。我們覺得對方不是能力差，就是生性愛偷懶，而不會想到他們累了，或是別人拖到他們的時間。我們很少花時間想為什麼別人今天表現不佳，特別是如果我們跟那個人不太熟。我們傾向把別人沒做好的地方，歸咎給內在性格有問題，而不會去想是什麼外在原因讓他們那麼做，心理學家稱這種現象為**基本歸因謬誤**（fundamental attribution error）。[6]

為什麼我們對別人如此苛刻？因為大腦的自動化系統覺得這樣比較方便、比較不用花力氣。我們只需要判斷他人一次，就可以萬年認定他們是那種人——直接認定「啊，某某某不是很聰明」，會比每次碰到對方還要分析對方的生活，來得省腦力。研究人員還發現我們壓力大的時候，大腦有很多別的事要擔心，更會採取這種判斷捷徑，把所有事一概而論。[7]

泰瑞莎・艾默伯（Teresa Amabile）早期曾與其他哈佛研究人員一起做實驗，證明「基本歸因謬誤」會傷害到努力工作的同仁。研究人員找來一百二十位受試者，請其中一些人當「出題者」，就自己擅長的領域，提出困難的知識性問題。另一組人則是當努力回答問題的「答題者」。還有第三組人當「觀察者」，負責觀察出題者與答題者兩組人的互動。結束之後，每個人評估彼此的聰明程度，結果讓人嚇了一跳。雖然大家都知道「出題者」依據自己的領域出題，也因此答題者不一定能答對很多問題，三組人都認定答題者比出題者笨。答題者對自己甚至比出題者嚴厲[8]，沒有人想到答題者表現不佳，是因為他們被隨機放進答題的情境，只覺得他們天生就比別人笨。

我們會依據非常有限的觀察，對別人的性格與能力做很多假設，也因此我們發現自己給別人貼標籤，覺得某個人很笨、很懶惰、很惹人厭的時候，我們要提醒自己，對方的行為有多少是外在情境造成的？有多少真的是個性問題？問自己這樣的問題，不代表對方會**自動**變得不惹人厭，只是如果我們能把對方想成「時運不佳的好人」，可以舒緩一下緊繃的氣氛。

下次有人讓我們很生氣或很失望的時候，可以這麼做：

**第一步，弄清楚「真正的事實」**：你說，事實就是事實，有什麼好真正不真正？嗯，所謂「**真正**的事實」是指我們確實知道的事。還記得嗎？大腦的自動化系統會過濾我們看到的東西，因此我們看到的「事實」其實都是主觀的觀察。我們要做的第一件事，就是盡量擺脫掉主觀的部分，不帶情緒，專注於真實發生過的事，避免自行解釋。舉例來說，假設你和老闆互動時覺得老闆忽視你，說出「老闆不重視我」這句話，其實是在認定老闆的行為是故意的，但那是你個人的詮釋，你其實無法確認這件事是不是真的。那麼哪些事**是**確定的？「今天下午我見到老闆，老闆一句話都沒對我說，至少我不記得她說了任何事。」以上這幾句話才是「真正的事實」。

**➡第二步，假設「對方人很好，只是生活不順利」，並且想一想為什麼對方會有那樣的行為：**如果對方平日很有禮貌，那麼請把心中的「搞什麼鬼？」，換成：「他發生了什麼事？」「他反應為什麼這麼大？」（請參考一八六頁「常見的防禦模式地雷」）「他心裡在想什麼？可能在害怕什麼？」請就你觀察到的行為，想出兩、三個可能的原因。真相不一定就是那樣，但光是願意考慮其他**可能性**，我們就能想到**或許**對方是受害者，而不是加害人，他們那麼做背後有其原因。此時，我們的大腦比較不會把對方視為威脅，可以靜下心好好處理問題。

我們想到事情還有其他解釋時，心態會變得更加寬容，甚至帶著同情心問問題，找出對方發生了什麼事，而且假設大家基本上都是好人，不帶成見地互動。

本書第一部分提到的飯店品牌主管羅素，每天努力提醒自己「大家原本都是好人」。羅素的工作是幫所有不高興的客人解決問題，換句話說，他常得介入客人與飯店同仁之間不愉快的對話。羅素表示：「人們有時表現得像爛人，但我們通常不會知道背後真正的原因，我是在幾年前才領悟那個道理。有一次，我因為人行道坑坑疤疤，改在馬路上拖行李。後面來了一輛車，司機顯然覺得我是白癡，怎麼會有人在馬路中間拖行李？那一瞬間我明白了，從司機的角度，他不會知道人行道的問題。從此以後，我用這件事提醒自己，沒有人可以看到事情的全貌。如果有人無法體諒我，『那是因為對方是坐在車裡的人』。不過通常我是那個『坐在車裡的人』，我常常提醒自己，別人惹到我其實是有原因的。」

羅素表示，那次拖行李帶來的啟示，讓他平日介入惱人的爭吵時，懂得提醒自己大家都是好人。「我假設大部分的人都想做好自己的工作。掌控情勢的方法，就是假設大家的出發點都是良善的。如果好好對待表面上難搞的人，假設他們不是故意的，你會看到更多對方好的一面。只要對方感受到你的善意，也就不再那麼充滿敵意，進而證實你認為大家都是好人的假設。」

羅素給了近期一個例子：「我有一個同事，我覺得他在搞權力鬥爭。有一次我負責召開品牌策略會議，這位同事不請自來，而且開到一半的時候，突然質疑為什麼要開這場會議，問我這場會議究竟和公司的策略布局有什麼關聯。我直覺認為他想找我碴，故意給我難堪，但我想起我『坐在車裡』，所以覺得他的提問居心不良。我決定假設他真的是在問問題，現場為他畫了一張表，讓他看到那場會議和整體策略的關聯，結果他接受了我的答案，會後還告訴我，那是一場很棒的會議。要是我假設他存心搞破壞，結局會很不一樣。」

## 所有情境都適用

一旦習慣之後，只要我們覺得別人的行為令人不安，就能立刻應用「大家都是好人法」。舉例來說，假設我們幾天前寄了一封信請別人做事，結果對方一直沒回，我們很容易朝壞的方向想——那個人不回我信，是因為不想答應我的請求，或是他不喜歡**我**，於是我們決定再寄一封語氣急迫的信，逼對方給答案。然而「真正的事實」是什麼？事實是我們七十二小時前寄出第一封信，至今還沒收到回信。接下來，假設「大家人都很好，只是碰上不如意的事」，有哪些可能的解釋？一、可能對方回了，是我自己的信箱擋信；二、對方真的很忙；三、對方在度假，信箱沒設自動回覆；四、對方正在思考我的請求，還不確定要怎麼回信；五、對方很不會整理電子郵件，信箱塞爆了。想到這些可能性之後，我們決定再寫一封信，但不要用逼迫的語氣，或者乾脆直接打電話詢問，或是暫時擱下這件事（如果倒過來，你是那個不回信的人，請看書末的「附錄B」）。

## 常見的「防禦模式」地雷

如果碰到有人「怪怪的」，比如講話很衝，出乎意料的固執，想要搶地盤，或是完全不回應你，很可能先前有某件事讓他進入防禦模式。不過原因究竟是什麼？一般人有幾種常見的「威脅」地雷，他們在擔心自己的基本需求被剝奪。有的需求與社交有關，如「被當成一分子」、「得到公平待遇」、「感到被尊重」。有的需求與自我價值有關，如「感到擁有自主權」、「自己很能幹」、「人生有意義」、「有安全感」。此外，人還有更為基本的「休息」與「充電」需求，因此我們疲累的時候，不管是心累，還是身體累，我們都會變得特別敏感，**不管**什麼事，很容易就反應過大。下面的表格列出人類常見的需求與恐懼，熟悉之後，就能輕易辨認他人的地雷，以及自己是否無意間踩中那些地雷。

不過，如果各位看了這張表，依舊覺得：「我還是不知道這個人的問題出在哪裡。」不要擔心，有一招是萬靈丹：讓對方知道你懂他們有難處。告訴一個人你感謝他們所做的努力，或是給予任何形式的讚美，都可以滿足許多基本的人類需求。人們會感到自己很有能力，而且受到重視，被公平對待，快速化解緊張情勢。此外，讚美不需天花亂墜，日本的大腦掃描研究顯示，如果告訴受試者剛才有陌生人覺得他們看起來「很誠懇」或「很可靠」，雖然只是隨便一句轉述的讚美，受試者大腦獎勵系統的活躍程度，就和得到金錢獎勵一樣。[9] 因此氣氛不好時，請想辦法讚美對方，再繼續解決問題（請接著看下一節的「留心－表示同情－提供協助」技巧）。

| 社交需求 | 要小心的常見地雷 | 可能的解決之道 |
| --- | --- | --- |
| 被當成一員 | 當事人是否被某件事排除在外，例如會議、流程、群組信（可能是無意間造成的，也可能是故意的）？ | • 承認這件事並解釋原因（如果的確是刻意）。<br>• 向當事人強調其他重要活動有邀請他們。<br>• 考慮讓當事人扮演明確的角色，讓他們覺得自己也是團隊的一分子。 |
| | 當事人覺得被孤立，是否是因為他的背景和大家不一樣，或是他的觀點、價值觀、資歷和別人不同？ | • 強調你們之間的相似之處多過差異（請見第八章「我們是一國的」一節）。<br>• 鼓勵當事人和團體中其他人培養感情。<br>• 找機會讓團隊瞭解當事人的觀點。 |
| 公平待遇 | 你或其他人的行為，當事人是否覺得不公平？ | • 向當事人清楚解釋事情為什麼會那樣。<br>• 如果是逼不得已才做出的選擇，請開誠布公，告訴對方你面臨什麼樣的難題（請見第十章的「別這樣，公平一點」一節）。 |
| | 當事人是否覺得自己付出很多，但是都沒有得到回報，這違反了互利互惠原則？ | • 當事人對團隊有貢獻時，把功勞歸給他們。<br>• 找出你可以回報或協助當事人的事。問他們需要什麼協助才能把工作做好。<br>• 如果當事人已經得到私底下的協助，向他們點明這件事。 |

| | | |
|---|---|---|
| 被人尊重 | 當事人是否覺得自己被公開傷害，例如在眾人面前遭受批評，或是別人不同意他們的看法？ | ● 用大家看得到的方式恢復當事人的地位，例如在公開場合稱讚他們、給他們想要的案子、請教他們的意見。<br>● 告訴當事人儘管最後未採用他們的方法，他們的意見很寶貴，並指出他們的好點子讓討論更加豐富。 |
| | 當事人是否得到他人足夠的讚美？當事人最近是否遭受批評？ | ● 人總是把批評記得比讚美清楚，所以多講一點你有多感謝對方的貢獻。<br>● 如果必須給建議，永遠別忘了運用第十章「給當事人的大腦能接受的意見」那一節推薦的技巧。 |
| | 當事人是否覺得大家認真聽他們說話？他們是否被打斷或被忽視？ | ● 就算我們不同意對方的意見，也要讓他們知道，我們懂他們在說什麼。告訴對方我們自認剛才聽到什麼，並向對方確認：「是不是這樣？」<br>● 如果發現有人被搶話，就暫停對話，請被打斷的人再說一遍。 |

| 個人需求 | 要小心的常見地雷 | 可能的解決辦法 |
| --- | --- | --- |
| 自主權 | 當事人是否覺得自己被「霸王硬上弓」，強迫中獎？ | • 找出可以交給當事人掌控的選項，不論多小都可以，例如某件事的期限，或是開會地點。<br>• 決定下一步的時候，讓當事人感到被充分諮詢意見。 |
| | 當事人是否覺得自己事事被干涉、被監督？ | • 指出他們哪些地方的確需要你的協助，並在其他事情上給他們更多空間——即使你們雙方做事的方法不完全一樣。<br>• 試一試第十章提到的「只要聽就好」與「諄諄善誘，不要直接給答案」技巧。 |
| 能幹 | 當事人是否覺得力不從心？ | • 找出當事人覺得自己哪些事很厲害，哪些事沒自信。<br>• 一有機會就指出當事人做得好的地方。<br>• 當事人沒自信的地方，告訴他們如何取得協助。 |
| | 當事人是否覺得自己很可能失敗，自己是沒有價值的人（不論其他人是否也這麼覺得）？ | • 詢問當事人最大的危機是什麼，協助他們找出解決之道。<br>• 讓當事人知道萬一真的失敗，依舊可以從中學到東西，而且我們會從旁協助。 |
| 人生意義 | 是否發生了任何破壞當事人個人價值觀的事，例如公平、誠實、信任？ | • 開誠布公與當事人談他們的價值觀，找出大家的價值觀其實是一樣的可能性，只是詮釋方式不同。<br>• 想一想能否做一些更尊重相關價值觀的事。 |

| | | |
|---|---|---|
| | 當事人是否正在做令人感到無意義、吃力不討好、無聊的工作？ | • 讓當事人知道，他們其實是在做有意義的事。他們做的事協助完成了哪一個大目標？他們幫到了誰？<br>• 協助當事人瞭解，他們可以讓自己的長處或興趣派上用場，就算不是那麼有趣的工作也一樣。 |
| 安全感 | 其他人提出的改變，是否會奪走當事人目前擁有的東西，例如資源或習慣的做事方法？ | • 向當事人強調他們將可得到什麼，盡量讓那個好處感覺很真實、與他們有關。<br>• 如果對當事人來說沒好處，至少要讓他們瞭解為什麼要改變。 |
| | 當事人是否不確定自己扮演什麼樣的角色？職責劃分是否不夠清楚？ | • 協助當事人在不確定之中找出確定或已知的事。<br>• 找出可以解決不確定性的流程（即便最後的結果依舊是未知數）。<br>• 如果當事人請我們幫忙，但我們暫時幫不上忙，至少要讓對方知道我們處理的進度。<br>• 協助當事人釐清他們負責哪些工作，以及他們和其他人的工作界線是如何劃分。 |
| | 你是否開了空頭支票？對方感覺你說話不算話？ | • 清楚解釋為什麼事情和當初說的不一樣。向對方道歉他們受到影響（就算不是你的錯）。說明你目前確實可以做到什麼。 |
| 休息 | 對方是否很疲憊，或是家人或健康因素帶給他們很沉重的負擔？ | • 讓當事人知道，他們可以說出自己的困難。<br>• 協助他們找出充電的方法，平衡家庭與事業。 |

# 留心－表示同情－提供協助

身旁的人處於防禦模式時，通常我們只需想一想他們被踩到什麼地雷，就能改善情況。我們有同理心時，語氣可以讓緊張的情勢降溫。不過如果覺得有問題，最好還是直接跟當事人聊一聊他們怎麼了。

為什麼最好直接把話說開？首先，對方得知我們懂他們不舒服，他們的大腦就不會一直瘋狂呼救，傳達恐懼。第二，我們可能弄錯對方陷入防禦模式的真正原因，不斷努力解決錯的問題，例如你猜測某位同事最近渾身是刺，是因為你沒把他加進某封重要電子郵件的群組。然而真正的原因是，他的某位重要組員最近想調到你的部門，也有可能他脾氣壞根本和你一點關係也沒有。你開始把他加進每封電子郵件的群組，並不會讓他比較想見到你。

因此，我們感覺到有人不高興、不舒服的時候，不論問題出在我們或他人身上，可以依據「留心－表示同情－提供協助」的步驟，直接找對方談：

➡**步驟一，留心**：告訴對方你注意到哪些事，接著詢問對方的意見。用詞要中性，說出你觀察到的事實，例如：「我注意到大家最後選了X方案，你的看法是？」或「我注意到我提那項建議時你皺了眉，可以告訴我你的看法嗎？」

➡**步驟二，表示同情**：對方說出自身感覺後，告訴他們你懂：「真抱歉，但你一定很沮喪／很擔心／很不舒服（請找出表達同情的形容詞）。」這個步驟是在告訴對方，你不覺得他們在杞人憂天。**我們**覺得該不該沮喪／擔心／不舒服並不重要，重要的是，一旦**對方**覺得真有這麼一回事，他們的大腦就會開啟防禦模式。讓當事人覺得有人聽到他們的意見，可以降低大腦的警戒程度。就算根本不是我們的錯，說聲「抱歉」非常有用，可以表達出我們的遺憾（就像有人痛失親友，我們也會表示「很遺憾發生這種事。」）。

➡**步驟三，提供協助**：問對方「有什麼我能做的嗎？」通常對方會回答「不用」。但萬一答案是肯定的，最好盡早知道。即使問題不是我們造成的也該問，聽了之後也許就知道該如何幫忙。如果想停下某人的抓狂行為，最好還是問一問需不需要協助。

露西（Lucy）是薪資退休金服務公司的營運長，過去幾年，她發現職場上有了摩擦時，最好把話說開，用願意協助的態度和當事人聊一聊。「我待過的三間公司都碰過重大人事糾紛，但奇怪的是氣氛愈來愈糟時，很少有人願意想辦法解開心結。」露西建議可以採取「留心－表示同情－提供協助」三步驟，在事情無法挽回前化解糾紛。

「有一次，我負責處理我們和另一間公司組成的全球聯盟。我們在全球一共有四區，有一區的負責人是出了名不喜歡合作，沒人知道原因。那位負責人做事很有效率，永遠達到預定績效，但大家都覺得他不合群。」露西跑去找那位負責人。「我告訴他：『接下來我們要完成某件事。』接著打開天窗說亮話：『我注意到你跟大家不太齊心，我很擔憂。請告訴我，你覺得哪些事大家做得還可以、哪些有問題？』

「那位負責人馬上回答：『問題已經解決一半，因為妳居然肯花工夫來見我，還問我的意見！』」原來那位負責人不高興，是因為他被叫去開很多會，但他大都無法出席，因為大家在排時間的時候，根本不會問他什麼時候有空。露西知道這只是冰山一角，那位負責人真正不舒服的地方，在於他覺得從頭到尾都**被**使喚來使喚去，沒人徵詢過他的意見。「我居然跑去問他怎麼看，請教他該怎麼做，讓他覺得受尊重。那次見面之後，每個月我們召開會議時，一定特別請他參與所有的營運討論。」露西說，從此之後，那位負責人再也沒出現過「不合群」的表現。

## 別人踩到我們的地雷怎麼辦

好了，前文已經討論別人陷入防禦模式時，我們可以如何聰明地找出對方的地雷，但我們自己被踩到地雷怎麼辦？至少要有兩方不舒服才會出現「緊張情勢」，因此我們自己一定也多多少少受影響。可能是其他人讓我們不舒服，也可能是他們勾起我們不好的回憶。我們有時很難意識到自己什麼時候開始惱怒，因為前文提過，人類很容易被他人的情緒感染，只要千分之一秒，別人的壓力就能轉移到我們身上，我們很難判斷究竟是誰造成緊張情勢，因此我們要小心自己是否已經被踩中地雷，不要帶著負面情緒和別人說話。

我們可以做三件事搶先發現自己是不是不高興。第一，我們要瞭解自己的地雷，也就是讓我們有激烈情緒反應的事。第二，我們要清楚自己陷入防禦模式時，有哪些早期徵兆。第三，設定好自動處理公式，一旦被踩中地雷，立刻重啟大腦的發現模式。我們身處壓力時，以上三個自我管理的技巧可以協助我們渡過難關。

## 找出自己的地雷

每個人碰到前文一八八頁到一九一頁提到的常見地雷時，多少會有情緒反應，不過大部分人各有不同的地雷。有的人很討厭被搶話（覺得不受尊重、雙方關係不對等）。有的人痛恨話隨便講講的人（因為無法確認那些人說話是真是假，而且對方不可靠，可能連帶造成我們無法完成自己答應的事）；其他同事卻可能覺得那個講大話的人熱情活潑、討人喜歡。每個人都有自己無法忍受的事，因為惹惱我們的地雷，可能要回溯到很久以前受過的傷害，或是根植於長期記憶中某件很討厭的事。大腦的生存迴路把以前的事件當成碰到威脅的線索，只要一覺得目前的情況和以前發生過的壞事有相似之處，立刻會出現激烈反應。

如果我們能看出模式，知道哪些事會刺激我們，就能搶先在大腦陷入防禦模式時，執行「退一步重啟」，避開一觸即發的對話。此外，找出模式後，我們更能預測情緒地雷，事先做好防範措施。

請花幾分鐘想幾件事，記下自己可能的地雷：

➡回想一下，先前誰惹惱過我、誰讓我沮喪（不管當時脾氣是否發作）：

- 當時，那個人說了什麼、做了什麼，讓我那麼不舒服？
- 我當時在想什麼？有什麼感受？
- 我真正害怕的事是什麼？不想失去什麼？

再多想出幾個以前被踩中地雷的例子。

➡檢查一下自己找出的例子，是否有重複出現的答案？我可能有什麼地雷？（可以參考前面的「常見地雷表」，找出自己真正不高興的事。）

**再深入挖掘一下**：以前發生過什麼事，讓我這麼敏感？如果有辦法回答這題，你會發現這次的情形其實和上次不太一樣，不需要抓狂，反應不用那麼激烈。

➡事先準備下一週或下兩週的重要公事談話。它們會不會碰觸我的地雷？會的話，可以如何設定與他人合作的目標，提醒自己到時候把持住情緒，不要被刺激到？

## 找出自己被踩到地雷的徵兆

事先想好對策，可以避免自己被踩到地雷。不過大腦的自動化系統速度太快，一下子就讓我們陷入防禦模式，甚至快到還沒察覺自己不高興，就已經不高興了。因此，我們最好找出自己的深思熟慮系統被關掉時，會出現哪些徵兆，例如我知道自己只要幾分鐘不笑、臉開始僵硬，就代表我已經開啟「戰–逃–呆住」模式。一般人最明顯的身體徵兆則包括語氣改變、胸前一緊、手掌冒汗、心跳加速。此外，我們陷入防禦模式時，某些口頭禪可能冒出來。請再次回想自己過去緊張、焦慮時發生了什麼事，在心中重現當時的情境，並留意幾件事：

- 緊繃時，我的身體或聲音出現哪些變化？
- 我生氣或不高興的時候，我會在心中或大聲說出哪些口頭禪？
- 其他人在我心裡不舒服時觀察我，他們會注意到我冒出哪種口氣和哪些肢體動作？

## 找出讓自己「退一步重啟」的方法

請幫自己找好簡單的對策，不論是察覺自己的地雷被踩到，或是發現自己出現情緒不滿的徵兆、氣氛不對勁，就退一步重啟大腦，讓深思熟慮系統跟上速度更快、警鈴大作的自動化系統。由於一切發生在一瞬間，我們得想出簡單、不必多想就能立即回應的方式，在互動開始緊張時立刻重啟大腦（本書講「恢復力」的第六部分，會教大家更多處理糟糕情境的方法，不過如果對話正進行到一半，「退一步重啟」是最重要的關鍵）。

各位不妨現在就試著找出正確策略，當談話氣氛劍拔弩張時，立刻派上用場：

⬇**退一步**：決定一個能幫自己按下暫停鍵、深呼吸的簡單方式。沒錯，這個方法很像第六章講大腦過載時的「正念時間」。紓解工作爆量時的情緒技巧，也可用在緊張的對話。安東尼碰上這兩種情境時，都會使用「三的呼吸法」（吸氣三秒鐘，吐氣三秒鐘，然後閉氣三秒）。以我個人來說，我的初期警報是僵硬的表情，因此我給自己的「退一步」步驟通常是露出大大的微笑。我有一位客戶則會雙手緊握住筆，滾動個幾次，專心在筆的觸感上。

⬇**重啟**：問自己問題，喚醒大腦的深思熟慮系統，鼓勵自己回到好奇心強、想探險的發現模式。請事先幫自己想好壓力太大的對策，譬如我會問自己：

- 「為什麼我要跟對方談這件事？我真正的目的是什麼？」
- 「究竟發生什麼事？為什麼我會緊張？為什麼對方這麼緊繃？」
- 「事後回顧，我會慶幸自己做了什麼？」

上一章提到的ＩＴ顧問彼得回想氣氛最糟的對話後，發現自己有幾個常見的地雷：「我如果覺得別人聽不懂我在講什麼，我都會失控，覺得我花了這麼多時間講解得這麼清楚，你們怎麼可能還是搞不懂？我每次都因此暴怒。」彼得渴望別人重視他的意見，因此這類情境會讓他受不了。此外，他覺得別人聽不懂時，「想解決一件事卻感到無能為力，讓我覺得我得更用力敲，才能敲醒對方的笨腦袋。」哪些初期徵兆讓彼得知道自己快要化身為榔頭？「我的肩膀會緊繃，講話聲量也會變大。」此外，彼得知道內心出現某幾句話的時候，代表自己在失控邊緣。「我心中會冒出一句：『老子是對的！為什麼你們這些人就是聽不懂？』」

彼得找出自己的症狀後，就能輕易預測自己何時抓狂。他一注意到情勢開始緊張，就告訴自己一句話，幫助自己退一步。「我有一個個性很悠哉的朋友，他在大家很緊張的時候會說：『慢慢來。』因此，我對自己說『慢慢來』的時候，就會想起那個朋友，知道要放鬆一點。」接下來，彼得會問自己一句話，喚醒深思熟慮系統。「我會自問：『真正重要的事是什麼？』問完這句話，我就不再硬逼對方接受我的觀點，我會想起我真正的目的不是讓別人同意我的話，我要的其實是更美好的人際關係。」

## 吵架吵到一半如何收場

如果實在很難退一步重啟大腦，還是吵起來，沒關係，依舊可以做兩件事。一，中途離開幾分鐘。人總是有需要上廁所的時候，可以用尿遁法整理一下情緒。

第二個辦法是大聲說出自己「退一步重啟」的方法。彼得發現自己有時會想：「糟糕，我的反應讓我知道這個傢伙踩到我的地雷，但我不曉得該怎麼辦！又不能說不要講了！」彼得後來發現，其實可以直接告訴對方：「抱歉，我發現我們剛才討論的事，讓我反應太大。我們可以暫停一下嗎？」誠實說出自己的情況，讓雙方有機會重來一遍。此外，第八章也提過，坦率的說話方式可以加深彼此的信任感，讓雙方敞開心胸交流。

## 如何巧妙提起令人不舒服的話題

有時就算ＥＱ再高，再怎麼提醒自己，依舊改變不了有人踩到我們地雷的事實。我們想要裝沒事，但每次跟那個人講話，就是隱隱約約感到不舒服。此時該怎麼辦？繼續粉飾太平？還是解決問題？

各位應該也知道答案，最好把事情說清楚。首先，我們只要一緊繃，就算努力裝沒事，大腦的深思熟慮系統不可能讓最好的社交技巧派上用場。第二，試圖壓抑負面情緒，只會更加刺激大腦的防禦反應，讓事情雪上加霜。[10] 第三，由於「確認偏誤」的緣故，日子一久，我們會**加深**對那個人的負面預期。在我們眼中，那個人只會愈來愈惹人嫌，不會事過境遷。第四，我們希望靠著裝沒事避免衝突，然而情緒感染現象會讓我們的潛意識生悶氣。

我們以為保持沉默，就能保住這段關係，然而事情每下愈況。

一般人都不喜歡起衝突，「打開天窗說亮話」聽起來只會讓自己尷尬得要命。因此接下來我要教大家一吐為快、但又可以修補關係的技巧。我曾經用這一招協助企業執行長在董事會面前提出難以啟齒的話題，不過就算是一般情境，這一招也有用。

首先，第一步永遠是想清楚自己的目的。雖然你可能覺得對方的行為很氣人，但抱持「我要給這傢伙一點顏色瞧瞧」的心態，根本無濟於事。我曾經協助不動產仲介賽門（Simon），他很氣一個客戶，因為那個客戶暗示案子沒意外的話，就會交給他，最後卻沒有，而且這種事一連發生好幾次。我問賽門，如果要和這個客戶談，他的目標是什麼。賽門想到的頭兩個字是「報復」，他放聲大笑，但其實這件事沒那麼好笑，因為他真的想給對方一點顏色瞧瞧。所以我問他，他**真的**想要的是什麼，賽門說：「我想讓那個客戶把我當人看，而不是用過即丟，而且我也想知道，她究竟是怎麼決定把案子交給誰。」

各位設想好「一起解決問題」的目標後，我幾乎可以保證只要依循幾個步驟，就能和對方好好談一談。談之前，最好先花五到十分鐘記一下筆記，想清楚自己在步驟二與步驟三要說什麼：

➡**步驟一，邀對方和我們談：**不要直接進入主題，先告訴對方：「我很重視我們之間的關係，我心裡一直有一件事，可以和你談談嗎？」如果時機不對，不用馬上就聊。

如果時機對了，你已經完成傳達善意的第一步。

**步驟二，描述你的觀察**：只要說出真正的事實就好，不要加上情緒或解釋，也不要一概而論。不要脫口說出「你讓我失望」或「你什麼什麼事很糟糕」。這種句子只會讓雙方吵起來，因為對方會說：「才怪。」盡量讓句子像「我注意到什麼、什麼、什麼事實。」例如賽門告訴客戶：「我記得兩週前我們討論企畫案大綱時，您說：『你們是我最中意的人選。』但結果我們的公司沒有進入決選。」賽門沒有說：「您給我們錯誤的期待。」

**步驟三，告訴對方那些事實讓你有什麼感受**：接下來，說出對方的行為讓你有什麼感受。同樣地，這個步驟的目的不是讓雙方吵起來，而是讓你想討論的事多一點人味，例如賽門說：「我感到困惑，因為您給我的回應都很正面，但顯然我們的表現還沒好到可以進入下一輪。我擔心我沒抓到您想讓我們做的事。」

說出感受時，最好不要使用誇張的語言，例如賽門其實很想說這件事讓他「氣到想殺人」。和客戶見面前，他問自己有哪些常見的情緒地雷，發現自己會生氣，是因為他擔心自己讓公司團隊失望。這牽涉到工作能力問題，因此賽門可以跟客戶談他拿不到案子是否與能力有關。

可以的話，最好誠懇地解釋為什麼你很重視某件事，讓對方知道你不是愛抱怨而已。你會提，是因為你認為那件事重要到應該提出來談。對賽門來說：「我很在乎那件事，因為我的工作就是讓團隊提供最好的服務。如果我們沒做到，我真的很想知道原因。」

**步驟四，請教對方的觀點**：前文數度提到，由於大腦的「選擇性注意」，沒有人能看到事情的全貌。所以不要忘了問：「您怎麼看這件事？」接著注意聽對方的回答，不要爭辯，也不要試圖提供解決方案。以賽門的例子而言，他的客戶根本沒發現自己的口頭鼓勵，讓別人覺得她信口開河，她的目的只是鼓勵大家提出好方案。賽門可能誤解了客戶的意思，也或者客戶真的做過了頭。無論如何，現在賽門瞭解客戶真正的意思，不再憤怒。

**步驟五，一起解決問題**：最後一個步驟是一同決定改善情況的方式。如果是對資淺的人說話，我們很容易變成指點對方如何改善自己。請抗拒好為人師的衝動，先請教對方的想法，接著依據他們的建議，一起找出更好的辦法。還記得嗎？要讓人有動力做事，就要讓人覺得有自主權。就賽門的例子而言，客戶提議雙方找時間深入討論供應商應該具備什麼特質，讓他進一步瞭解他們的需求。客戶沒想到賽門會花這麼多心思提這件事，對他另眼相看，這下子賽門有很多事情要忙，早就忘了要報復的事。

## 碰上完全不講理的人怎麼辦

前文已經提過，我們如果碰上很難搞的人，原因大都是對方的大腦出現防禦反應。解決他們眼中的威脅之後，就能讓他們重新變回好人。然而有的人完全不講理，很難花力氣挖掘出他們美好的一面。這世上總有神經病、自戀狂，還有講也講不聽的人。如果是這種人，或許不要把目標定太高，只求讓雙方的互動免於失控，不求圓滿的結局。

前文提過的技巧，此時可以再度派上用場：

- **重複對方說過的話**：盡量重複對方的要求或說過的話，然後問他們：「是不是這樣？」人覺得別人聽進自己的話，就會比較冷靜。此外，把對方未加修飾的話丟回去，有時可以讓人意識到自己不講理。
- **只提看得到的行為，不要提對方的態度**：對話時只提事實，例如某某人、在何時、做了或沒做某件事。對方可以否認自己態度不好，但很難否認真實發生過的事。
- **用再清楚不過的方式溝通**：還記得嗎，每個人的大腦有不同的認知篩選機制，因此我們說的話，不一定是對方聽到的話。我們要做的事，就是用簡單的話清楚定義雙方必須做的事，而且要給明確的期限，最好留下書面證據。
- **努力找出解決方案**：如果盡量把注意力放在得到美滿的結局，能幫助雙方的大腦停留在發現模式。我們可能得放棄自己某些論點，或是把不愉快放在一旁，專注於最重要的事。

- **讚美對方**：如果有辦法忍受，那就滿足對方想被稱讚的心理需求，明確說出你欣賞他們的地方。

和難搞的人互動時，我們可以做幾件事幫自己撐過去：

- **保持一點距離**：拉開距離、從旁觀者的角度看事情，大腦就不會一直處於防禦機制（詳見第十七章）。我們可以想像是別人要處理這個難搞的人，不是我們，而我們只需給那個無法脫身的可憐蟲一點建議。想想怎麼做可以讓你之後稱讚自己：「那次我像個聖人一樣處理得很好。」
- **編故事解釋那些人為什麼會有那樣的行為**：可能他們童年過得很悲慘？婚姻不幸？或許真有這回事，或許沒有。真相是什麼不重要，光是想到或許對方有苦衷，就能讓我們的大腦不把他們視為重大威脅。
- **和支持我們的人聊一聊**：人類奇妙的大腦覺得社交是一種獎勵，因此和自己信任的人談一談我們碰上什麼麻煩，通常就會舒服一點。
- **減少損失**：萬一本章提到的方法都試過了還是沒用，減少接觸也是一種辦法（原因請見第十八章的「賠了就賠了，沉沒成本讓它去」）。不得不互動的話，時間愈短愈好，公事公辦，以禮相待，不要花太多心力，讓自己的情緒陷入其中。

## 化解緊張氣氛

如果有人帶給我們壓力，可以試試幾個辦法：

- **找出共同的立場**：如果我們不同意某件事，先用對方的觀點描述事情，找出雙方都同意的事；接著找出雙方見解真正不同之處；發掘雙方都對的地方；然後依據雙方都同意的部分，找出解決之道。
- **用正面情緒感染他人**：每個人的情緒都具有傳染力。請決定好自己想帶來什麼樣的談話氣氛，想著可以讓自己快速進入那個心境的事。
- **假設「大家人都很好，只是碰上不如意的事」**：弄清楚哪些是我們「真正知道的事實」，假設對方出發點是好的，可能是哪些事造成他們奇怪的行為（可以參考「常見地雷表」）。
- **留心—表示同情—提供協助**：如果有機會當面談一談，請利用「留心—表示同情—提供協助」三步驟，確認事情是怎麼一回事，然後想辦法解決。邀請對方開口（「我注意到……」），接著表現出同理心（「很抱歉，你一定不好受……」），最後提供協助（「有什麼我能幫上忙的地方？」）。

**處理自己的情緒包袱**：找出會讓自己反應特別激烈的地雷，以及自己要爆發的徵兆。事先決定好別人踩到地雷時，可以如何快速「退一步重啟大腦」，像是問自己重啟深思熟慮系統的問題，如「真正的重點是什麼？」。

**巧妙提起不好處理的議題**：先在心中告訴自己目標是合作。請對方答應和我們談一談，接著說出自己觀察到的事實，以及心中的感受（為什麼我們覺得這件事很重要），而且也要請對方說明自己的觀點，一起想辦法解決問題。

**小提醒**：萬一遲遲無法下定決心和對方談一談，請複習第七章的拖延症療法，幫助自己早日採取行動。

# 第10章　讓身邊的人拿出最好的一面

不論我們是管理數百人的大經理、剛創業的一人公司，或是身處人人平等的團隊，讓身邊的人拿出最好的一面絕對是好事。同事是天使的時候，我們的日子一定比較好過。想一想，如果有人樂於站出來承擔責任，不負眾望想出好點子，並遵照指示好好做事，我們的日子會有多好過、多輕鬆！

圓滿的合作經驗似乎仰賴運氣，要看同事的個性，也要看他們的辦事能力。不過我還是要再說一遍，我們自己的行為其實也會影響很多事。世上有很多方法可以讓人展現最聰明、最隨機應變、最彈性的一面。前兩章已經教大家建立和諧氣氛與處理緊張情勢的方法，本章則要談如何運用四種技巧，讓身邊同事拿出最美好的一面。就算不是主管，這四招也能派上用場，讓親朋好友拿出最和藹可親的一面，以後逢年過節的團聚時間就不會那麼痛苦了。

## 只要聽就好

前面第八章提過，增加和諧氣氛的方法是問「高品質問題」，接著用心聆聽答案。接下來這一招，也能幫助他人思緒更靈活，主動採取行動，進而使職場的人際關係更融洽。

首先，重新想一想如果有人提到自己的煩惱，我們該怎麼做才叫「幫上忙」。大多數人會覺得最有幫助的作法，就是提供建議。然而，如果我們在別人講煩惱時跳進去給建議，將產生一個問題：對方很容易覺得我們在批評他，而不是安慰他。我們一般會問：「結果你怎麼處理？那如果怎麼怎麼做呢？」這種話會無意間讓對方覺得你在批評，就好像他們怎麼這麼笨，無法自己找到答案。如果對方心中冒出這種感覺，他們的大腦就會把我們的好心當成威脅，沒辦法想清楚要怎麼處理問題。聊完後，他們不會興奮地說：「哇，我知道該怎麼做了，我要趕快去做。」而是敷衍地說：「對對對，你講得沒錯。我得走了，看來有很多事要做。」

我們還可以怎麼做？答案是我們不需要絞盡腦汁幫對方出主意，只需要給**對方**思考的空間。教育學者南希．克萊（Nancy Kline）稱這一招為「只要聽就好」（extreme listening）。[1] 這一招有用的原因是，對方會覺得自己有自主權、很能幹，讓大腦維持在發現模式，還有辦法暫時抽離，好好思考。前文提過，要讓思路清楚、績效提高，首先得進入發現模式，而且多多反省自己。

「只要聽就好」有幾個重點：

- **不要忘了重點不在我們身上**：首先，請拋開想幫上忙的欲望。想幫忙可以，但不要給建議，而是給同樣寶貴的另一樣東西：給對方時間，鼓勵對方自己想清楚。之後如果還有需要，再提供較為傳統的協助方式。
- **讓對方自己設主題**：如果弄不清楚對方究竟在糾結什麼，那就問：「怎麼了？想談談嗎？」
- **不要打斷**：讓對方說下去，至少讓他們說五分鐘。對方停下來思考時，我們會很想講話填補空白時間，要忍住！仔細聽對方說話，發出鼓勵的聲音，點頭，等對方說下去。
- **維持眼神接觸**：就算對方的眼神飄到一旁，依舊要看著他們，給一點回應，讓他們知道你在他們身邊。
- **讓對方一直說下去**：對方沒話說的時候，鼓勵他們說下去，可以問：「關於這件事，你還有沒有想到其他的？」如果對方說沒有也沒關係，等他們說完之後，再問：「所以現在你想怎麼做？」我們不必覺得自己得提供睿智的答案。
- **再次提醒自己，不要忘了這件事和我們無關，對方才是主角**：我們的心中會冒出很多想法、點子、建議，實在很想講出來的時候，提醒自己下次有機會再講就好，眼前注意力要放在對方身上。

有一次，我向一群資深主管講解這個技巧，並請其中一人和我一起示範。其他人很不習慣有人專心聽這位同事講話，他根本不需要搶話。示範完畢後，一名主管笑了起來：「好怪，好像在調情！」因為他很少看到有人會專心聽別人講話，他唯一能想到的親身經歷是他當年在追另一半的時候。那位主管說得沒錯，調情會讓我們心情大好，正是因為對方全部的心思都放在我們身上，我們覺得自己很風趣、很聰明。不過協助示範的那位主管確實覺得，「只要聽就好」非常適合用於職場。我們問他感覺如何，他回答：「老實講，感覺滿不錯的，我覺得我有時間思考，就算妳沒給意見，妳也在乎我說什麼。而我有了一些有用的想法。」

資深健康照護主管蘿斯（Ros）把「只要聽就好」當成很重要的管理工具。蘿斯平日得想辦法改善病患的照護品質，帶領同事進行很複雜的專案，他們提出的方案牽一髮動全身，從家庭醫師、保險業者、政府官員、醫院到社區團體，都會受影響。專案很龐大，蘿斯必須協助同仁拿出最好的表現，沒辦法事事自己來，可是該怎麼做？蘿斯說自己一輩子大都在「努力解決別人的問題」，她生長在一個大家庭，從小養成幫別人解決問題的習慣。她一直以為支援同事最好的辦法，就是盡全力幫他們解決問題。然而，燃燒自己照亮別人除了讓蘿斯累到不行，她也知道這樣會養成同事依賴的心理。「於是我試著對副手艾力克斯（Alex）用『只要聽就好』這一招。」有一次，艾力克斯又有事情要討論，一般蘿斯會幫他解決。「不過那次我讓他講話，中間不打斷，甚至告訴他我正在運用『只要聽就好』原則，我不會打斷他的思考。我不斷點頭，鼓勵他說下去。他停下的時候，就問他：『還有呢？』五分鐘之內，艾力克斯就自己解決了問題，我們兩個人笑到不行。那個方法真的有用，而我什麼都不用做。」艾力克斯也在其他同事身上用這個技巧，現在「只要聽就好」變成蘿斯與艾力克斯共同的妙招。蘿斯表示：「我發現最好的協助，其實是讓別人覺得自己有能力處理事情。」

## 諄諄善誘，不要直接給答案

萬一我們採用「只要聽就好」，對方還是無法釐清自己的思緒，依舊不曉得要怎麼做，那該怎麼辦？萬一我們想確保對方不會想錯辦法，又該怎麼辦？碰上這種情形，我們會想多推一把。

同事手上的事如果很重要，我們會忍不住在後方探頭探腦，提醒最後期限就要到了，很想直接告訴他們可以怎麼做，然而出手相助的時候，過猶不及都不好。

我們一心想幫忙，但心理學家告訴我們，「自主權」是人生最基本的動力來源。[2] 把責任交給別人並給予空間，對方就會覺得自己很能幹、備受尊重；要是不給空間，做事的熱情就會消散。很多管理者直覺就知道這件事，研究也證實「自主權」會大幅影響員工績效，尤其是必須不屈不撓的苦差事。能否自主，影響著人們能否完成困難的任務，就連戒菸也一樣。研究找來一群尋求醫療協助的戒菸者，他們被分成兩組，一組由醫生協助「自主」戒菸（autonomy-supportive），一組則由醫師「控制」戒菸（controlling）（由專業觀察者聽醫師與求助者之間的對話錄音，評估醫生屬於哪一類型），六個月與三十個月過後，戒菸成功率都是自主組比較高。[3]

如果想讓身邊的人拿出最好的表現，我們得想辦法抓到平衡，不能放牛吃草，也不能事必躬親。

資深經理奈蒂蒂（Ndidi）近年來的課題就是努力取得平衡。奈蒂蒂是全球教育慈善機構的區域營運執行主管，她回憶自己從前過於事必躬親。「我和同仁講話時，老是說：『我認為你應該這樣做、那樣做。』我的出發點很好，我想幫忙，但我發現什麼都幫的管理方式，讓同仁覺得：『喔，奈蒂蒂知道答案，所以我不用動腦，反正她叫我做什麼，我就去做。』結果就是同仁不會自己想辦法解決問題，老是拿同樣的事來問我。他們其實是很有能力的人，但他們覺得我不信任他們能想出辦法。」

好消息是，對奈蒂蒂與對我們來說，「事必躬親」與「完全放手」之間可以有最好的平衡點，既尊重他人的自主權，也確保同仁按照正確的方法做事。最好的辦法就是靠問問題諄諄善誘，協助人們自行找到答案，讓對方感受到自己是自身的主人。心理學家發現，感受到「人生靠自己掌握」是高績效的關鍵。最兩全其美的方法，就是一邊諄諄善誘，一邊相信對方可以靠自己成功。

好，要諄諄善誘，但究竟要問哪些問題？有一種技巧叫「成長法」（GROW model），四個步驟的第一個字母加起來剛好是「成長」的英文，包括**目標**（goal）、**現實**（reality）、**選項**（options）、**前進**（way forward）：

- **目標**：最美好的結果是什麼？
- **現實**：目前情況如何？好消息是什麼，壞消息是什麼？
- **選項**：前方有哪些選項？（永遠先讓當事人自己提出想法。告訴他們，你很願意提供建議，但想先試試他們的方法。）
- **前進**：第一步要怎麼做？他們什麼時候要做？需要哪些協助？

奈蒂蒂表示：「現在下屬如果跑來問我問題，我會『讓他們成長』。」釐清**目標**時，奈蒂蒂會問：「怎麼做我們會覺得這件事成功了？」奈蒂蒂的問句會加上「我們」兩個字，確保雙方心中想的終點一樣。「如果我們能達成共識，詳細描述出理想的結果，我就不用太過擔心同仁要如何抵達終點。」奈蒂蒂表示好的開始是成功的一半，因此她花在討論「目標」的時間，通常多過另外三個步驟。

接下來，奈蒂蒂讓同仁面對**現實**時，一般會問：「理想的情況是什麼？目前有哪些障礙？」

再來，奈蒂蒂會用幾種方法引導出同仁心中的**選項**。首先她會問：「你可以怎麼做？」接著鼓勵他們進一步探索那個點子。「如果這個方法行不通，你還可以試哪一個方法？」對方想出幾個點子後，如果還是沒提到最重要的事，奈蒂蒂會說「我注意到你沒提到X」，讓對方自己想一想，再問「你想選擇哪一種辦法？」來減少選項。

最後討論**前進**的方式時，奈蒂蒂永遠會問：「有什麼地方我能幫上忙？」儘管已經走完「成長」四步驟，同仁也自己解決了問題，問這個問題可以讓他們知道萬一不行，還有後援。此外，奈蒂蒂補充：「一定要清楚指示由誰負責做什麼。雖然我們不指定解決方案，但權責方面，我們的態度不必軟。」

奈蒂蒂除了用「成長法」引導員工，還運用另外幾個技巧提醒自己「要諄諄善誘，不要直接給答案」。奈蒂蒂表示：「我會在心中不斷告訴自己：『不要告訴他們答案！』我讓身體往後靠。以前我都會往同事的方向傾，身體貼在桌上，寫下他們該做的事，因此對我來說，往後坐是一種隱喻，代表我現在處於諄諄教誨模式。」

奈蒂蒂回想自己第一次在下屬身上用「成長法」，「對方跑來問我，她正在籌備一場一整天的會議，有幾位與會者不喜歡某個主題，她擔心事情會一發不可收拾。」奈蒂蒂提醒自己往後靠在椅背上，接著問第一個「目標」問題：「妳覺得這場會議最理想的結果是什麼？」「一開始，同仁完全愣住。我以前都是用命令的方式，那恐怕是我第一次真的問她問題，不過她放鬆之後開始思考，而且想出我想不到的辦法，例如在會議的開頭給一段自由討論時間，讓與會者愛問什麼就問什麼。毫無疑問，那是我們兩人有過最棒的對話，結束後她輕飄飄地走出辦公室。」

奈蒂蒂表示，諄諄善誘法讓團隊績效飆高。「現在我的下屬就像領導者一樣，在我或在彼此面前都不怕說出意見。」此外，奈蒂蒂自己的行程表也多出喘息空間。「如果用引導的方式，不直接給答案，通常同仁就不會再拿同樣的問題來煩你，因為下次他們就知道該怎麼辦。此外，我再也不用努力當萬事通，平日不會那麼累，更能做好時間管理。」

## 給當事人的大腦能接受的意見

我們不論如何諄諄善誘，有時還是得給具有建設性的評語，好讓事情回歸正軌，改善同仁績效。

然而，不管我們給建議時出發點有多良善，多數人聽到批評時，大腦就會開始高度戒備。事實上，批評是最典型的非肢體威脅：批評會打擊一個人的自尊心與社會地位，甚至讓人工作不保，因此人們聽到自己做錯某件事，大腦很難不進入防禦模式。雖然被批評的人也知道自己應該像個成熟的大人，他們的大腦依舊會考慮要講難聽話回應（戰），還是害怕退縮（逃），或是裝沒事、讓事情過去（呆住）。

我們要如何才能在不激發防禦反應的前提下，勸人接受我們的建議？訣竅在於表達觀點時，避免說對方是**錯**的，從他們做對的地方著手（就算只有部分做對）。從對的地方開始給建議，可以讓對方的大腦保持在發現模式，用理智與開放的態度談你希望他們再多想的事。這個方法的意思並不是說，對方有不好的地方都不能提，只是提的時候要能雪中送炭，而不是雪上加霜。接下來三種給建議的技巧，可以讓大腦不會一下子抓狂：

## 技巧一：「我喜歡你做的……」

➡告訴當事人「我喜歡你做的……」，舉出對方有哪些事做得好，要給有意義、不空泛的例子，而且最好舉一個以上的例子。建議要改哪些地方之前，盡量多舉一點正面的例子。

➡接著告訴對方：「如果還能……那就更好了。」

各位如果覺得聽過這個方法，也不要急著跳過。大部分的人其實都知道，批評別人之前，要先講點好話，不過前述這個方法會比常見的「中間夾著批評的讚美三明治法」（praise sandwich，先讚美，再批評，結束對話時再讚美一次）還有效。

說出「**我喜歡你做的……**」的句子時，必須明確指出我們欣賞的是哪些事，這一點非常重要。首先，人類的大腦不太能掌握抽象概念，明確的事實才有辦法讓人記住。第二，大腦天生對威脅比較敏感，對獎勵則否。人類就是因為對威脅很敏感，千萬年來才能活過長毛象的攻擊，以及部落的自相殘殺。由於人類的大腦很難理解抽象概念，又對威脅特別敏感，如果只是講很浮泛的正面評語（「很好！還不錯！」），緊接著列出一堆該改的地方，大腦會無視於開頭的一丁點讚美，完全把注意力放在負面批評。[4] 因此，批評之前的讚美要明確、要熱情，不能只說「很好」，要明確說出「好在哪裡」，當事人的大腦才有辦法聽懂你是真的重視他們說的話以及他們做的工作。

接著，建議改善方法時，要說：「**如果還能……那就更好了**。」這是在告訴對方，要是他們願意考慮你的建議，他們就能從A躍升到A+，而不是指著對方的鼻子罵：「怎麼笨成這樣，怎麼不會怎麼怎麼做。」相較於直接告訴對方：「你應該用別的方法做這件事」，如果改說「如果還能……那就更好了」，我們依舊提出了建議，但並未質疑對方的能力，避免傷害到對方的自尊心。

給人建議的時候，先明確讚美當事人，再提出「如果還能……那就更好了」，可以幫助對方的大腦停留在心胸寬大的發現模式，雙方的對話將更和諧、更具有建設性。此外，明確讚美他人也能幫到我們自己，因為我們被迫找出喜歡對方哪些地方時（不管有多難找），我們通常會發現一心想批評他人時漏掉的有用資訊。

## 技巧二：「沒錯，還有就是……」

- ⬇發現別人的點子有漏洞時，不要講殺風景的「是沒錯啦，可是……」（Yes, but...）。
- ⬇請改說「沒錯，還有就是……」（Yes, and...），暗示你是在**附帶說明**你的觀點，而不是抹殺對方的建議。

舉例來說，如果有人熱心推動一個你認為時機不對的新專案，不要說「這個專案很好，**但是時機不對**」，改說「這個專案很好，**還有**我們即將展開年度策略」。接著請大家討論：「我們要怎麼安排時間？」

「沒錯，還有就是……」可以在不抹殺他人心血的前提下，讓大家注意到其他重要考量。我個人很喜歡這個方式，因為我們很可能沒看到事情的全貌，這種句子保留了還有其他可能性的空間。不要忘了，大腦的自動化系統會下意識進行篩選，每個人不會看到全部的訊息與選項。我們或許看到同事沒看到的「大猩猩」，但或許他們同樣也看到**我們**沒看到的東西，才會提出那樣的建議。此外，順著同事的點子說下去，「沒錯，還有就是……」提供了妥協空間，甚至是上演即興喜劇的基本原則，因為這種句子可以鼓勵創意合作。如果各位平日給意見時氣氛緊繃，這次卻能用大笑來化解，就代表做對了。

## 技巧三：「如果要成功，我們需要……」

➡別說：「因為ABCDEFG……這件事不可能成功。」試著改說：「如果要成功，我們需要……」

提出假設的句子（如果要……）聽起來像在邀請對方一起找答案，而不是批評。此外，這樣的問句是在不給任何人難堪、不斷定任何事是「錯的」的前提下，請大家一起確認可行性。我在麥肯錫工作時，團隊如果有不同的點子，大家常用這個句子，讓每個提案獲得公平的發聲機會，即使一開始聽起來不怎樣。而且每個團隊成員都感覺自己參與了下一步的決策，就算自己喜歡的方案沒被採用也沒關係。

彼得的IT顧問工作常讓他碰上尷尬局面。他很想做好自己的工作，但他真心想告訴客戶的話其實是：「你知道嗎？那個花了你好幾百萬美元的專案，你們做得一團糟。相信我，我看過數百個這種失敗的例子。」彼得在提案開會時，也真的這麼說，雖然措辭會委婉一點。他會一一指出別人的IT做得有多差，他的公司又會如何確保事情不會出錯。如果是正在進行的專案，彼得會不留情面大聲說出沒人願意承認的錯誤。彼得覺得這叫「說真話」，有的客戶人很客氣，還會感謝他。

彼得或許會碰上客氣的客戶，但是他等於在批評客戶雇用他之前的努力，因此客戶很難不產生防禦心。彼得希望維持犀利風格，然而我們談過他的說話方式造成的影響後，他現在會給客戶的大腦能接受的意見，例如客戶請他評估公司ＩＴ系統狀況時，他會先說其實還不錯。儘管有時彼得可能必須放寬標準，才有辦法讚美對方，但總是能找到優點。「就算他們的系統有我不認同的地方，我通常能夠讚美他們的高階策略。」接著，他才建議可以如何錦上添花。彼得說：「我盡量避免說對方『做錯了』，而是告訴對方『還可以怎樣做』。我會說：『你們的策略要成功的話，哪些事必須如何如何……**還有**另一種方法，那種方法有哪些好處。』」

彼得說自己採取新方法後，會議變得「想像不到的無比成功」。現在的他依舊可以說出風險與解決辦法，但客戶的大腦不再開啟防禦模式，不再把他丟出會議室。彼得開始拿到新案子，一個他正在爭取的客戶還告訴他：「你說得太對了，**那**正是我想要的東西！」

## 別這樣，公平一點

公平是一股很強大的社會力量。人們感到公平時，會喜歡當團體的一員，願意付出，也願意妥協；感到不公平時，則會很不舒服。

加州理工學院的柯林．坎麥爾（Colin Camerer）與芝加哥大學的理察．塞勒（Richard Thaler）兩位行為經濟學家，以著名的「最後通牒遊戲」（Ultimatum Game）實驗證實公平感的重要性。遊戲如下：想像有人要給你十塊錢，但你也必須分給一個陌生人零元到十元。如果陌生人願意接受你提出的金額，你們兩個人都能拿到錢。要是陌生人拒絕你的提議，兩個人都拿不到一毛錢。缺乏社交頭腦的人只願意分給陌生人幾毛錢。陌生人有可能接受，因為聊勝於無。然而人類是很講求公平的動物，幾毛錢感覺太可笑了。實驗也證明，大部分的人會拒絕接受不合理的金額，寧可不達成協議，讓雙方都拿不到錢。一般來說，至少要給到兩塊錢，另一方才願意接受。[5]

加州大學洛杉磯分校的利柏曼神經科學團隊也有類似的發現。他們一邊讓受試者玩類似的社交互動遊戲，一邊掃描他們的大腦，最後發現公平的出價會啟動大腦的獎勵系統，不公平的出價則會讓受試者必須動用自控能力，才能壓下怒氣與不公平的感覺。[6] 換句話說，人類的大腦面對不公不義時，就算是僅僅兩塊錢的事，也必須動用寶貴的深思熟慮系統，才有辦法保持冷靜。所以結論是什麼？讓同事覺得公事上的決策很公平，不僅可以讓他們的獎勵系統開心，還能讓他們把寶貴的腦力留給其他事情。

我知道各位讀者不可能存心對同事不公平，我依舊特別提出這個主題的原因，在於主管通常得做出有人開心、有人不開心的決定。有的人可以升職，有的人無法升職。有的部門拿到很多資源，有的部門拿不到。輸的那一方很容易覺得決策不公平。

決策總會讓有些人得利、有些人沒得利，不過各位至少可以讓公司同仁看到背後的**過程**是公平的。換句話說，我們做出困難的決定時，背後的理由愈透明愈好：

- 解釋你衡量過哪些因素、為什麼要用那些因素來衡量決策。告訴大家你是如何依據那些標準替每個選項打分數。
- 告訴大家你做決定時碰上哪些兩難的局面，以及你最後如何處理。

我們做出最終的決定，同仁可能不喜歡，不過行為科學告訴我們，如果他們知道你的決策過程很公平，他們會更願意支持你。

## 讓身邊的人拿出最好的一面

找一個正在幫你做事或是你想幫他一把的人，試試幾個技巧：

⬇**只要聽就好**：用非常專心的方式仔細聽對方講話，不要打斷，幫助他釐清自己的思緒。

⬇**諄諄善誘，不要直接給答案**：利用「成長法」引導對方想清楚自己的**目標**，以及目前的**現實**與手中的**選項**（等對方分享完選項，再提自己的建議），最後幫助他們**前進**。

⬇**給當事人的大腦能接受的意見**：下一次提出建議或是反駁他人的時候，試試三個技巧：

- 「我喜歡你做的……」，「如果還能……那就更好了。」
- 「沒錯，還有就是……」（別說：「是沒錯，可是……」）
- 「如果要成功的話，我們需要……」

⬇**做人要公平**：決定無法兩全其美時，盡量解釋背後的決策過程，小心別人會覺得不公平的地方，就算我們覺得沒那回事也一樣。

# 第四部分　動腦時間：讓自己表現最聰明、睿智、有創意的一面

想出新點子不難，難的是跳脫舊思維。

——經濟學家約翰．梅納德．凱因斯（John Maynard Keynes）

有時候，我們一天就是過得很順，好點子源源不絕，妙語如珠，幽默機智，身旁的人捧腹大笑。有時候，我們的腦子轉得很慢，卡在一件事情上，怎麼努力都沒進度，或是終於想到哪句話可以如何聰明應答，但已經太遲，晚了幾小時。有時候，我們還會犯很呆的錯誤，當場出糗，或是過一段時間才發現麻煩大了。

各式各樣的事都可能讓我們腦袋一時轉不過來，可能是手上的工作比平常難，或是前一晚沒睡好。不管原因是什麼，本書接下來的第四部分要教大家一些小技巧，讓大家在一天之中展現創意、智慧與巧思。如果各位原本就精力充沛，隨時準備好火力全開，這些小技巧依舊可以助各位更上一層樓。

# 第11章　挖掘巧思

有時事情怎麼做就是不對勁，像是會計師數字怎麼加都不對，藝術家怎麼樣就是找不到靈感。會計師和藝術家雖然是很不一樣的職業，那種感覺是一樣的：我們卡在行不通的迴圈裡，找不到出口，必須有了**巧思**、找到突破點之後，才可能有進度，需要「靈光一閃」的瞬間帶來新的解決方案。

佩姬（Peggy）的工作時常需要靈感，她是芝加哥很成功的藝術指導，經常到廣告公司推銷有趣的點子，快速用創意讓人印象深刻。佩姬發現「真正的好點子，看起來通常和我以前做過的事不太一樣，直接從先前的成功點子出發，能帶來的靈感不多。如果要有大突破，通常得運用很不一樣的方式，用新方法把事情組合在一起」。

科學證據顯示佩姬百分之百正確。我們人類的大腦很有效率，讓很多事自動化，不論寫電子郵件或刷牙，我們都會照著固定方式做，腦神經網絡只要一有機會就會走老路，頂多加上一點變化，以求省力。心理學家很早就觀察到人類有**定勢效應**（Einstellung effect），一旦心中有現成的解決方案，即使明明有更好的辦法，我們卻看不到，只因為那個辦法和先前的辦法不太一樣。[1]如果需要新思維，就得先幫助大腦擺脫窠臼，刺激新的腦連結。方法呢？其實方法很多，接下來我會一一向大家介紹。

## 提出問題

我們想告訴大腦，現在要探險，不要走以前的老路，但是要如何提醒大腦？方法很簡單，只要把棘手的任務變成問句，不要用無趣的直述句說出來。

伊利諾大學心理學家伊布拉罕·塞納（Ibrahim Senay）的團隊做過一個奇妙的小實驗，證實問句的確有效。[2]首先，他們告訴受試者接下來要做一個寫字測驗，請他們在一張紙上寫下一些字。有的受試者被要求寫下「我會……嗎？」（Will I），有的人則要寫「我會……」（I will）。接著，研究人員請受試者解十個字謎，剛才寫「我會……嗎？」（Will I）的組別（等於先前被稍稍提示「我會解出這些字謎嗎？」）解出來的題目數量，幾乎是「我會……」組（I will）的兩倍。伊利諾大學的研究人員認為，這樣的實驗結果顯示相較於被命令做事，被問問題讓我們感覺主控權在自己手上，防禦心降低，進而較願意接受新點子。[3]問句似乎會鼓勵大腦進入發現模式，挑起我們的好奇心，讓我們開始想「嗯，不曉得答案是什麼」，而不會想著「我得解決這件該死的事」。

這個實驗結果和我們平日的棘手工作有什麼關聯？其實我們輕鬆就能幫助自己解決問題，方法是把工作框架成開放式的問題。碰上問題時，停下來問自己：「這件事正確的理想解決方法是什麼？」我受不了進度停滯不前時，通常只需要問自己這個問題，就能進入探索的心態。

此外，我也喜歡反問句，因為這樣的問句，讓我們把限制住思考的障礙暫時擺到一旁，例如：「如果你知道答案，答案是什麼？」「如果做什麼都可以，你會做什麼？」這樣的問題通常會讓我的客戶愣住，笑著回答：「什麼跟什麼啊，我就是不知道答案才卡在這裡。」或是：「但我又不是想做什麼，就能做什麼，問題就在這。」然而，他們真的試著去想答案的時候，發現腦筋好像開竅了。我們的大腦不把難題看成重大威脅之後，就能發揮更多創意。

前文提到的藝術指導佩姬，最近正在想辦法推銷一款新型空氣清新劑。新產品味道不好聞，但好處是可以殺菌，偏偏佩姬和同仁想出來的點子都帶點腐朽霉味，就和新產品想清潔的空氣一樣。因此，佩姬開始問讓大家腦筋急轉彎的問題：「每個人想一想：『這個產品和民眾的生活有什麼關聯？』」新產品似乎不是很令人期待，但佩姬的問題依舊成功鼓勵大家做探索性的思考。此外，佩姬還準備了更瘋狂的問題。「我還問了每個人：『假設這個產品來敲我們的門，我們打開門會看到什麼？』」大家第一個想到的答案有點怪：「打開門會看到一個有點大隻、說著德文的綠色東西。」的確是有點莫名其妙的答案，不過佩姬說：「問這種顯然不具威脅性的問題，可以轉換我們的思考方式。」佩姬和同仁因此跳脫了「這件事不解決不行」的狹隘心態，進入較有創意的心理模式，精彩的點子因而開始湧現。

想用頭撞牆時，逼迫自己快點想出答案沒有用，不如問一些開放性的問題，讓大腦進入探索模式，例如：

- 「可以用哪些完全不一樣的方法做這件事？」
- 「怎麼做會是很棒的解決方法？」
- 「如果我知道答案，答案會是什麼？」
- （當然，你也可以問：「如果答案自己來敲門？打開門會看到什麼？」）

## 清醒一下重開機

佩姬說：「我發現解決問題最好的辦法，就是暫時不去想它。花一段時間在一個困難的問題上之後，我會刻意擱置一陣子，做點別的事。再回頭時，就能以不一樣的眼光看事情，然後通常就能得到靈感。我告訴自己，要相信一定有更好的解決辦法，只是現在還不知道是什麼。只要給自己一點沉澱的空間，一定找得到。」

從大腦的理論來看，佩姬說得完全沒錯。第五章講停機時間的重要性時，我特別提到當我們的意識不再想著某件事，腦神經其實還在悄悄處理那件事。潛意識會把剛才吸收的資訊，連結到大腦先前儲存的記憶，接著新連結就會帶來新鮮的巧思，因此轉移注意力一陣子再回到原先的工作，通常就能發現解決問題的新方法。

不過，萬一我們正在開會，或是正在趕「死線」，不可能有那個餘裕暫停一段時間，那該怎麼辦？研究顯示，就算注意力只是短暫放在另一件事情上，也能讓腦袋再度清醒過來。佩姬也有類似經驗：「如果大家卡住了，或是情緒有一點負面，怎麼都想不出點子，我會提議大家花幾分鐘時間，改替另一個案子做腦力激盪。通常跳脫一下、再回到原本的主題，就能看到先前沒看到的東西。」

好幾位認知科學家證實，只要轉換一下注意力，就能得到潛意識自動幫我們處理訊息的好處。研究發現人們光是跳到另一個工作二至四分鐘，再回到原本複雜的問題，即可做出更好的抉擇。[4]

不過研究也顯示，若要得到完整的認知轉換好處，必須做到兩件事。第一，我們必須還想回到原本的任務。[5]如果光是改做別的事，大腦的潛意識會以為不需要再處理先前的任務，而改想別的事，像是午餐要吃什麼。第二，研究人員發現，如果暫時不去處理眼前的棘手任務，改做其他事，最好選做不同類型的事。[6]如果我們原本在計算某樣產品的銷售數字，改盯著其他報表帶來的效果，將不如和同事討論產品最新的行銷方案。

萬一問題很複雜，不曉得從何著手，有幾個方法或許能幫上忙：

- 先停下來，花幾分鐘處理問題的另一部分，或是去做完全不同的事，給大腦一點時間做「背景處理」，再回到原本的問題。
- 想辦法分成兩個時段做那件事，不要試圖一次完成。

我還要提醒大家一件很重要的事：不能把「切換注意力」這一招，當成一次做很多事的藉口，一定要抵抗這個誘惑！科學的研究結果是，如果要找回創意，我們得**刻意**移轉注意力，避開最難的東西一陣子，然後再回頭去想，但不能瘋狂地在待辦事項清單上跳來跳去，一下子做這個，一下子做那個，以為等一下大腦會自動冒出解決辦法。注意力分散只會增加大腦的工作量，讓大腦更想不出有創意的方法。就算是為了解決難題而交叉做事，一次依舊只能做一件事。

## 轉換觀點

還有一個方法，也能增加我們找出新解決方案的機率：用不同的方式描述那個問題，讓大腦其他區域一起動起來。舉例來說，如果原本用數字在想問題，那就改用視覺圖像。

原本用圖像思考，就改用數字。

我曾經在挪威帶過一堂領導力發展課程，上那堂課的高階主管也覺得轉換觀點的方法很有效。領導者愈來愈資深之後，常感到高處不勝寒，沒人可以講心事，那次上課的挪威主管也一樣，因此我們課上討論如何才能建立人際網絡，遇上困難時可以互相協助。一開始，在場的學員覺得，建立人脈不過就是那麼一回事，不是要開無聊的會，就是喝酒應酬。他們的清單上有很多他們知道該聯絡、但就是沒聯絡的人，心中充滿罪惡感，但「培養人脈」總是帶來負面聯想。

我的麥肯錫同事為了協助大家換個角度，建議大家畫下工作人脈的視覺圖，把自己的名字放中間，周圍寫下自己身邊有哪些人，接著畫線連在一起。在場的主管聽到這個建議時有點狐疑，不過很配合地開始畫，每個人拿一大張紙，用色筆畫了十五分鐘，標出自己和他人的親疏遠近。比較親近的人，就畫粗線，沒那麼親的人就畫虛線，箭頭方向則表示平日是誰在支持誰。

在場的每個人畫出的人際關係圖都不太一樣，A主管在自己的名字旁寫上密密麻麻的人，外圈則幾乎一片空白。A主管坦承，身邊這麼多人不是在幫她，而是讓她感到窒息。B主管則是把紙分成兩部分，左邊寫上「同事」，右邊寫上「公司以外的人」，而右邊幾乎是空的，並說自己的整個團隊目前卡住了，想不出任何新點子，引發大家平日只有工作、沒有生活的討論。大家互相比較自己的圖之後，現場的討論品質明顯改善，變得更具建設性。突然間，大家不再忙著發出 LinkedIn 邀請，而是討論起自己真正該解決的人際關係問題，最後課程結束時，每位主管都想出有用的計畫，摩拳擦掌準備行動。

我們用新方法描述自己碰上的挑戰之後，通常就能突破瓶頸。用線條和方框畫出「問題地圖」，我們更能掌握事情的全貌，也更能看出每件事之間的關聯。有時，我們沒注意到事情帶來的後果，有時其實有捷徑，但我們一直繞遠路，畫出來就能發現先前沒注意到的事。此外，現代人已經很少動筆，但用手寫下可能的解決方案也能激發新點子。普林斯頓大學與加州大學洛杉磯分校發現，下課後，用紙做筆記的學生被問到概念性問題時，表現勝過用電腦打筆記的學生（電腦筆記通常是逐字稿）。學生用筆寫下最值得記錄的上課內容時，其實已經在篩選並解釋老師的話，而且在腦中連結到先前學過的東西，得出較深刻的想法。[7]

說了這麼多，究竟怎麼樣才能從新鮮的角度看問題？我們可以試試下列幾件事：

➡**用紙筆寫東西**：拿出筆記本和筆，寫下自己如何看待手上的問題。一般人很少做這個練習，因此很快就能進入完全不同的心智狀態，找出新鮮的連結。請用定時器寫十分鐘。寫到一半沒東西可寫也沒關係，問問自己關於那個主題還有什麼想法，等待靈感上門。別擔心，靈光一閃的時刻一定會出現。

➡**向他人解釋自己的問題**：如果怎麼樣都想不出答案，就向別人解釋我們在做什麼。

軟體業有時稱這個流程為「黃色小鴨法」（rubber ducking），因為就算是對著沒有生命的東西解釋自己的工作（如一隻玩具橡皮鴨），也能讓靈感從天而降。背後的科學原理是，如果用對話方式說出想法，啟動的大腦神經連結不同於光是在腦海裡想事情。此外，我們向非專業人士解釋自己在做什麼的時候，要讓對方聽得懂，通常得想出比喻或例子，此時也會激發出新的想法。

➡**畫出視覺地圖**：畫出專案的關鍵元素或手上正在處理的問題。步驟如後：

1. 在一張便條紙上，用簡單幾個字寫下主題，最好寫成一個問句（如「怎麼樣才能準時推出新產品？」）。
2. 腦力激盪一下會影響那件事的重大因素（如「軟體有 bug」、「產品的製造流程」、「beta 測試得到的回饋」、「優秀的程式人員夠多」）。把每項因素寫在一張便條紙上，貼在主題周圍。
3. 類似的因素放一起（例如分成硬體因素、軟體因素、行銷因素）。
4. 在地圖上加更多東西，例如：
   a. 看看點子與點子間是否有關聯，有的話，畫上箭頭（如「軟體有 bug」會帶來「顧客焦點團體意見回饋」；「好的程式設計師夠多」會影響「軟體 bug」）。
   b. 加上一點顏色，例如在好事的上面畫一個綠色的點，拖累進度的事畫紅點。
   c. 挪動位置有問題的便條紙，並在明顯少了什麼東西的地方加上便條紙。

5. 往後站一步，看著地圖是否出現明顯的模式？圖上最重要或最值得關注的事是哪一件？（例如畫完圖之後，立刻發現目前最該做的事，就是提供獎勵，讓最優秀的程式設計師有動力快點完成新產品。）

**小提示**：建議用能翻面的整疊壁報紙，或是拿普通的大張紙也可以，但如果有可以輕鬆挪動便條紙的大空間會更好，例如一整面空白的牆，或是一個大白板。

## 找出類比

另一個能帶來新思考的方法，就是到外頭看一看新鮮事物，替自己正在做的事找到令人振奮的類比，像是觀察不熟悉的工作場所，逛一逛沒去過的街道。一旦習慣問問題，在陌生地方會更容易找出新點子。每當碰上帶來想法的事物，請抓住機會問自己：

- 眼前這件事和我手上的工作有什麼**相似之處**？
- **不一樣的地方**在哪裡？最不一樣的是什麼？
- 這件事讓我想到或許能研究看看什麼事？

假設目前各位最煩心的事，就是組員工作量太大，每個人精疲力竭。你到一家熱門餐廳吃飯放鬆一下，那間餐廳有開放式的廚房，你在等食物上桌時，想著前述幾個類比問題。首先，你注意到這家餐廳的廚房員工有接不完的客人點餐，和你的組員一樣。**不一樣的地方**則是，這間餐廳的員工事情雖多，工作起來不慌不忙。你的小組分配工作的方式是誰有空誰就接手，這間餐廳的廚房員工則各司其職，有的人負責做沙拉，有的人負責熱食，有的人負責甜點。你想到什麼？或許可以讓自己的小組成員負責特定的事情，不要每個人永遠在救火，永遠在火燒眉毛。接著你想起本書第四章也建議過同樣的事要一起做，或許各司其職這一招可以減輕組員的壓力。就這樣，你心中冒出一個點子。

藝術指導佩姬經常上幾個網站，靠類比尋找靈感：「我發現 Getty Image 和 GigPosters 等圖庫部落格很有幫助，那些網頁可以激發靈感。」例如佩姬幫前文提到的空氣清新劑廣告找最後的靈感時，她在網路上看到一個懷舊風的玫瑰品種介紹表。玫瑰原本就常出現在香氛廣告中，不過佩姬那次看到的表都是術語，乍看之下和她的廣告無關。但某張圖讓佩姬停了一下，她發現有一種玫瑰的葉子長得像拳擊手套，接著又想起自己上次種玫瑰時，玫瑰在風中搖曳的姿態。那一個瞬間，佩姬知道這次的廣告可以如何設計：一朵戴著拳擊手套的玫瑰，有著抗菌的威力與氣味。「那一瞬間，我知道我找到廣告的點子了。有時只需要從完全不同的角度看事情，願意打開心胸，點子就會突然冒出來。」

最後佩姬的空氣清新劑廣告成效如何？佩姬笑著說：「業務總監告訴我，戴拳擊手套的玫瑰聽起來就是會得獎的廣告。對自由業者來講，**那樣**的業界風評讓人不怕沒飯吃。」

## 挖掘巧思

沒靈感的時候，可以試試看下列幾招：

⬇**提出問題**：頭腦卡住的時候，問自己：「完全不一樣的方法是什麼？」「怎麼解決最好？」「如果已經知道答案，答案是什麼？」

⬇**清醒一下重開機**：暫時把注意力放在不同的任務上，接著再回頭破關。

⬇**轉換觀點**：換個方式描述或看待手上的問題，找出隱藏的模式：

- 花十分鐘用真正的紙筆寫寫畫畫。
- 「黃色小鴨法」：對外行人解釋自己手上的問題。
- 用便利貼等方法，為手上的問題製作視覺地圖。

⬇**找出類比**：讓自己暴露於不同的刺激中（例如觀察其他組織的工作方式、瀏覽不同領域的網頁或圖片），然後問自己：這個東西跟我手上的事有什麼**雷同之處**？哪些地方**不同**？或許我能朝哪方面試試看？

# 第12章 做出有智慧的選擇

上一章，我們談了創意，創意是一種敞開心胸、接受新點子與新可能性的過程，這一章則要談如何在各種選項中做出有智慧的抉擇。「智慧」兩個字聽來高深，不過我們不只是在做會影響公司的大抉擇時需要智慧，平日大小事都需要智慧，一天之中充滿各種做明智抉擇的機會，譬如何時要開始做下一件工作？從哪裡著手？應該找誰一起做？這次應該採取什麼方法？一旦匆忙下決定，各種抱怨與挫折就會隨之而來，我們的一天將過得很不好。要是做出明智抉擇，好運將站在我們這一邊，同事會覺得我們很厲害，誇獎我們：「嗯，你說得很有道理。」或是：「天啊，你處理得真好。」

行為科學如何幫助我們每天都過得很有智慧？答案是處理重要事務時，一定要開啟大腦的深思熟慮系統。別忘了，我們的分析能力、自律能力、思考未來的能力，都得靠深思熟慮系統，這個系統當機時，我們不可能做出良好的判斷。此外，如果我們不刻意開啟深思熟慮系統，大腦為了省力，就會立刻讓自動化系統接手，跑去做最好做的事，而不是做最該做的事，造成我們開必須小心應對的會議時，不該說的話脫口而出，或是盲從過去的作法。這其實不能怪大腦，因為大腦自動化系統的責任，就是讓我們盡量不必花心思，只是很多時候，最容易的選項並非正確選擇。

## 小心，大腦的自動化系統作祟

如何才能做出更聰明的選擇？第一步就是留意自己是否切換到自動化系統。依據我個人的經驗，人們嘴裡或心中冒出下列幾句話時，大腦的自動化系統大概已經關掉了深思熟慮系統：

- 「顯然這才對／顯然這不對。」
- 「我最近聽說XYZ……因此……」
- 「這個我懂，就這樣吧！」
- 「大家都認為……」
- 「還是照以前那樣好了。」
- 「我們只有一條路可走。」

大腦的自動化系統會用各種方式對我們大喊：「你不用管這世界有多複雜，我已經幫你挑好最簡單的方式！」前述的每一句話，其實各自代表著一種常見的大腦捷徑。接下來，我會一一探討這幾句話代表的陷阱，以後大家聽到這些話，就知道要小心（當然，真實世界裡不只這些例子，後文只列出我最常在職場上聽到的幾句話）。

## 「顯然這才對／顯然這不對」

大腦自動化系統節省力氣的一個方法，就是尋找能證實自身看法的證據，忽略所有的相反證據。因為要是沒有反證，深思熟慮系統就能省下很多力氣，不需要重新思考原本的假設與預期，也不用擔心事情尚不確定、可能還有別的說法。就算相反的證據明擺在眼前，自動化系統甚至會重新詮釋現實，例如本書第一章提過，**確認偏誤**會讓我們把灰色香蕉看成黃色。我們做決定的時候也一樣，會不自覺地歪曲事實，讓事實符合我們的預期。

由於「確認偏誤」的緣故，我們預期一件事很糟時，就會看到那件事所有不好的地方，優點一個也看不到，甚至捏造事實，用不公平的方式批評那件事。反過來也是一樣，我們覺得一件事很好的時候，就會無視其缺點。結果呢？結果就是我們眼中的世界非黑即白，覺得每件事要不就「明顯是對的」，要不就「明顯是錯的」。

耶魯大學心理學家最近做了一項精彩研究，證實「確認偏誤」讓人類的大腦很容易當機。研究人員首先詢問受試者的政治觀點，接著請他們分析槍枝管制的數據。反對管制的保守黨人士分析槍枝管制有用的數據時，明顯容易算錯數字。贊成管制的自由派人士，則是在分析槍枝管制沒用的數據時，同樣容易弄錯數字。[1] 與我們的看法相左的證據擺在眼前時，大腦很難思路清晰，自動化系統不喜歡想太困難的事。

順道一提，一個人是否固執己見與聰不聰明無關，只要是人，就容易被自己的自動化系統誤導。投資大師華倫・巴菲特（Warren Buffett）曾經大力讚揚達爾文（Charles Darwin）想辦法克服確認偏誤：「從前有一個聰明人叫達爾文，他做了世上最難辦到的事，每次碰上與自己的看法相左的事，都強迫自己在三十分鐘內寫下那個新發現，因為超過時間的話，他的理智就會覺得那個相反的資訊不值一顧，就跟身體排斥移植器官一樣。人類天生喜歡抓著原本的看法不放，特別是如果最近的經驗也證實那些看法。」[2]

## 「我最近聽說XYZ……因此……」

人類深受自己最近聽到的資訊影響，就算那項資訊和我們要做的決定完全無關。舉例來說，舊金山科學探索館（San Francisco Exploratorium）曾經請參觀者猜世上最高的紅杉有多高。有的參觀者被問：「你猜比八十五英尺（約二十六公尺）高，還是比八十五英尺矮？」有的參觀者則被問到：「你猜比一千英尺（約三百零五公尺）高，還是比一千英尺矮？」「比XX英尺高還矮」是暖身題，接著下一題是直接猜實際高度。第一題先碰到較小數字八十五英尺的人，平均會猜世界上最高的樹是一一八英尺。第一題先碰到較大數字一千英尺的人，他們平均猜的數字則比另一組整整高七倍。[3]參觀博物館的民眾以為自己很客觀，但他們的大腦把第一個碰到的數字當成依據，這種現象稱作**錨定**（anchoring）。我們的大腦自動化系統太偷懶，猜出的數字跟一開始聽到的數字相距不遠，就像船不會離船錨太遠。

就算一開始的錨定資訊明顯不相關，我們依舊很容易受到影響。杜克大學的行為經濟學教授丹・艾瑞利（Dan Ariely）做過一項非常有名的實驗。他請受試者回想自己的社會安全碼末兩位數字，接著請他們幫他要賣的東西出價，包括一本書、幾條巧克力、IT設備和酒，結果大家幫每樣東西定的價格，都和自己的社會安全碼有關。社會安全碼尾數愈大的受試者，出的價格愈高。[4]這種出價方法毫無道理可言，但是剛才想到的兩個不相干的號碼，就足以讓大腦的自動化系統抓著那條線索不放，用那兩個數字出價。

即使是與數字無關的情境，也受錨定現象影響。我們人會出現所謂的**近期偏誤**（recency bias），深受任何剛發生的事情影響，深思熟慮系統因此不必費神回顧過往，也不必找出長期模式。例如研究人員發現，溫度每升高華氏二十度（約攝氏十度），敞篷車銷量就會提高八・五％。[5]我們一條腸子通到底的自動化系統說：「剛才幾小時都出大太陽，因此買敞篷車是正確的投資選擇。」

## 「這個我懂，就這樣吧」

大腦走的另一條捷徑則是，如果某件事很好懂、很好記，我們就會覺得那件事八成是真的。行為科學家說人類會偏好**處理流暢度**（processing fluency）高的事物，也因此我們喜歡明確、簡單的點子，難懂的點子則等要做深度分析和批評的時候再說。

人類偏好流暢度解釋了密西根大學（University of Michigan）心理學家宋賢真（Hyunjin Song）與諾柏特．施瓦茨（Norbert Schwarz）所做的研究。兩位學者發現，如果是很容易讀的文字，受試者比較容易被陷阱題騙到，例如：「每一種動物，摩西帶了幾隻到方舟上？」（答案：一隻也沒帶。是挪亞方舟，不是摩西方舟。）實驗的問題卡印得又大又清楚時，受試者比較容易被這個問題騙到，但字如果印得又小又不清楚、必須仔細辨認寫了什麼，受試者就比較容易發現這是機智問答題。[6] 多一個停下來問「那張紙在寫**什麼**？」的步驟，就足以喚醒大腦的深思熟慮系統。

## 「大家都認為……」

若身旁的人有共識，我們的自動化系統很容易判定：「太好了，那我就不花力氣多想。」這種大腦捷徑稱為**團體迷思**。遠古時期的人類跟著族人一起行動，大概有演化上的好處，讓人類平安走過千萬年歲月，而且聽從旁人的意見會讓我們有歸屬感。一直到了今

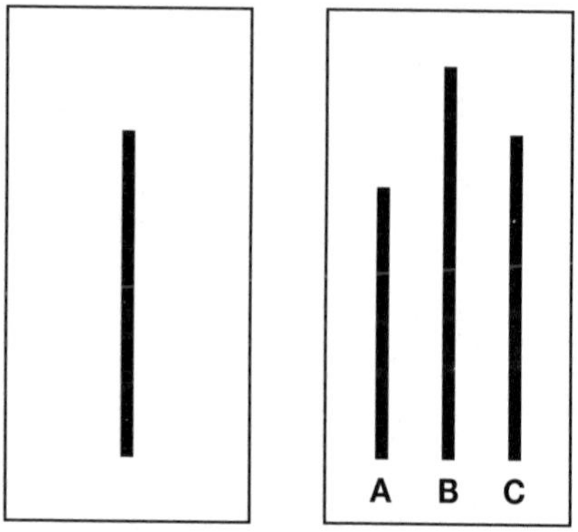


受試者被問到右圖的A、B、C三條線，哪一條和左圖的線一樣長。三分之一的答案答錯，四分之三的受試者至少願意跟著其他人給一次錯誤答案。

日，現代人如果公事上和同事意見一致，也比較有安全感。

心理學家所羅門．阿希（Solomon Asch）早在一九五〇年代就做過結果驚人的實驗，大部分接受測驗的人會指著卡片上長短明顯不一樣的兩條線，說它們一樣長，怎麼會這樣？答案是單單因為現場其他人那麼聲稱，他們就跟著這麼說。[7]

我們工作時討論的主題遠比線有多長複雜，因此難以辨識出團體迷思，只會看起來彷彿團隊氣氛和諧、人人看法一致。我們可以如何破除團體迷思？史丹佛教授卡蘿．杜維克（Carol Dweck）在她的著作《心態致勝》（*Mindset*）中，講過通用汽車（General Motors）前執行長艾爾弗雷德．斯隆（Alfred P. Sloan）的故事。斯隆知道團體迷思是怎麼一回事，因此大家如果有志一同覺得該做某件事，他就會說：「看來我們所有人都同意這個決定……因此我提議下次開會再繼續討論這件事，讓大家有點時間提出不同的意見，想清楚這個決策究竟會帶來什麼結果。」[8]

## 「還是照以前那樣好了」

我們人會覺得自己的東西很有價值，就算是自己不特別喜歡的東西也一樣，這種現象稱為**敝帚自珍效應**（endowment effect，又譯「稟賦效應」）。塞勒與康納曼等行為經濟學大師做過一個著名實驗，他們送受試者馬克杯或巧克力，兩者價格一樣。自由選擇時，挑馬克杯或挑巧克力的人大約是一半、一半。然而，如果先給受試者馬克杯，或是先給巧克力，**接著**立刻問要不要換，大部分的人都拒絕換：先拿到馬克杯的人，八六％還是要馬克杯；先拿到巧克力的人，九〇％還是要巧克力。[9]

為什麼我們不願意放開自己的東西？因為人會**規避損失**（loss aversion），失去東西的痛苦，超過得到東西的快樂。我們如果很興奮自己即將擁有一間不錯的辦公室，一得到又立刻被收走，失落感會勝過最初的興奮感。[10]因此，做決定一定要小心。當我們必須比較「現況」與「新選項」時，必須特別想一想不熟悉的事物可能帶來理想的結果，否則我們直覺會認為一動不如一靜。

## 「我們只有一條路可走」

當我們碰上可行的選項，就會覺得太好了，就這麼做。「有人提出建議？看起來OK？好吧，我沒什麼意見。」大腦的自動化系統會說：「幹嘛要浪費力氣，讓深思熟慮系統進一步分析、比較各種選項？」這種現象稱為**預設偏誤**（default bias），檯面上只有一個選項時，很容易出現這種現象。如果最後選出來的結果無關痛癢（如「中午幾點碰面？」「十二點半？」「好。」），這樣的決定方式的確可以節省時間。如果是重要的決定，因為只知道一個選項所以就選了，則不太妙。

## 確認再確認

大腦的自動化系統為了減輕負荷，永遠會想辦法讓我們不要事事考量，有時不多想沒關係，速戰速決比較重要。如果是需要良好判斷的決定，我們得多方思考，找出相反證據，不能只看近期發生的事，想一想真的該做最明顯的選項嗎？就算最後結論還是一樣，我們應該讓自己有一個以上的選項。

前述的話聽起來很有道理，然而大腦的捷徑發生在一瞬間，一切都是直覺，我們怎麼可能意識到自己沒意識到的東西？有的行為科學家比較悲觀，認為人不可能打敗大腦的自動化系統，我能理解這一派的觀點，不過我看過工作場合有一招可以改善我們的英明睿智程度：事情很重要時，讓「確認再確認」成為習慣。「不要有預設立場」、「魔鬼代言人」、「故意不同意」、「絕不說不」、「事前先驗屍」是五種我看過很有效的「確認再確認」原則。

## 不要有預設立場

如果是影響重大的決定，眼前只有一個選項，就算那個選項看起來還不錯，也一定要停下來多想一想：

- 按下「暫停鍵」，給自己一點時間思考別的可能。問一問自己，也問一問別人：「如果**不得不**想出其他可能性，我們會想出什麼？」
- 努力找出其他選項的優點，接著測試或改良原本的提議。最初的選項或許依舊是最好的辦法，然而思考過其他可能性之後，我們就能讓原本的選項更完美。

達爾文大概會讚賞納洋（Nayan），因為擔任跨國銀行財務長的他，也非常努力克服大腦的認知捷徑。納洋白天管理銀行財務時必須做複雜的決策，在家時則畫印度曼陀羅著色畫舒壓，同事戲稱他是《星際大戰》裡沉著又有智慧的尤達大師（Yoda）。

納洋和多數資深經理一樣，平日要解決的問題和「人」比較有關，與財務報表相關的決定反而沒那麼多。「我剛進這間銀行的時候，銀行交給我的第一個任務是開除某人。我還沒進去之前，內部早就做好那個決定，因為我是新來的部門經理，那件事便落到我頭上。」納洋可以直接接受命令，畢竟他是新來的人，不想一進公司就表現得不合群。然而，那個要被開除的人被批評「傲慢又自大」，納洋實在看不出那項指控有什麼確切證據，因此他和平日做重大決定時一樣，先問很多問題。

首先，納洋知道自己可能應該採取預設的選項，炒A魷魚，「不過我想先找出所有的選項」。明顯的選項包括「開除」與「不要開除」，接著納洋又替「不要開除」的選項找出幾個可能性。納洋表示，「不開除看起來像是『什麼都不做』，然而不開除的話，可以用幾種方法改善情形，例如輔導A或是調職，不需要害他丟工作。」

接下來，納洋蒐集了更多資訊。「我和A的同事聊，問大家他有什麼優缺點。」納洋聽到什麼答案？「A很聰明、很有決斷力，有時太有決斷力，不過組員喜歡他，他是大家的導師。」這樣的答案讓納洋認為，如果能搭建一些溝通橋梁，A又願意表現出更多團隊精神，或許是值得留下的人才。納洋表示：「銀行想開除A，不是因為有確切的證據證明他傲慢，而是有人覺得他傲慢，部分同仁不喜歡A的風格。」納洋找A聊，A很自責別人是那樣想他的，接著很感激有機會可以修正自己的行為，在三個月內改正了態度。

## 魔鬼代言人

要反駁自己不是太容易的事。我們知道自己會有盲點，就是看不到才叫「盲」點。因此做重要決定時，最好請人扮演反方，測試一下我們的假設站不站得住腳。

➡找一個我們尊敬、但做事方法通常和我們不太一樣的人，例如性格迥異或是有過不同經歷的人，甚至可以找我們過去不太認同的人。多想一想有沒有這樣的人，找出一個以上。

➡問反方怎麼看這次的事：

- 我們雙方看法哪裡不同？他們覺得我漏掉什麼？
- 他們覺得我的假設哪裡有問題？
- 他們給我什麼建議？

**小提醒**：如果無法真的和反方聊一聊，也可以想像他們會怎麼回答。我們從別人的觀點出發時，很容易就能找出理論漏洞。花個五分鐘就好，寫下在我們的想像裡，每位反方會如何評論這次的事。

➡假設反方是對的，我們應該找出哪些資訊才能做更好的決定？

巴菲特在二〇一三年波克夏（Berkshire Hathaway）股東大會，讓在場人士目睹他如何運用「魔鬼代言人法」。巴菲特非常瞭解認知捷徑的行為科學，因此隨時隨地都在找「相左的資訊」（discordant information），隨時確認自己的假設是否正確。向來激烈批評波克夏投資策略的道格・卡斯（Doug Kass）被請去當來賓，在所有人面前質疑巴菲特。大會上，卡斯攻擊波克夏的投資策略、公司治理與接班人計畫，巴菲特則和善地一一替自己辯護。

幸好我們不用被當眾質疑，也能得到被質疑的好處。納洋經常靠著私底下和下屬閒聊，得到反面觀點。「我的產業瞬息萬變，因此我常會把自己的想法告訴別人，確認自己顧慮到每一個角度。」納洋不只會聽資深人士的建議，年輕人的話也聽。「某位年輕同仁，每次科技的事都快我三步，因此就算是與他的領域不直接相關的事，我也會請教他。他每次都能挑戰我的觀點，讓我換個方式想，他很會問問題。」

## 故意不同意

我們如果身處團隊中，理論上不必刻意找反方代言人，自然會有各派觀點，不過前文也提過，大家一起討論事情的時候，容易出現團體迷思，因此就算有一、兩個人原本和大家意見不同，他們也可能在自己沒察覺的情況下從眾，接受多數人的看法。此外，就算少數派真的提出不同意見，確認偏誤也會讓多數派認為自己的意見才是對的，少數一、兩個人的意見不值得一提。雖然沒有人故意做出糟糕的決定，我們想要少動腦與維持和諧氣氛的天性，卻會搞砸事情。

為了避免團體迷思，大家聚在一起討論時，應該請**每個人**輪流擔任反方代言人。研究顯示如果讓團隊成員安心說出不同看法，或是直接要求每個人提出異議，團隊將做出更好的決定。[11]

怎麼樣才能讓大家提出異議？Google 執行董事長艾瑞克．施密特（Eric Schmidt）表示：「我開會時會留意誰沒發言，人們不說話，是因為他們有不同意見又不敢講。我會請沉默的人說出真正的心聲，激發出更多的討論，會議自然會走向正確方向。」[12]

指定每個人發言是好方法。團隊如果正在討論重要議題，我甚至會比施密特更進一步。不論我是不是會議主持人，我會建議**每個人**（包括已經講過話的人）回答幾個激盪腦力的問題：

- 「如果說我們漏掉了一些事，是什麼事？」
- 「如果現在有完全相反的觀點，那個觀點會是什麼？」
- 「如果你有一件擔心的事，你在擔心什麼？」

這類問題的關鍵字是「如果」。只是「如果」的話，大家發言時比較願意敞開心胸、放膽想像，不必擔心是不是真有那麼一回事。此外，如果在場每個人至少必須提出一項疑慮，大家就會安心提問，不怕被貼上「難搞」或「意見很多」的標籤。問題一一提出之後，就能明確針對每件事想辦法。雖然經過正反兩方討論後，事情依舊可能出錯，但機率會小很多。

上一章提到的廣告藝術指導佩姬每次碰上重要案子，一定請各式各樣的人給意見，就算觀點很不同也沒關係。「我們每個人都會有偏見，因此最好和企畫、客戶經理、創意總監、文案等不同領域的人聊一聊。有時我很難接受他們的意見，不過現在我知道不要直接說『我不同意你的看法』，而是要問問題。很多時候，有人給我的建議讓我當下覺得莫名其妙，像是要我在空氣清新劑的視覺圖旁邊加上文字，我個人覺得其實不用加，但後來我發現對方給那個建議，是因為客戶說他們擔心消費者光是看到廣告，不會清楚那款新產品有科技殺菌的功效。老實講，我先前不知道客戶在擔心這件事。」佩姬說自己每次弄清楚為什麼別人覺得她的廣告不夠好，就有辦法提出更好的廣告。

## 絕不說不

事情如果很複雜，通常不會有非常明顯的選項。我們做重要決定時，不管是會議要怎麼開，或是大筆預算要投資在哪裡，每個選項通常各有優缺點，因此我們發現自己特別喜歡或討厭某個選項時，大概已經落入確認偏誤的陷阱。

本書第一章已經提過，要特別小心自己是否說出「絕對、一定就是怎樣」。我們說出這種句子的時候，確認偏誤已經影響我們的判斷力。同樣的道理，我們在評估各種選項與意見時，也要小心是否有人說出「這件事**不做不行**！」、「那種事**永遠**不可能成功！」、「我**完全**想不透怎麼會有人想那樣做！」。聽到這種句子，就要拉開一點距離，進一步弄清楚幾件事：

- 「為什麼我／我們會有這樣的假設，為什麼覺得是這樣？」
- 「萬一那件事並非百分之百正確怎麼辦？絕對／永遠／一定／不用說／就是那樣嗎？」
- 「例外的例子告訴我們什麼事？」

以佩姬的例子來說，她發現自己有時會信誓旦旦廣告多加一點字「永遠」不是好事。她聽見自己說這句話的時候，就知道該考慮一下是否真的不該加字，有的文字可以解釋產品較為複雜的優點。以新經理納洋的例子來說，他的同事說「絕對有必要」開除A，反而讓他想確認開除是否「絕對」**是**唯一選項。聽到一口咬定的話，一定要停下來想一想事情是否真是那樣。

## 事前先驗屍

下決定之前，我們還能用最後一招減少盲點。由於大腦永遠無法看到全貌，我們可以迫使自己採取平日不願意採取的觀點：思考一敗塗地時該怎麼辦。擔任宏觀認知科學公司（MacroCognition）資深科學家的心理學家蓋瑞．克萊恩（Gary Klein）將這個方法命名為「事前驗屍法」（pre-mortem），不等事情發生**後**才來研究專案為什麼失敗，而是「事前」先研究，一開始就阻止失敗：[13]

- 想一想自己現在做這個決定是為了什麼目的。
- 時間快轉一下，想像你執行了決策，而且慘遭滑鐵盧，發生了什麼事？
- 回頭找出失敗的原因，哪裡出錯？當初做決定沒想到什麼事？

我曾經協助一間很大的公司問前述三個問題，那間大公司正準備購併一家企業文化很年輕奔放的小公司。我花了一天時間觀察負責購併的團隊，那個團隊正在替兩家公司擬定未來的整合計畫，大家熱情地討論哪個日期應該完成哪些事，生產力十足，然而這樁購併案的問題，在於很多細節是關起門來私底下進行，決定好了才讓外界知道，更難察覺盲點。在不曉得別人怎麼看的情況下，我們更容易相信自己看事情的方法是對的。

我請那間大公司的團隊做事前驗屍練習：「時間過了十年，業界都覺得這次的購併很失敗，為什麼失敗？」購併團隊聽到這個問題時，一開始覺得好笑，不過認真思考後覺得要是失敗，主要的原因會是：「我們並未想辦法保住小公司的文化，那間公司會那麼吸引人，就是因為它的文化。我們扼殺了它的文化，它就不可能跟從前一樣有創意。」我請購併團隊講得再詳細一點。「嗯，我們會認為購併之後，他們應該全面改採我們的制度對吧？」的確，團隊前一個小時的確都在詳細討論這件事。我問，那麼比較明智的作法會是什麼？「我們應該找出哪些是真的需要小公司改變的流程，哪些則是可以讓他們保留的方式。此外，我們也應該請他們告訴我們，他們需要多少空間與協助，才有辦法和現在一樣靈活又有創意。」好了，完成事前驗屍了，現在團隊應該改變哪些作法？「不要把我們的流程全部強加在對方身上，我們應該找出哪些事真的需要兩家公司都一樣，接著再和對方討論是否行得通。」這個結論聽起來明智多了。

## 留心疲憊的徵兆

我們人累的時候，不論是身體累還是心累，深思熟慮系統都很難和自動化系統搶決定權，也因此我們睡眠不足時容易出錯，有太多事要決定時容易出錯，長時間保持專注後也容易出錯。簡而言之，工作太辛苦就容易出錯，因此我們得留意深思熟慮系統是否出現疲勞跡象，讓自己保持在最聰明、最有智慧的狀態下。

維瓦克（Vivek）開了一間協助企業瞭解顧客對產品有什麼看法的跨國公司，他的深思熟慮系統每天都工作得很辛苦：「我要處理的事很複雜，很多客戶是生技公司，開發最先進的藥物與器材，我自己得先把那些技術搞懂，才有辦法好好跟客戶聊。我得設計正確的訪談問題與互動練習，才能讓客戶說出真話。面對面的時候，我得讓對話自然進行，但又得讀出客戶沒說的潛台詞，挖掘出真正的問題。」

維瓦克很知道自己的深思熟慮系統什麼時候沒電。「我的大腦負荷太重時，就算只是最簡單的事，我也覺得很難做，例如回客戶的電子郵件，或是要自己別再上臉書。」維瓦克知道一旦深思熟慮系統累了，自動化系統就會接手，接著自己就會做出不太恰當的事，例如講話不夠宛轉，甚至一不小心搭地鐵到舊辦公室。

那麼當維瓦克注意到深思熟慮系統沒電時，如何幫它充電？「我會走開，來點深呼吸，做正念練習。坐下來閉上眼睛，就算只是十分鐘或十五分鐘也好，讓自己靜下心來。可以的話我會跑步，如果沒辦法跑步，我會專心做不用太耗腦力的事，例如看線上課程影片。這種時候我依舊沒有浪費時間，只不過我會改做比較不用動腦的事，讓深思熟慮系統養精蓄銳。」

維瓦克也會走一遍先前的章節提到的「確認再確認」流程，確認自己不是在自動駕駛的情況下做決定。「不過如果事情很重要，我會多做一、兩件事，確認用上深思熟慮系統。

例如，開始寫重要的電子郵件時，我會確認開頭和結尾都放上恰當的問候語。打出『親愛的某某某』幾個字會提醒我措辭要小心，要慢慢來，用上大腦正確的那個系統檢查自己在做什麼。」

維瓦克發現深思熟慮系統需要充電時，會出現幾個徵兆，此時要特別小心：

- 覺得不耐煩，容易動怒。
- 很難專心，難以把事情想清楚。
- 小地方開始出錯，講話難聽。

出現前述徵兆時，我們可以這麼做：

- 好好休息一下，可以的話做做運動。萬一沒辦法運動，就做第六章工作爆量的正念暫停時間，給自己幾分鐘專注於呼吸，或是把意念放在某件簡單的東西上。
- 改做日常生活中需要做、但不太需要動腦的事。
- 利用本章開頭提到的「確認再確認法」，多確認一下自己正在做的事。

## 兩難其實沒那麼難

有時我們必須從很不一樣、很難比較的兩條路之中選擇一條，這種時候很難做出有智慧的判斷。希臘人稱這種情形為**兩難**（dilemma），意思是「兩種前提」（two premises），因為究竟該怎麼做最好，有兩個截然不同的方式。舉例來說，假設有人給你一張免費的業界大會入場券，你想去，因為可以在大會上宣傳自己的重要計畫。然而，有一個同事跟你很好，先前他告訴過你，他想多參加業界的活動建立人脈。你該怎麼做？票該自己留著用，還是送給同事？選項A對你的計畫有幫助，選項B則可以幫到同事。你重視自己的計畫，也重視好同事。糟糕，這下該怎麼辦？

經濟學家張庭（Ting Zhang，音譯）曾與哈佛同仁做過一系列實驗，她發現只需小小改變一件事，就能幫助人們解決這類兩難：

➡不要問：「我**應該**做什麼？」
➡改問：「我**可以**做什麼？」

張庭發現，問自己「可以做什麼」的時候，難題會變簡單。[14]從大腦「發現—防禦坐標軸」的角度來看，的確如此。如果光是想著「應該做什麼」，我們會跑到「防禦」那一頭，覺得壓力很大，綁手綁腳，有很多義務。「應該」聽起來很負面，我們的大腦會進入防禦模式，無法全面思考具有創意的選項。相較之下，「可以做什麼」聽起來則是我們有自主權；我們覺得自己有選擇的時候，大腦會停留在發現模式，努力用最明智、最有洞察力的方式思考。

因此，不要懷著罪惡感想著：「**應該**給同事這張票嗎？」改想：「**可以**再要一張票嗎？」或是你不太可能一整天都待在大會現場，可以問一下能否一張票給兩個人使用。我們忙著擔心自己會不會太自私的時候，比較難想到事情其實有一種以上的解決方法，再要一張票，或是兩個人輪流用一張就好了。下次碰到道德的兩難時，不要再問「我該不該這麼做」，改問「我可以怎麼做」。

## 做出有智慧的選擇

下次得做決定的時候，不論是大決定還是小決定，留意一下幾件事：

- **檢查是不是大腦的自動化系統在說話**：「顯然這才對／顯然這不對」、「我最近聽說XYZ……因此……」、「大家都認為……」、「這個我懂，就這樣吧」、「還是照以前那樣好了」、「我們只有一條路可走」。
- **確認再確認**：試一試下列幾招，養成習慣，以後做決定的時候至少問其中一個問題。
  - 不要有預設立場：「其他選項是什麼？那個選項的好處告訴我什麼事？」
  - 魔鬼代言人：「還可以怎麼樣看這件事？」
  - 故意不同意：「如果你得質疑這件事，你會質疑哪一點？」
  - 絕不說不：「真的一定／絕對／永遠都是這樣嗎？」
  - 事前先驗屍：「如果這件事最後非常慘，原因是什麼？」
- **留心疲憊的徵兆**：覺得自己不耐煩、分心、笨手笨腳的時候，做點正念練習，讓深思熟慮系統休息一下，改做比較不用動腦的事。多做一點確認的步驟，不讓自動化系統抄捷徑。
- **兩難其實沒那麼難**：問「**我可以**做什麼？」，別問「**我應該**做什麼？」。

# 第13章 提升腦力

本章要介紹工作需要我們動腦想出好辦法時，可以怎麼樣讓大腦火力全開。首先我會介紹三種正面思考的方法，避免讓大腦還沒開始做事，就先產生抵抗心理。接著，我還會一一介紹其他提振績效的妙招。

## 從正向框架出發

我們工作的時候，最重要、最有趣的部分通常和解決問題有關。一下子就順利找出答案，我們會覺得精神為之一振；要是答案不明顯，我們很容易開始緊張。我們一緊張，所有人又看著我們，大腦的自動化系統很容易覺得別人在質疑我們的能力，害怕別人看不起我們。此時如果不克制「戰—逃—呆住反應」，我們會變得更笨，更容易採取非黑即白的思考，魯莽行事，讓問題雪上加霜。換句話說，我們的深思熟慮系統總是在我們最需要它的時候，離我們而去。

肩上扛著重責大任時，我們可以如何讓頭腦清楚一點？答案是解除威脅感，讓大腦進入發現模式，退出防禦模式，而且方法很簡單，只需要花個幾分鐘專注於吸引人的東西，就能進入發現模式。研究人員發現，當受試者必須引小老鼠出迷宮時，如果看著出口旁的乳酪照片，而不是凶惡的貓頭鷹，就能讓解決迷宮題的績效提升五〇％。[1]對我們來說，「乳酪」可能是想著做完手邊工作時會發生的好事，或是目前已經有哪些進度，甚至只要想一想今天到目前為止最順利的事，就能提振工作績效。正面的事會讓大腦從想著威脅，變成想著獎勵，我們不處於張牙舞爪的狀態時，頭腦就會比較清楚。

先前第十章提到的資深健康照護主管蘿斯表示，她每次開會前都會提醒自己讓大家進入發現模式：「我們正在做一個非常龐大的專案，九五％很順利，但有三件事不順利。那三件事有很多問題，我感覺到每次團隊一提到那些事，就開始緊繃，因此現在每次開會，我一定先討論目前已經完成的進度，讓大家不要那麼緊張，更能用腦袋思考。」蘿斯強調：「不是要粉飾太平，讓大家覺得眼前的問題沒什麼。然而如果在會議開頭先讚美大家表現很好，在場的人就會處於心胸比較開闊的狀態，不會忙著替**沒**做好的部分辯護。」

讚美進度的目的，不是讓大家鬆懈到渾然不覺眼前的問題，也不是讓大家忘記確認上一章提到的各種認知盲點，包括認知偏誤、團體迷思、預設偏誤、近期偏誤、敝帚自珍效應與處理流暢度。如果我們放任大腦走捷徑，很容易做出不佳的選擇。如果我們能在不讓自己和其他人處於防禦模式的狀態下，探索棘手的主題，就比較能用有建設性的方法討論潛在的盲點，放鬆到願意思考不同的可能性，但又謹慎到做決定前先多方測試一下。

下面有幾個方法，可以幫助我們在碰上最棘手、最危機四伏的問題時，依舊處於發現模式：

**深入解決問題之前，先回想一下最近發生過的好事**：可以自己在心中暗想，也可以在踏入會議室後要大家一起想，例如：

- 回想一下今天或過去一週發生的一、兩件好事，就算是很小的事，或是與手上的工作無關，也沒關係（例如早上突然有人送你一杯咖啡。很小的好事依舊是好事）。
- 回顧一下最近的工作進度，找出先前為什麼有進展。

**想像手上的任務或專案結束後，有哪些美好結果**：眼前的事如果很難辦，我們又把全部的注意力擺在障礙上，很容易全身緊繃。試著把障礙拋在腦後幾分鐘，問自己：

- 「最美好的結果是什麼？」
- 接著再問：「首先要做什麼，才會得出那個最理想的結果？」

廣告藝術指導佩姬表示：「我做每件事之前，一定先讓自己處於心情好的狀態。人在沮喪、憤怒、疲累的時刻，很難想出聰明的點子。我們覺得自己遭受威脅時，不可能好好工作。」佩姬的作法是開始做新案子時，先想一想自己為什麼喜歡廣告工作。「舉例來說，我會想著廣告讓我每天有機會做不同的事，我學到新東西，接觸到各式各樣的產業，可能今天做藥廠，明天做汽水，後天做啤酒，生活多采多姿。」想到廣告工作的好處讓佩姬心情愉快，開啟大腦的發現模式，讓她準備好面對一天之中的挑戰。

## 畫樹狀圖

有時我們很累，工作很難做，想要好好思考，但腦袋像一團糨糊，一點進度也沒有。深思熟慮系統過載時，我們會覺得很煩、很焦慮，不過只要幫大腦列出工作架構，一次只處理一小部分問題，就不會卡在原地動彈不得。

想像一下你開了一家造景公司，最近公司不太賺錢，你不知道該怎麼做才能在銀行找上門之前解決問題。一個辦法是節省人事支出，你平常偶爾外包工作給法蘭克，以後不要請法蘭克好了，但你知道工程比較重的時候，不請人幫忙不行。如果以後不接大案子，就不用請法蘭克，可是大案子利潤比較好，想到這，你已經煩了，不想再想下去。

此時，該如何強迫大腦思考？不要天馬行空想著問題，要分階段想。首先，寫下要解決的問題：「公司該如何增加利潤？」接下來，有哪些合理的方法？利潤是「營收」減去

「成本」，因此可以增加營收，也可以降低成本，或是雙管齊下。你開始畫樹狀圖，最上一層是你的問題，接下來一層是兩個解決問題的方向。畫好了，這張圖不會榮獲諾貝爾經濟學獎，不過已經覺得腦袋清楚一點了。

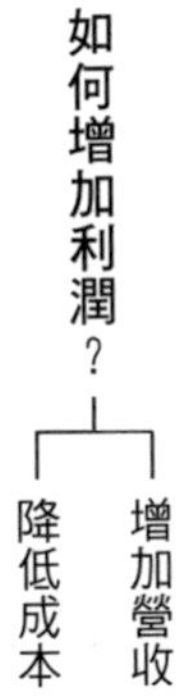


接下來，先不要管「降低成本」這件事，先想如何「增加營收」就好。賺更多錢的基本方法是什麼？你可以提高價格，或是多接一點工作。

想好增加營收的方法後，接下來想如何「降低成本」。你主要的成本是雇人，但材料、運費、行銷也會花到錢，因此你把這幾件事統統列出來。

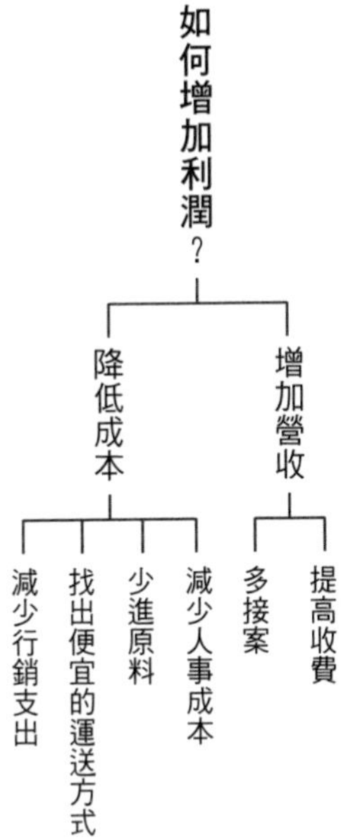

好了，你覺得差不多就是這幾條路，腦子沒那麼暈了。行有餘力，再把幾條路細分下去：

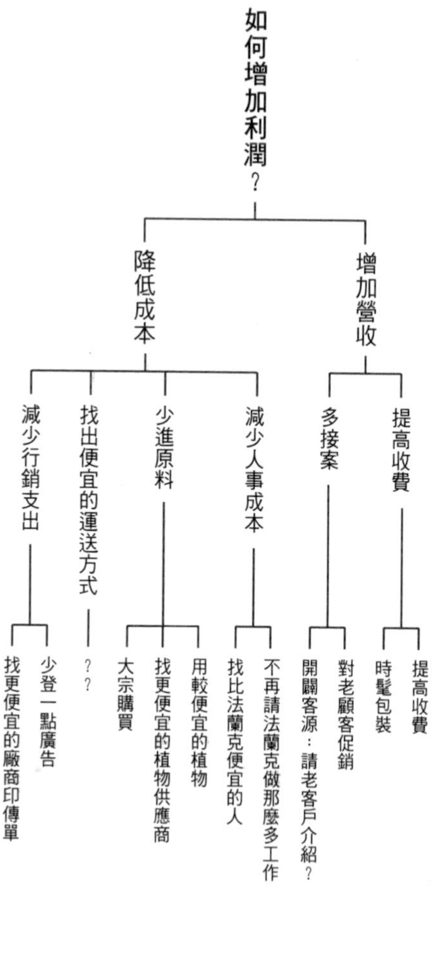


圖畫好之後，現在有很多事可以試試看。不是每個選項你都喜歡，有的有漏洞，不過腦筋沒那麼混亂了，因為每一層你只想著一、兩件事而已。你開始看出手邊有哪些好選項，例如一次向供應商多進一點貨，或是請老客戶把你推薦給別人，或者查一下競爭對手的費率，看看自己目前的價格是否定得太低。

我和麥肯錫顧問公司的同事經常使用樹狀圖這一招。麥肯錫以快速解決複雜問題出名，問題大如山的時候，第一個派上用場的工具通常是樹狀圖。有時候甚至不需要畫出完整樹狀圖，只需要畫出第一層或第二層，就足以得到靈感。上一章提到的銀行財務長納洋面對是否開除同事的棘手問題時，光是畫出「要解僱／不要解雇」那一層樹狀圖，就讓他看出「不要解雇」底下還能再畫出許多選項，一層層拆解問題，讓其他選項撥雲見日。

## 運用大腦愛社交的本能

本書第三部分已經提過，人類天生是社交的動物，就算是最討厭與人相處的人，也會花很多力氣評估他人的動機與觀點。大腦永遠在獨白，永遠在想別人在幹什麼：「那個人為什麼要戴反光的帽子，他是建築工人嗎？還是最近流行？他為什麼在電梯裡也戴那種帽子？他是什麼樣的人？」我們除了觀察別人穿什麼，還觀察別人的一舉一動，判斷情境，最後形成對某個人的觀感，並且預測那個人怎麼想我們。這一切的一切，都發生在我們開口說「我喜歡你的帽子」之前。

我們的大腦非常擅長思考社會情境。一件事如果與其他人怎麼做、怎麼想有關，我們甚至比較容易記住並理解相關資訊[2]，而這也正是為什麼我們需要花很多力氣，才能記住電話號碼或一長串指令，但很容易就能記住八卦。八卦很有趣，而且跟人有關。同樣的道

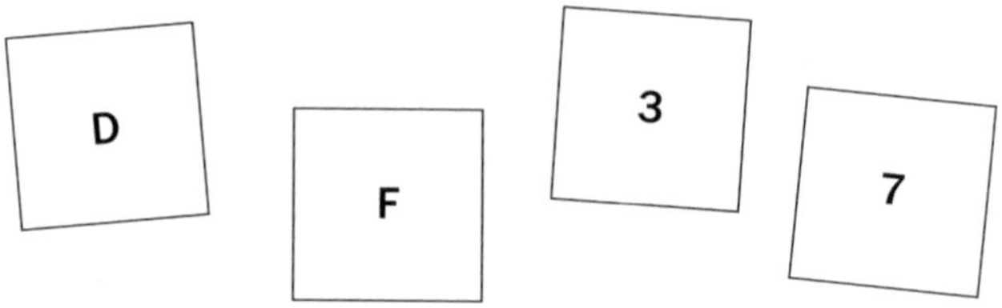


理，如果某件事很難懂，要是能想辦法帶入人的故事，我們自己和別人就會更容易懂。

舉例來說，每次我得向客戶或同事解釋複雜的訓練練習時，如果用抽象的方式說明，我自己覺得一清二楚，但大家一頭霧水。我如果說：請大家三個人一組，其中兩人花十五分鐘時間，問第三個人各種問題，接著輪流交換角色。大家會你看我、我看你，不曉得該做什麼，直到我再講一遍同樣的指令，只是這次加上真實存在的人和動機：「想像一下你、我和戴安娜王妃三個人一組，一起坐下來。」突然間，大家就知道我在說什麼了。

證據甚至顯示，如果多了社交的背景提示，我們的邏輯測驗分數甚至會提高，不信的話可以玩一下「華生選擇任務」（Wason selection task）[3]。現在有四張牌，你必須確認每張牌其中一面如果寫著D，另一面一定寫著3。四張牌中，一定得翻開哪幾張牌才能確認？

找出答案了嗎？不能光檢查D一張牌，也不是檢查D和3兩張牌，因為規則沒說寫著3的牌另一面一定得是D。答案是必須同時檢查D和7兩張牌，如果翻開7，發現背面寫著D，表示牌不對，沒有遵守規定。還是一頭霧水？沒關係，至少七五％的人答錯這題。

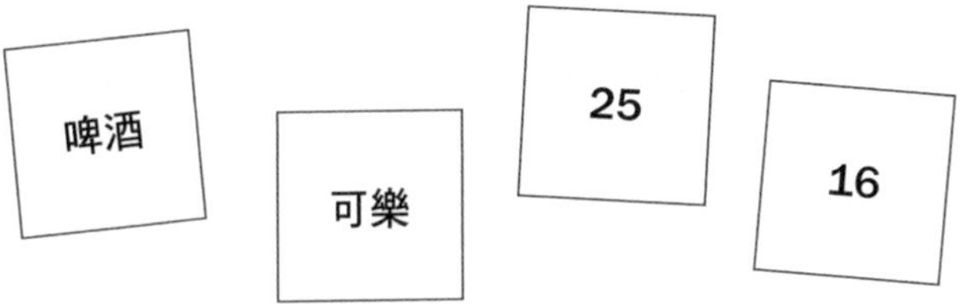


再試一題：你是酒保，酒吧裡喝啤酒的人都必須超過二十一歲的法定年齡，否則你的執照會被吊銷。你現在有四張牌，每張牌上寫著一名顧客的資訊，一面是他們喝的飲料，一面是他們的真實年齡。你最少得檢查哪些牌，才能確認喝酒的人都超過二十一歲？

答案是什麼？答案是你需要翻開「啤酒」與「16」兩張牌。換句話說，如果你看到有人喝啤酒，你得檢查他們的年齡。如果你看到有人看起來不到二十一歲，你也得檢查他們在喝什麼。這一題其實和上一題是一樣的，然而這一題大約有七五％的人答對（各位大概也答對了）[4]，光是加上一點人的資訊，答對率就變成三倍。

碰上很難想的分析或概念問題時，加上人的元素後，就會比較好想。我們可以試一試後列幾招：

➡**把問題套在真人身上，想像他們會如何互動**：假設你在想工廠A的產出，可以如何配合工廠B的生產時間表，那就把工廠A和工廠B想成安娜與鮑伯，安娜與鮑伯正在協調彼此的工作。

➡**想像某個真實存在的人正經歷這個情境或流程**：你正在想辦法改善公司的客戶服務，想像你的朋友是客戶，朋友和你的公司互動時走過哪些步驟？他覺得最討厭、最無法得到協助的環節是什麼？

套用「人」去想像，可以幫助我們多擠出一些腦力，至少可以想到先前沒有考慮到的觀點。

## 別忘了讓自己聰明的基本原則

接下來，我要再講一遍先前提過的四件事。前方的路特別艱辛時，不要忘了用這四招給大腦最好的準備。一、留給自己完整的深度思考時間；二、讓工作環境適合工作；三、睡覺皇帝大；四、來點有氧運動。

## 不受干擾的思考時間

我們在第四章談過排除干擾的重要性，一次不只做一件事，一定會忙中有錯。碰上最需要腦力的工作時，一定要給自己一段完全不受打擾的時間。

各位會問，可是接觸新資訊不是會激發創意嗎？第八章不是說鼓勵大腦探索新觀點、串連蛛絲馬跡，可以帶來新鮮思考？的確如此，不過重點在於接收新資訊的**方式**，東看一點、西看一點不會帶來有深度的見解。艾默伯等哈佛研究人員研究九千多位工作需要創意的人士如何度過一天，最後發現集中精神、一次只做一件事，靈感比較可能降臨。相反地，如果一天做的事十分零散，繆思女神不太會出現。[5]這種現象大概與腦神經科學家所說的「醞釀期」（preparatory period）有關，我們在即將有所突破前，神經活動反而會有「暴風雨前的寧靜」[6]，此時如果突然聽見新郵件的通知聲，那段寧靜就會被打破，靈感也跟著不見，必須重新醞釀。

廣告藝術指導佩姬和很多人一樣，常得在開放式的辦公室工作，那種空間很難避免干擾，所以佩姬怎麼做？「我會想辦法借會議室，萬一沒辦法，就把手機調成『勿擾模式』，關掉提示音，避開很多干擾。」佩姬還發現每天的行事曆一下子就被會議塞滿，「思考的時間只能擠在會議以外的時間，但那時我通常已經累了，所以我決定把思考時間當成和開會一樣重要，把好時段留給思考。」

各位每次成功保住了思考時間，最好給自己明確的獎勵，例如走一走，或是和最喜歡的同事閒聊一下。下一次又碰上思考時間，大腦就會很期待，認真集中精神。

## 讓周遭環境適合思考

第三章提過人類的大腦很會聯想，一看到什麼就會想起以前的事，因此小小的環境提示可以幫助我們專注於目標，例如要是我們創造連結，覺得乾淨的桌子和清醒的頭腦有關，把桌子清乾淨就能讓頭腦清醒。佩姬表示：「我對於周遭環境如何影響工作十分感興趣。我發現要是待在空曠的空間，我的思考真的會跟著變開闊，因此我清空工作區所有的雜物。此外，像是明亮的空間會讓我**覺得**聰明，還有我會在手上拿一支筆，因為筆會提示我現在是提點子的時間。」佩姬靠著小小的環境提示，讓自己處於最能思考的狀態之下，集中精神，發揮無限創意。

佩姬甚至還留意自己穿什麼。「我是自由業，很多時候在家工作，因此很容易穿著睡衣工作。有什麼關係，對吧？不過我的作法是每天都讓自己穿得像是要去辦公室，鞋子、髮型都比照出門的模式。因為穿著睡衣，人會懶洋洋的，覺得還沒完全醒過來。如果我穿著上班的衣服，坐在桌前，就會覺得頭腦準備好了。」對佩姬來說，做出門的打扮，也可以有效激發出高效思考，科學家稱之為「穿衣認知」（enclothed cognition）。

各位可以想一想，哪些工作空間的提示會讓自己特別聯想到源源不絕的好點子，接著想辦法讓身邊出現那些提示。不要忘了，每個人需要的提示不一樣，或許各位正好與佩姬相反，睡衣和昏暗的燈光反而讓你聯想到創意（可能某次你想出絕佳的點子，正好就在昏暗中穿著睡衣）。如果是那樣，就關掉燈，穿上最能帶給你靈感的浴袍吧。

## 睡覺皇帝大

本書的開頭提過，大腦的深思熟慮系統要好好休息，才能有最佳表現。好好睡一覺，大腦就有機會拿出所有的聰明才智。睡不好，ＩＱ則會下降。加州柏克萊大學「睡眠神經成像實驗室」（Sleep and Neuroimaging Lab）的馬修・沃克（Matthew Walker）做過幾個結果驚人的實驗。一個實驗發現，受試者如果晚上睡個好覺，他們找出複雜資訊模式的能力是原來的兩倍。[7]另一個實驗則發現，出現快速動眼期的睡眠（rapid eye movement，睡愈久，愈可能進入快速動眼期），可以讓解字謎的能力增加三成以上。[8]

當然，很累的時候，我們還是可以努力撐下去，相信各位都有這種苦撐的經驗。只要是熟悉或可預測的挑戰，我們依舊能進入自動駕駛模式做事[9]，而且如果手上的事很有趣，我們願意花力氣保持專注，有辦法讓深思熟慮系統暫時振奮起來。然而，當手上的事不完全是例行公事，或是不那麼有趣（這才是一般工作生活的常態），我們一累，就無法拿出最佳表現。

此外，如果睡不飽，也無法吸收一天之中學到的東西。我們晚上睡覺的時候，身體會經歷幾個九十分鐘至一百二十分鐘的睡眠週期，依序是淺眠、深眠與快速動眼期，每一週期都有不同的功用，協助大腦處理一天的經歷，包括回顧當天事件、回想學到什麼，以及增強連結新資訊與原有知識的神經通道。[10]晚上如果睡得好，早上醒來的時候，我們會更理解前一天發生的事。如果只睡一下下，大腦無法製造太多長期記憶，沒辦法想清楚很多事。換句話說，要是睡不好，我們記得少，學得也少。

我們知道睡眠很重要，但是許多人依舊堅持蠟燭兩頭燒。我們可以想像睡眠不足的駕駛很容易出車禍，卻不覺得不睡會對要動腦的工作產生影響。有些行業很習慣工作到很晚，因為大家覺得熬夜可以趕上最後期限，而且別人還會覺得不休息代表工作很認真。只是沒有人可以抵抗神經生物學，不睡覺，判斷力就是會出問題。投資銀行家安德魯（Andrew）告訴我，碰上大交易的時候，他們公司同仁被要求熬夜待在辦公室，「大家累到把寫著機密資訊的信，寄給錯誤的收件者，或是電話打錯人，還把應該告訴買方的高度機密，變成告訴賣方，造成無法挽回的結果。」

佩姬知道就算要趕最後期限，還是要睡覺。「有時我會工作到很晚，試著把麻煩的事解決掉，告訴自己：『做完這件事就好。』然而這種時候做出來的工作品質不怎麼樣，我知道要是睡一下，早上再說，一下子就能做好。又累又沮喪地半夜不睡覺，反而會做半天做不出什麼。」

我們想要晚上好好睡覺，不過我們對大腦不是太友善。我們有很多不睡飽的常見理由，例如工時太長、早上要送孩子上學、通勤時間太長等等，不過還有一個常被忽視的原因。很多人習慣在床上用手機和平板電腦，讓自己暴露於大量藍光，抑制告訴大腦該睡了的褪黑激素分泌，大腦誤以為還是白天，自然更難睡著。哈佛睡眠醫療所（Division of Sleep Medicine）發現，受試者睡前接觸到藍光而不是暗光，身體分泌褪黑激素的時間會整整晚九十分鐘，晚上也因而少睡那麼多時間。[11]

有幾個辦法可以讓我們好好睡一覺：

- **把睡眠當成優先事項**：不管我們覺得自己需不需要睡眠，睡飽了，腦袋就是比較清醒，因此如果已經很晚了，不確定要不要繼續把工作做完，還是先去睡吧。早上頭腦動得比較快，也比較聰明，我們更能掌握事實，更可能找到靈感。
- **燈光調暗一點**：睡覺時間盡量不要有光線，不要用手機當鬧鐘，以免被誘惑看著手機螢幕。如果喜歡看電子書，那就選提供漫射光的閱讀器。
- **固定的睡前儀式**：有固定的睡前儀式，就會比較快睡著，因為愛聯想的大腦會把睡前儀式連結到「該睡了」。理想儀式包括每天晚上在固定時間上床，做一樣的事準備好上床睡覺。

如果工作很多，每天還要忙家裡的事，真的沒辦法睡飽，科學證據說午睡也能讓我們頭腦清醒一點。NASA研究過「策略性小睡」（strategic nap），發現睡個二十五分鐘，就能讓績效提升三四％，警覺程度也上升五四％。[12]如果能小睡六十分鐘至九十分鐘，就能增強記憶力。[13]

Google、《哈芬登郵報》（*Huffington Post*）、思科（Cisco）、Nike、寶僑（Procter & Gamble）等大企業都提供員工午休室，一般的公司依舊很少提供午睡空間，不過我經常隨身攜帶耳塞、眼罩，在自己的辦公桌上抓住時間小睡片刻。有的人則睡在自己的車上，或是拿著午睡枕，借會議室小睡一下（是真的，有午睡枕這種東西）。「全國睡眠基金會」

（National Sleep Foundation）有一份國際調查顯示，三分之一的人定期用午睡補眠，讓頭腦清醒一點。[14]順帶一提，出版過《搞定》（*Getting Things Done*）一書的生產力專家戴維・艾倫（David Allen）說自己也午睡。他告訴我，他每天下午都努力睡二十五分鐘至四十五分鐘，「效果比咖啡強太多了」。[15]

## 有氧運動（只做一點也好）

最後一個立刻喚醒聰明才智的方法，就是蹦蹦跳跳一番。大量研究顯示，運動可以改善專注力與記憶力，加快反應速度，還能提升學習與計畫能力[16]，讓我們更有辦法處理複雜事務。斯特魯普實驗（Stroop test）要受試者看著用藍色墨水印刷的「紅色」兩個字，然後正確說出墨水顏色。這個任務聽起來簡單、做起來難，不過實驗顯示只要做一下運動，受試者的分數就會提高。運動似乎無所不能，唯一沒辦法做的事就是替我們回信，不過做完運動之後，我們也比較可能瞬間處理完收件匣。

運動讓我們更敏銳，但究竟需要做多少運動？需要跑步嗎？需要氣喘吁吁一直流汗嗎？好消息是大量證據顯示，只需要做二十至三十分鐘的中度有氧活動，就能有效提升腦力。阿諾公共衛生學院（Arnold School of Public Health）的研究還發現分兩、三次做也可以，像是往返會議室的時候快走一下。「有動總比沒動好，多動又比少動好。就算只是稍稍動一下也會有好處，不管怎樣都勝過坐著不動。」[17]因此我們在做棘手工作時，不需要做聽起來很厲害的運動，也能立刻讓腦袋聰明一點。

佩姬想讓頭腦清醒一點時，會跳上腳踏車出去騎一騎。「有一次開完一個很糟的會，我繞著洛杉磯一口氣騎了兩小時，然後覺得『好了！』，有辦法再度回到那個麻煩的工作。不過通常不需要騎那麼久，騎個幾分鐘就能讓我再度專心工作。」

**提升腦力**

下次碰到很重要的工作時，幾個方法可以幫助各位把事情想清楚：

- **從正向框架開始**：開始做棘手工作前，想一想正面的事，例如回顧最近完成的進度，或是最近發生過什麼好事。先想像完美的結果，再開始做事。
- **畫樹狀圖**：把困難的任務拆成幾個部分與步驟，一次專心想一個步驟就好，減輕大腦負擔。
- **運用大腦愛社交的本能**：把人代進問題，想像是我們認識的人要解決那個問題（例如把他們想成使用者或消費者）。
- **讓自己聰明的基本原則**：一、排除干擾。二、讓四周都是能幫助思考的提示。三、不要不睡覺。四、沒事就起來動一動。

# 第五部分 影響力：讓自己說的話、做的事發揮最大效用

不用怕被別人偷學點子，如果真是前無古人的點子，要別人接受，還得硬塞進他們的喉嚨。

——計算機科學先驅霍華德・艾肯（Howard Aiken）

我們每一天都在寫東西、講話、推銷，努力讓世界聽見我們的想法，讓別人照著我們的方法做事。一天如果順利，我們的話立刻產生效果，不管是中午和男女朋友出去吃飯、推銷重要點子或是談加薪，我們自信十足地表達想法，也得到想要的結果。如果是不順的一天，我們走到哪都會碰上紅燈，明明和平常一樣聰明、一樣有魅力，但不管說什麼別人都聽不懂。

接下來幾章要教大家將自己的信念、需求與理念有效地傳達出去，用令人信服的方式提出觀點，讓最忙碌的人士也專心聽我們說話。後文將討論如何讓同事願意為我們的提案

一起努力，以及如何說服身邊的人用不同的方法做事。我會教大家如何有自信地面對外面的世界，讓各位說的話、做的事多增加一點影響力。最後，我還會教大家運用所有相關技巧，讓別人看見我們的努力，以後每個人都知道，把事情交給我們就對了。

# 第14章 讓別人聽進我們說的話

我們每天都在為了各種事溝通，我們得告訴同事他們需要做些什麼，提供大家做決定的資訊。有時我們還想告訴全世界，我們的工作有了重大突破。不管動機是什麼，關鍵的第一步永遠一樣：我們溝通的對象必須停下來聽我們說話。然而，只要寄過沒回音的電子郵件，或是開會時發表過效果不如預期的言論，就會知道別人不一定會專心聽我們講話，不管我們的點子有多好。

為什麼我們很難讓訊息進入他人心中？因為大腦的自動化系統在擋路。還記得確認偏誤嗎？大腦會把符合假設的資訊排在前面、不符合的篩選掉，以減輕深思熟慮系統的負擔，因此我們告訴同事他們不熟悉的資訊時，要是新資訊不符合他們的期待，或是他們不想聽見那些事，他們的自動化系統就會把我們說的話當垃圾信擋掉，不論那些話多重要、多符合實情都一樣。

別人不是故意腦袋封閉，不回應我們，只是我們說話的時候，他們大概正處於大腦的自動駕駛模式。不過研究顯示，其實有辦法突破大腦的垃圾郵件篩選機制，關鍵在於我們的溝通風格必須有辦法吸引大腦的獎勵系統，開啟社交雷達，並且減少大腦必須處理的資訊量。以下介紹我們可以如何靠著這幾招，讓別人聽見我們的好點子。

## 提供大腦喜歡的獎勵（驚奇！新鮮有趣！真期待！）

請回想一下自己上一則看過的報導。各位為什麼記住了那篇報導？原因八成是內容提到讓人出乎意料或滿足好奇心的事。大腦的自動篩選機制就是這樣，人們會無視於自己不同意的資訊，但要是讓那則資訊聽起來新鮮有趣，就能逃過篩選機制。我已經在本書開頭的〈腦科學基礎理論〉一章提過，新鮮有趣會讓大腦的獎勵系統興奮，背後的原因或許與人類愛社交的天性有關。告訴別人我們看到什麼稀奇古怪的事，會讓我們覺得自己提供了身邊的人有價值的資訊，那是一種很棒的感覺。加州大學洛杉磯分校的腦神經科學家利柏曼做過一系列實驗，受試者如果覺得自己聽到的事還能講給別人聽，就比較容易記住，甚至自己喜不喜歡那件事不重要，最重要的是要能轉述。[1] 因此，各位如果想引發注目，第一件事就是要問：「我想說的事，聽眾會想再告訴別人嗎？」

葛雷格（Greg）是群眾募資創業家，主要工作內容是向潛在的投資者和科學家解釋自己的點子。他每天想辦法協助健康照護研究募集資金，永遠小心計畫開頭幾句話要說什麼，一開始就抓住聽眾的注意力。「我提醒自己，別人就像是戴著耳機，聽不見我說話，我得用夠有趣的事情吸引他們。不論是一對一的會面，或是對一大群人演講，我一定會在頭兩分鐘打破聽眾的預期，讓他們知道接下來會從我這裡聽見新奇有趣的事。我的開場白通常是：『我知道各位沒在專心聽我講話，你們的心中現在有一個聲音：這傢伙是誰？我幹嘛要幫**這個人**？』與會人士剛忍著聽完三十八張無聊的投影片，沒料到會有講者說這種話，通常會笑出來。太好了！這下子他們會專心聽了。」

葛雷格先前就是靠著俏皮的開場白，讓某大銀行協助他的群眾募資計畫。「我沒纏著那些銀行人士要錢，而是告訴他們：『當然，你們不想跟我們扯上任何關係，我們可是在擾亂金融秩序，而各位是金融秩序的捍衛者。』銀行人士沒料到我會說這種話，立刻有興趣聽我講話，我們因而聊得很愉快。」

葛雷格的開場白十分大膽，不過如果要突破他人大腦的篩選機制，不需要採取如此冒險的風格也能做到，只需在文章或要講的話裡，加上一點新鮮有趣的元素就行了。我們可以這樣做：

**➡告訴大家這裡有有趣的「大發現」**：今日的網站很流行用這個技巧，很愛說：「XXX都驚呆了！」我們看到這種騙點閱率的標題時，心裡會想：「受不了，又來了。」但還是忍不住按下去。這種標題會流行，就是因為有用。我們和朋友講話時也會採用這個技巧，我們會說：「你絕對不會相信今天發生什麼事……」而不會說：「關於我的一天，接下來我要講解三個重點。」我們在工作時，卻很少採取吸引他人注意的溝通法。其實要別人注意聽，就是這麼簡單。各位可以試一試：

- 開場的時候，暗示接下來我們要講有趣的事，如：「我注意到某件很驚人／很了不起／很嚇人的事。」最好還能講個故事，讓大家想知道故事的結尾，延長聽眾的期待感。
- 希望別人注意聽的時候，吊一下胃口，例如：「最有趣的地方，就是……」

➡**換個媒介傳達我們想說的訊息**：不論是多嚴肅的場合，只要換一下人們吸收資訊的方式，不要和平常一樣塞給他們一疊厚厚的文件，聽眾會更容易聽進去。我喜歡用大海報做簡報，或是請大家起來走一走，到各桌和別組討論事情。本書第三部分出現過的ＩＴ顧問彼得，曾經靠著手機隨手拍攝的影片，讓與會者看見街上民眾談自己的金錢規畫方式，順利爭取到某金融客戶。史丹佛未發表的實驗也發現，相較於直接介紹呆板的投影片圖表，就算只是當場在白板上畫起來，人們記住相同圖表的可能性會提高九％。[2]

➡**採取不尋常的角度**：如果能讓聽眾用別人的角度想事情，也能讓他們更留心聽，例如彼得用影片讓金融客戶看見一般民眾的觀點，葛雷格則從癌細胞的角度，讓募款對象看到癌症藥物的研發贊助是怎麼一回事。葛雷格表示：「癌細胞的角度，非常不同於我的聽眾想事情的角度。我告訴他們：『我如果是癌細胞，最好很久以後才有人發現我的存在。臨床試驗如果要花好多個月才能募集到受試者，太棒了！如果要花好多年研究才發表結果，太棒了！』聽眾很容易就能瞭解，我們目前做臨床試驗的方式是在保護那顆小小的癌細胞，因為要花太多時間。這種解釋方法牢牢抓住了聽眾的注意力。」葛雷格接下來解釋為什麼應該採取更靈活的方式贊助醫療研究時，聽眾因而仔細聆聽。

## 強調人味

艾瑪（Emma）是與眾不同又活潑的中學英文老師，她每天努力想辦法向其他老師傳達她的想法，因為校長雇用她，除了需要她教英文，也希望她改變學校填鴨式的教學風格，不再是老師一直抄黑板、講話，而學生默默地吸收。校長希望孩子自主學習，有能力自己找答案。艾瑪回憶：「當我向其他老師推廣新式教學法，我知道他們的心裡在想：『又是個熱血沸騰的年輕老師，久了她就知道了。』他們不是不友善，只是沒興趣聽我講話。」

艾瑪知道無法靠著承諾新教法馬上見效，吸引資深老師的注意。「我們把所有心力都放在追蹤考試成績等短期的教學效果。我承認，老一套的教學法很有用，的確可以讓學生乖乖讀《簡愛》（*Jane Eyre*），還能通過英文考試，新式教學法的好處則要長遠才看得到。

我們得讓學生出社會後，有能力應付瞬息萬變的世界。」艾瑪如果要讓同事和她一起改變教學方法，她必須讓大家明白**新方法長遠的好處**。「我請其他老師站在學生的立場看事情，想像他們要是十五歲學會獨立思考，三十歲會是什麼樣的傑出人士。接著我問同事：『我們教書，究竟是為了幫孩子拿高分，還是讓他們有能力出社會？』老師們微笑點頭。後來有一位老師告訴我，我讓他們想起自己當初為什麼進教育這一行。」

艾瑪運用了精彩的溝通技巧。首先，讀者或聽眾的情緒被激發時，比較可能採取行動。[3]新資訊除了提供事實，又提供感動，大腦會出現更強的連結，更能牢牢抓住新資訊。

一樣是激發情緒，負面與正面情緒是否有差別？有。負面情緒的確馬上會引人注目。光是大喊：「失火了！」一定會有人朝我們的方向看一眼，不過在工作上運用負面情緒有其缺點。還記得嗎？人會趨吉避凶，躲開威脅，因此我們比較喜歡正面的事。舉例來說，實驗發現，告訴人們開刀有九成存活率，人們會很願意動手術，但是告訴他們有一成死亡率，他們會不想開刀。[4]此外，科學家還發現，如果訊息充滿負面情緒，人們會記不清楚訊息究竟說了什麼。[5]種種人性加起來，也就不意外研究人員一再發現，相較於負面內容，網友比較喜歡分享正面內容。[6]

艾瑪讓同事重新想起自己當初為什麼想當老師，燃起他們心中正面的強大情緒，她的訊息因而被聽見，也被記住。她沒有問大家：「我們如何才能停止學生被動接受我們教的東西？」而是問：「我們如何才能培養出終生學習者，讓孩子有能力應付人生的順境與逆境?」這兩個問題基本上意思是一樣的，只是第二種問法讓老師們想獲得正面獎勵，朝理想前進。

此外，艾瑪還有一招也很聰明。她告訴大家新式教學法會對校內哪些學生產生影響，還請老師們站在那些孩子的立場，想一想十五年後會發生什麼事，因為人們比較容易記住有「社交訊息」（socially encoded）的話。所謂的「社交訊息」是指訊息連結到真人真事。[7]本書第十三章提過，如果要我們記住二十件事，或是記住一則八卦，即使八卦提到的資訊遠超過二十個，我們大概記得住八卦，但記不住二十件事。研究也顯示，募款時用真人真事讓聽眾知道自己的錢可以如何改變受贈者的人生，募款效果將明顯改善。舉例來說，募款活動提到七歲女孩羅琪雅正在挨餓，募到的金額會超過談論羅琪雅的國家有多少孩子正在挨餓的統計數字。[8]

換句話說，「人」加上「（正面）情緒」組成的人味，讓聽眾更容易專心聽。也因此，專業溝通者演講時，通常會先從一則小故事開始，媒體標題也通常會強調某某人如何。我們看到跟人有關，就會想點閱、想閱讀、想追蹤，還會想分享網路上的文章，而且不只是報導名人的新聞網站有這種現象。我的舊東家麥肯錫分析過內部通訊網，發現員工最常點閱的內容和「人」有關，讓人嚇一跳或微笑的事尤其受歡迎，正好與本章所談的人們會有興趣的元素不謀而合。[9]

好，新奇有趣的事讓人感興趣，但我們平日在職場上會這樣溝通嗎?開什麼玩笑!不行，絕對不行，那樣看起來很不專業。我們否決這個概念後，繼續製造無聊的報告、無聊的簡報、無聊的圖表。我們其實有辦法在概念中加進人味，但依舊看起來百分之百專業，就跟艾瑪一樣。先用有人味的東西開頭，人們就比較可能聽進理論、數據、條列式重點。先吸引人心，再吸引他們的理智。

建議各位可以試試幾招：

**➡分享某個人的例子**：

- 一開始先講一則小故事，或是用真人真事說明你的點子曾經如何影響其他人。故事裡的人可能是你的聽眾，或是他們關心或在乎的人，例如艾瑪提出新式教學法會如何影響聽她說話的老師的學生。
- 找出楷模，講出那個人的故事。
- 如果要談非常枯燥無味的事如企業流程，依舊可以談良好的企業流程如何方便誰做事。

**➡激起聽眾的情緒**：就算不譁眾取寵，也能用兩個方式讓大家「有感」：

- 強調為什麼我們在乎我們提倡的事，以及為什麼大家應該在乎那件事，例如艾瑪激起同事想帶給學生深遠影響的欲望。不要害怕告訴別人我們的感受，「我覺得很自豪的事就是……」、「我們很開心的事是……」這種句子會讓聽眾坐正，好好聽我們說話。

- 請聽眾站在我們或他人的立場想一想，例如「各位可以想像我當時的感覺，我真的很焦慮，所以我想到應該要……」、「想想看，我們的學生會覺得……」

➡**談論正面的結果**：告訴聽眾，要是能解決我們提到的問題，未來將多麼美好，讓聽眾想要行動。就算我們要談的是非常負面的情境，還是可以告訴大家問題解決後會有什麼新氣象，讓眾人感到振奮，而不是前途一片黑暗：「想像一下，要是我們能解決……」

## 好懂最重要

要讓別人聽見我們在說什麼，就得說出讓別人的大腦好懂的話。別人要是很吃力才能聽懂，就沒有餘力消化資訊。此外，本書講決策的第十二章也提過，大腦的自動化系統會把好懂、好記的東西當成真的。

我們的大腦喜歡好處理的資訊。[10] 普林斯頓的心理學家亞當．阿爾塔（Adam Alter）與大衛．歐本海默（David Oppenheimer）研究過兩個股票市場，發現名字比較好念的公司打敗名字拗口的公司。[11] 此外，人們比較相信押韻的格言，不相信不押韻的格言。「聯合次要敵人，打擊主要敵人。」嗯，沒錯，就是這樣。「聯合次要對手，打擊跟我們做對的人。」什麼，真的要這麼做嗎？[12] 研究還發現，人們容易相信好記的話，就算那句話不是真的也一樣。[13] 意思如果一模一樣，受試者會覺得用語比較簡單或排版方式易讀的「好讀版」，比較具有吸引力。[14] 此外，相較於「年長」、「正義」、「耐性」等抽象概念，「動物」、「椅子」、「咖啡」等可以具體想像的字詞，比較容易回想起來。[15]

總而言之，不管是寫作或演講，溝通的第一要務就是好懂。有五個方法可以讓別人的大腦比較容易處理我們提供的訊息：

➡**一、愈短愈好**：人類大腦的工作記憶有限，因此話愈簡單愈好，刪掉不必要的細節與詰屈聱牙的詞彙。

➡**二、起承轉合**：如果有很多事要講，那就向聽眾清楚預告接下來我們要說什麼，例如：「我要告訴大家三件事……」「接下來我要講第三個重點……」讓聽眾不必多耗腦力猜測這個人究竟還要講多久。

➡**三、朗朗上口**：艾瑪說自己要用「獨立學習」取代「填鴨式教育」，讓學生「當哲人，不要當鴨子」。我發現我和她聊過幾個月之後，依舊記得她說的這幾句話。令人印象深刻的話，甚至有朝一日會帶來工作機會，例如葛雷格之所以被請去擔任目前的職務，是因為老闆還記得他五年前談過的「熱情資本」。那四個字一直留在創始人腦海裡，一想到那幾個字，就想起葛雷格做的工作。

**四、給具體例子**：給愈特定的例子，聽眾就愈能抓住我們在說什麼，不要泛泛而談。光是告訴大家「我們需要更尊重彼此的時間」還不夠，最好給實際的例子：「我提議會議定幾點開始就幾點開始，不要等所有人都到齊才開始。」

**五、用圖示說明重點**：英國政府二〇一二年成立「行為洞察團隊」（Behavioural Insights Team），將行為科學應用在公共政策上，例如他們想減少不繳年度汽車稅

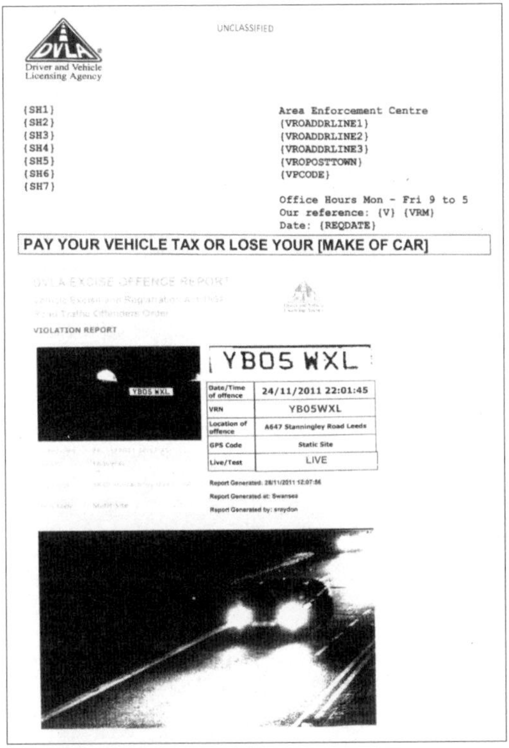

UNCLASSIFIED

DVLA Driver and Vehicle Licensing Agency

{SH1}
{SH2}
{SH3}
{SH4}
{SH5}
{SH6}
{SH7}

Area Enforcement Centre
{VROADDRLINE1}
{VROADDRLINE2}
{VROADDRLINE3}
{VROPOSTTOWN}
{VPCODE}

Office Hours Mon - Fri 9 to 5
Our reference: {V} {VRM}
Date: {REQDATE}

**PAY YOUR VEHICLE TAX OR LOSE YOUR [MAKE OF CAR]**

DVLA EXCISE OFFENCE REPORT

VIOLATION REPORT

YB05 WXL

| | |
|---|---|
| Date/Time of offence | 24/11/2011 22:01:45 |
| VRN | YB05WXL |
| Location of offence | A647 Stanningley Road Leeds |
| GPS Code | Static Site |
| Live/Test | LIVE |

Report Generated: 28/11/2011 12:07:56
Report Generated at: Swansea
Report Generated by: sraydon

資料來源：行為洞察團隊

的駕駛數量。英國政府因為民眾不繳稅，每年損失數百萬英鎊。行為洞察團隊做的第一件事，就是用簡單的英文改寫原先的催繳信，還放上好懂的標題：「不繳稅就繳車。」這封新的催繳信讓繳錢的民眾多了一倍，如果再加上道路監視器拍下的欠稅車照片，繳錢的人更是變成三倍。[16]

為什麼一張照片勝過千言萬語？大腦有很大一塊區域專門處理視覺，如果提供影像，聽眾的大腦就更能想辦法理解我們說的話。

## 克服「知識的詛咒」

我們希望傳遞訊息時，通常會努力想好自己要講什麼，只是我們急著溝通時，很容易忘記從聽眾的角度看事情。如果不刻意讓自己停下來，想一想聽眾知道什麼或他們的感受，我們的自動化系統很容易落入**投射偏見**，誤以為其他人看世界的方法都跟我們一樣。此外，科學家還說投射偏見會帶來**知識的詛咒**（curse of knowledge），意思是我們覺得我們知道的事，別人也一定知道，所以我們假設大家都懂，但其實不懂。[17]

我們覺得自己講得很清楚，但聽在別人耳裡，可能不是那麼回事。舉例來說，“Jo hit the man with the binder”這句英文有兩種解釋，各位覺得是「喬用文件夾敲同事的頭」，還是「喬打了拿文件夾的人」？兩種情形都有可能，我們不知道到底發生了什麼事，只知道今天最好不要靠近喬。然而實驗發現，如果請受試者轉述這種模稜兩可的句子（自行決定哪種解釋才正確），有五分之四的人會高估下一個人聽懂的程度，而且他們不覺得句子語意模糊，認為別人聽到的意思，就是他們想說的意思。[18]

「知識的詛咒」造成職場上很多雞同鴨講，有時我們知道哪裡出錯：「我確定我告訴你這件事星期五要做好，怎麼可能不知道是**哪個**星期五？」不過很多時候，我們根本不知道同事是哪裡沒聽懂，不曉得問題出在哪裡。因此想要溝通清楚，永遠不要假設我們知道的事，別人也知道。正如葛雷格所說：「我們得從別人的立場出發。我會先找出別人的感受，以及他們目前知道哪些事，然後從那些事出發。」

我們應該這麼做：

➡開口說話或打字之前，永遠先想像一下自己是聽眾或讀者。想一想對方大概已經知道什麼，以及他們有什麼感覺。

➡如果是當面溝通，先找出對方的起點（「在我開始之前，請先告訴我你對XYZ有什麼瞭解？」），接著一邊說，一邊停下來確認對方懂我們在說什麼（「我們先停一下，目前為止都清楚嗎？有沒有漏掉什麼？」）。每講五分鐘，就要停下來確認，找出對方接下來想知道什麼。他們想知道什麼，我們就說什麼。

## 讓別人聽進我們說的話

下一次有話要說的時候：

- **提供大腦喜歡的獎勵，講話要新鮮有趣，讓人想知道下文**：我們說的話要讓聽眾想要再告訴別人。清楚告知最有趣的重點，不要讓重點被蓋住。告訴大家我們有「大發現」，或是換一下傳遞訊息的方式，例如不要都放單調的投影片，偶爾改用海報、影片，或是當場畫圖。從新鮮的角度出發。
- **強調「人」，加上「正面情緒」帶來的「人味」**：讓聽眾知道我們的點子如何影響其他人，邀請聽眾從他人的角度出發。解釋為什麼對我們、對聽眾來說，我們的點子很重要。幫所有人描繪出正面光明的未來，讓大家都想參與。
- **說話要好懂**：我們說的話愈好懂、愈好記，人們愈願意接受。講話愈短愈好，要有起承轉合，還要讓人朗朗上口。別忘了給具體的例子，最好還能附張圖說明。
- **克服「知識的詛咒」**：不要以為我們知道的事，別人也知道。問問聽眾這次的主題他們知道哪些事、他們如何看這個主題，接著才開始講解。一邊講，一邊停下來確認大家理解到哪裡。

# 第15章 讓大家聽完後開始行動

很多時候，光是讓這個世界聽見我們說話還不夠，我們希望人們真的站出來，**做一些什麼**，不管是花時間協助我們，或是改變自己做事的方式。

推動改變不是一件簡單的事，人人都有根深柢固的習慣，大腦的自動化系統想要省力，以前怎麼做，現在就怎麼做，以後也想那麼做，永遠在重蹈覆轍。雪上加霜的是，用不同方法做事，意味著必須面對未來不曉得會如何的不確定性，而不確定性會讓大腦疲累，因此大腦避之唯恐不及。

現況之所以難以改變，就是因為人類的大腦不喜歡花力氣。同事可能會答應你「好好好，我願意這麼做」，但習慣就是習慣，很難改。希望改變教學風氣的艾瑪老師表示：「我學校的老師，大都用同一套方法教了很久的書，而且教得很好，他們看不出有該改變的理由。」

如果我們讓人們覺得嘗試新東西是好事，他們的大腦就會少一點擔心、多一點躍躍欲試。搞定了大腦，我們就更可能帶動其他人一起做事。前一章我們已經討論過讓別人專心聽我們說話的技巧，這一章則要介紹讓人「起而行」的小絕招。

## 給一點解釋

哈佛心理學家藍格做過一個經典實驗，實驗內容是用三種不同方式說服他人做一件小事：請別人讓我們插隊，讓我們先用影印機。[1] 藍格教授請負責插隊的實驗人員用三句不同的話要求：

- 「不好意思，我有五頁東西要印，我可以先用影印機嗎？」六〇%的人聽到這句話會大方禮讓。
- 「不好意思，我有五頁東西要印，我可以先用影印機嗎？我很急。」這一次九四%的人都願意讓別人先印。加上後面的「我很急」這個原因，幾乎每個人都同意了，效果十分不同。被問的人有時會翻白眼，但依舊同情很急的人，我們都當過那個有同情心的人。
- 最令人意外的實驗結果是第三種句子：「不好意思，我有五頁東西要印，我可以先用影印機嗎？因為我得印東西。」這句話的「理由」只是毫無意義的把話再講一遍，不過依舊有九三%的人願意禮讓，跟「我很急」這個理由差不多。換句話說，只要**有**理由，就算是不怎麼樣的理由，也足以讓人們接受。

這個實驗結果告訴我們什麼事？我們請別人做事的時候，如果能給一個簡單的理由，而不是直接提出要求，別人會更願意配合。

這個道理聽起來很明顯，但我觀察到很多人請同事做事時，不會給任何解釋。例如請助理借會議室的時候，大家會覺得助理的職責不是本來就包括借會議室？要他們借，他們就去借，幹嘛解釋什麼原因？然而只要多花五秒鐘加上一句：「因為我們要開專案接下來很重要的一場會議。」要助理借會議室，瞬間變成團隊齊心協力讓專案成功的努力，而不是使喚下屬，助理會更努力協助。如果想讓辦公室同仁處於大腦的發現模式，那就更尊重他們一點，每個人愛社交的大腦都渴望他人的尊重。我們每天請別人做小事情的時候，不要忘了多加上一、兩句解釋，不要像是在速食店點餐一樣，叫別人給我們什麼什麼。

## 讓選擇變容易（輕輕推一把）

大腦喜歡抄捷徑，人們如果不用花時間想答案，一般就不會再去動腦，因此如果已經有好懂的合理方案，人們一般會直接選那個方案，或至少被左右。第十二章提過，行為科學家稱這種現象為**預設偏誤**。我們如果是負責做決定的那個人，小心不要貪圖方便而選了某個選項，只是說服人的時候就要倒過來。當我們確定手上的點子是好點子，希望同事接受，我們得讓同事覺得好啊，那就這樣吧，聽起來不錯。

學者塞勒與凱斯·桑思坦（Cass Sunstein）合著的《推出你的影響力》（*Nudge*），讓「推一把」成為顯學，兩人證明只要讓選擇變容易，就能讓民眾做出更健康、更合理的行為。[2] 一個有名的例子是器官捐贈，有的國家把「死後捐出器官」列為預設選項，不捐的話得特別提出請求，結果捐贈率超過九成。如果是請民眾「同意捐」的國家，捐贈率一般遠低於三成。[3]

不過塞勒與桑思坦也特別指出，用這種方式「推」的目的不是剝奪人們的選擇權。如果是重大議題、希望大家永久參與，一定要給予選擇的空間（請參見後文的「參與過就會有感情」），但如果我們知道自己的建議能幫大家節省時間，或明顯是較佳方案，我們可以讓人們覺得選我們的方法最輕鬆，發揮強大的說服力。

發揮影響力的小訣竅包括：一、移除障礙；二、提出明確的建議（可以給一個範圍）；三、提供視覺提示。

## 推第一把：移除障礙

如果已經知道希望大家怎麼做，那就問自己：

- 什麼事會導致大家不做我希望他們做的事？我可以如何直接幫大家解決問題，或是方便大家自行解決問題？
- 我能否讓大家什麼都不用做，就達成我要的結果？

阿莫（Mo）是數據儲存公司負責中東區與北美區的銷售老手，「我學到的行為科學第一課，就是要問開放式的問題，不要問封閉式的問題，不過一旦跟客戶聊得很愉快，他們顯然有興趣，就要用上一招，叫『假設性成交』（assumptive close）。此時要問封閉性問題，問：『您要刷金融卡，還是信用卡？』不要問：『您覺得如何？』」阿莫提供客戶兩種付費選項，讓客戶直接選擇購買方式，而不是猶豫要不要買。阿莫說銷售員採取這種手法時，七五%會成交，不採取，大約只有二五%的成功率。

就算不是銷售員，也能用上這一招。想一想其他人可能為了什麼原因，不做我們希望他們做的事，接著事先幫他們移除障礙。我們要做的事，就是減少別人需要花的力氣。有時候很簡單，例如想讓別人回信，就附上回郵信封。如果你認為水分充足可以讓腦袋清楚，想鼓勵同事多喝水，那就直接在會議室桌上放水瓶，而不是鼓勵大家起來走一走喝水。[4]我們如果希望身邊的人做什麼事，讓他們不用費力，就已經成功一半。

有時，我們甚至能讓大家選「什麼都不做」，就得到想要的結果。要是寫了一份報告，希望同事不要最後一秒鐘才提出意見，但又要給最後的發聲機會，一般人的作法是附上報告並告訴大家：「請讓我知道還有哪裡需要修改。」不過要讓想要的結果（不會最後一秒鐘才收到意見）變成同事最容易選的選項，其實應該說：「如果今天下班前我還沒收到回信，我就假設大家都很滿意。」這樣一來，我們並未阻止大家提供意見，我們只是方便大家**不**提出意見。

## 推第二把：提出建議

我們能否搶在所有人之前提出實際、具體的建議？可以的話，就能影響討論結果，就算大家最後沒選我們提供的簡單方案，我們第一個提出建議，就會在大家心中定錨。第十二章已經提過，人們一旦聽到錨定的建議後，接下來的選擇就會大受影響，就算是錯誤或不相關的錨點也一樣。

舉例來說，實驗問一組受試者聖雄甘地「死於九歲之前，還是之後」，另一組則問「死於一百四十歲之前，還是之後」，把「九」和「一百四十」兩個數字分別定錨在兩組人心中，接著要兩組人猜甘地實際活了多久，結果第一組平均猜活五十歲，第二組則猜六十七歲。「九」這個小數字讓第一組人猜較小的數字，「一百四十」這個大數字讓第二組人猜較大的數字。[5]

第一個提出的建議具有強大效應，不只是預算、薪水、家務分配等重要協商會受影響，日常很多小事也一樣，比如和別人約時間或定期限。

舉例來說，如果我們想和同事或客戶約吃飯，我們通常會說：「想一起吃午餐嗎？」不過依據預設偏誤與錨定現象來看，我們可以提出更明確的邀約，例如：「想一起吃個飯嗎？下週三好嗎？對面新開一家披薩店，可以試試。」我們邀約的對象可能不喜歡我們的提議，但我們已經把他們定錨在近期的未來，以及很容易就能抵達的餐廳，因此他們提出的反對意見，依舊會是近期的未來與附近的餐廳（我發現具體的提議可以省下大量的電子郵件往返，而且人們通常會感激你讓他們不用花力氣提建議）。

與他人協商數字時，如討論薪水，或是和顧客做買賣，可以考慮給一個範圍，也就是同時提供兩個錨。哥倫比亞大學商學院教授近日研究**雙錨現象**（tandem anchoring），推銷員如果想用七千二百美元賣出二手車，直接講「我希望用七千二成交」，效果不如「我希望成交價能在七千二至七千六之間」。此外，給一個合理範圍，加上還算合理的加價，效果也會勝過一開始先出不合理的高價。有趣的是，人們不覺得給範圍的銷售員自以為是，而是覺得他們有彈性。[6]

慈善機構建議我們該捐多少錢的時候，也會給某種形式的雙錨，例如標準選項若是「一百元、五十元、三十元或其他」，募到的款項會高過「一百元、五十元、三十元或其他」。想讓民眾捐出三十元的話，建議他們捐「三十元到一百元」，效果會勝過建議他們捐「十元到五十元」，雖然兩個範圍都包含三十元這個選項。

我們可以這樣做：

➡大家一起共同決定事情的時候，趁早提出我們的建議。如果不想聽起來太咄咄逼人，可以加上「或許」兩個字，給一點彈性：「如果不方便的話，請告訴我你覺得怎麼樣比較好。」不過，此時我們的提議依舊能影響雙方的決定。

➡如果是協商數字，那就給一段範圍，底限是我們想要的數字，上限則是更美好、但依舊合理的數字。

## 推第三把：想要什麼結果，就提供視覺提示

我們也可以靠著視覺提示，輕輕推旁人一把，例如全球許多大城市有不成文的手扶梯慣例：不趕時間的人，站在手扶梯右側，左側則留給趕時間的人（有的城市左右相反，不過意思一樣）。然而，遊客不會知道那些城市的規矩，通勤族生氣有人擋道，不知情的遊客則被嚇到。最近我發現我家附近的車站，開始在手扶梯右側的每一階漆上腳印，暗示遊客那裡的規矩，效果很好，趕時間和不趕時間的人都開心。

手扶梯靠右站和我們有什麼關係？我們溝通的時候可以做兩件事：

➡利用箭頭、圖表、照片等視覺提示，吸引大家的目光，讓大家把注意力放在我們最想讓他們知道的事。

➡利用視覺設計，提示我們想得到的回應。

舉例來說，假設我們想請同事提出改善工作空間的點子，請大家自由提供意見，大概不會有人理我們，或是每個人只提出一個點子。如果給大家的意見表上印了標有一、二、三的方框，每個人比較可能提出三個或至少一、兩個點子。使用這一招不要過頭，研究顯示只有在請求合理時才會有用。因此除非你確定大家有很多話要講，否則意見表放四十個方框，只會把大家嚇跑，不會得到四十個點子。[7]

## 讓大家看到好處

大部分的人下意識抵抗未知數。大腦有太多模稜兩可的事要判斷，因此自動化系統喜歡熟悉又確定的事，如果是天知道以後會不會有好處的事，大腦會覺得還是算了。本書第七章提過**偏好當下現象**造成我們的拖延症，我們不喜歡用當下的努力，換取不曉得會不會成真的好處，例如存退休金，或是寫已經拖了一週的尷尬回信。同事會不願意嘗試新作法，也是出於同樣的原因，就算只是請他們每週寄工作進度這種小事也一樣。人類的大腦堅持故步自封，因為它們很難評估我們的提議是否有好處，搞不好很麻煩又很討厭。

大腦會抗拒變化，不過倒過來看，該怎麼做就很清楚了：如果讓同事明確感受到和我

們合作好處多多，他們會更願意配合。他們的大腦一旦知道我們提議的事會提供貨真價實的獎勵，就會進入發現模式，更願意接受新點子。最好的辦法就是給他們明確的例子，讓他們知道一旦點頭答應，人生會如何變得更美好。

艾瑪的新式教學法對其他老師來說太抽象，所謂的讓學生「當哲人，不要當鴨子」口號，令人印象深刻，通過了教學同仁的大腦篩選機制。實際上究竟要怎麼教，大家還是一頭霧水，因此艾瑪做了幾件事，讓大家更清楚她的提議會帶來的好處。

首先，艾瑪請幾位比較願意支持的老師，分享以前讓學生做獨立專題的故事，說出孩子因為自己動手研究，上課變得更專心、更想學習。接著，艾瑪請其他老師看她示範新式教學。想到要在所有老師面前表演，艾瑪有一點緊張，不過她知道要推動新風氣，最好要讓大家知道究竟該怎麼教。舉例來說，老師們先是看到艾瑪如何在課堂上「多問少講」，接著看到孩子們變得多不一樣。

此外，艾瑪為了讓資深老師理解新教法的好處，開始思考如何方便大家採取新方法。艾瑪很快就發現，大家不喜歡在嘗試新教法時還要被評鑑，覺得那是在質疑他們的能力（第九章提過的常見地雷）。然而，的確還是需要有人提供老師們一些建議，因此艾瑪自己示範完畢後，也請其他老師分享具有建設性的觀察。討論時，艾瑪讓資深老師感受到用頭腦反覆思考是很有趣的一件事，甚至令人享受，讓資深老師放下心中的恐懼，把注意力放在新式教學的好處上。

艾瑪的例子讓我們知道，如果要鼓勵同事嘗試新作法，我們應該做幾件事：

- **讓同事清楚知道，對他們來說，我們的提議究竟會帶來什麼好處：**分享具體的例子，讓對方看出我們請他們做的事，對我們、對他們來說好處是什麼，刺激大腦的獎勵系統。最好能親自示範，讓好處感覺很真實。
- **事先解決潛在的「威脅」：**站在同事的立場，想一想他們有什麼顧慮，或是直接開口問。我們的提議是否讓同事感受到威脅？比如影響到他們的自主權，或是讓他們感到能力被質疑，以致進入防禦模式？有什麼具體方法可以事先預防這些猜忌？

## 看到別人做，我們也會想試試看

艾瑪告訴我：「如果要徹底改造學校，光是說服一、兩位老師還不夠，必須全校老師一起來。」不過要是一個一個說服每位老師，艾瑪一輩子都說服不完，而且她又不能把**全校老師**都找來觀摩她上課，班上的青少年學生會受不了整天有一堆老師坐在教室後面看他們上課。

因此，艾瑪決定先從一小群老師推動新教法，一開始先邀請數學、自然、歷史等各科最受尊敬的老師，請他們觀摩她上課。艾瑪是英文老師，其他英文老師願意支持她，不過艾瑪也知道自己在其他科目的老師之中，沒那麼大的影響力，但只要每一科都有一位德高望重的老師協助她推動新式教學，事情會容易許多。

艾瑪這一招叫**社會認同**（social proof）。大腦決定一件事好不好，會抄捷徑，其中一種捷徑是我們的「內團體」怎麼做，我們就跟著做。換句話說，與我們相像的人如果偏好某件事，我們一般也會跟著支持。澳洲研究人員發現，看喜劇的電視觀眾如果覺得罐頭笑聲錄自和他們相像的人，他們會笑得更大聲。[8]哈佛與耶魯大學的研究人員告訴一千五百名成人該不該打人類乳突病毒疫苗（HPV）時，如果醫療人員暗示自己和受試者政治觀點相同，受試者會更願意接受他們的疫苗意見。[9]結論是，如果我們想說服他人，我們可以強調「他們那一國的人」非常欣賞我們的點子。

利用「社會認同」提出請求的方法有幾種：

- **「和你一樣的人已經答應了」**：告訴同事他的一位同儕，甚至不只一個，已經答應你的請求（咳咳，不要說謊，真的要拉到人）。
- **請影響力大的人士幫忙**：如果想請一群人做事，可以請他們之中有影響力的成員協助，這樣我們就能說：「像是某某某都同意了。」所謂的「有影響力」不一定是指資深人士，也可以請其他類型的人幫忙：
    - 專家：知識或能力深受敬重的人士

- 意見領袖：飲水機旁大家喜歡圍著講話的人
- 守門人：握有重要資源或掌控流程的人

群眾募資創業家葛雷格很喜歡宣傳哪些人也投資他（前提是對方同意當他的招牌），他知道這樣會吸引更多人加入。葛雷格表示：「人們會覺得某某某都投資了，應該沒問題。我永遠會特別花力氣說服意見領袖，以及人脈特別廣的人。如果能讓**他們**投資新研究，他們就會跟朋友談到那個研究，他們的朋友也會想加入。」

## 參與過就會有感情

專案是自己的好？沒錯，我們為參與過的事，總會多一份感情。心理學家藍格除了前文提到的影印機實驗，還做過另一個著名實驗。她賣彩券給一群辦公室員工，一張一元[10]，一半的人拿到隨機選號，一半的人自己選號。兩天後要開獎前，藍格出錢買回受試者的彩券。此時第十二章提過的**敝帚自珍效應**已經出現，受試者過分高估自身所有物的價值，就算不是特別珍惜的東西也一樣。原價才一元，但隨機選號的人要求拿到兩元才願意放棄彩券，更關鍵的實驗結果是自己選號的人，要更高的價格才肯放手，要求很高的八塊。

其他真實生活情境的研究也出現類似效應。兩名英國診所的櫃台人員，請病患親自在卡片上寫好下次的預約時間與日期，而不是直接寫好遞給他們，結果放鴿子的人數少了一八%。11

為什麼人們參與過就會比較珍惜？我們先前提過，自主權很重要，自主權是人們做事的動力，「參過一腳」讓人們有主控權，大腦愛死主控權。

我們溝通的時候也一樣。我們覺得直接告訴別人我們要什麼，或是他們一定得做什麼，叫「清楚的指示」。的確，如果是本章先前提到的不那麼重要的小事，或是簡單的協商，搶先提出建議很好。如果是需要同事長期投入、用信念支撐的事情，一聲令下只會讓人們心態沒那麼正面、沒那麼支持。最好給大家一點空間，讓他們自己想出為什麼要那樣做。我們必須讓別人自己選彩券。

艾瑪找來一大群老師談新教法的時候，給大家自主的空間。艾瑪表示「教師訓練課程通常無聊透頂」，因此她採取非常不一樣的方式，讓其他老師覺得制訂新教法他們也有功。「我讓老師說出自己的想法，而不是我教他們該怎麼做。我安排『園遊會』，十位有好點子的老師一人主持一桌，向同桌的老師示範新教法。」艾瑪讓其他老師自己找出每一桌有什麼有趣的教法，選擇下一站要到哪一桌參觀，然後寫下自己特別喜歡的地方。艾瑪讓老師小組討論並決定自己要學什麼教法。艾瑪提供討論的架構，也提供引導，但盡量把主導權留給每一位老師。艾瑪說：「那次園遊會之後，要大家動起來變得很容易。」

我們要如何給他人主控權，讓他們主動參與我們推動的改變？接下來是關於三種情境的建議：

**➡情境一：如果想提出建議，那就從相關人士的觀點出發，把點子連結到他們擔心的事。**

- 分享實際情形，先不要說出我們自己的觀點。
- 請**其他人**就我們所描述的事提出看法。
- 找出雙方英雄所見略同之處：「你提到的XYZ，和我在想的事不謀而合。」

群眾募資創業家葛雷格表示：「就算我們急著表達看法，永遠要先問我們想解決的議題，對方有什麼看法。以我來說，我們碰上的問題是醫療研究贊助不足。問其他人的意見可以讓他們參與討論，一起想辦法解決問題，而不是我單方面地窮追猛打要錢。」

**➡情境二：如果需要協助，先請教他人的建議。**

- 問對方：「如果你是我，你會如何解決這個問題？」
- 問完前一個問題後，才問：「你能協助我那樣做嗎？」

我們如果突然跑去請別人幫忙，別人很容易覺得壓力太大，而且太急、太趕。此外，人們處於防禦模式時，就沒那麼慷慨大方。我們應該先說出自己碰上的挑戰，請他人提供建議（當然，此時要仔細聽），讓對方知道我們重視他們的意見。意見被重視是一種社交獎勵，可以讓人們進入發現模式，別人會更想幫助我們。十九世紀的政治顧問亞瑟・赫爾普斯（Arthur Helps）有一句妙語：「懂得向我們求教的人，我們永遠欣賞他們的智慧。」此外，很重要的一點是，討論會讓對方更知道自己如何才能幫上忙。

## ➡情境三：如果要別人一起改變「向來如此」的事，我們必須提供選項。

- 請別人一起想出推動改革的方式。
- 如果無法請他人一起制訂選項，至少要有東西給他們選擇，覺得那也是他們的決定。

有時情況該怎麼做，早已拍板定案，可能是我們做的決定，可能是上頭做的決定，我們只是那個負責宣布消息的人：「公司要組織重整，重新安排職位。」我們也知道，這已經是三年來第三度重整，大家士氣消沉。不過要是能給大家一點選擇，還是能讓大家的大腦得到很想要的主控感，不至於完全放棄。

不單是宣布壞消息時可以用上這一招，只要是想請大家一起參與的事務，都可以派上用場。

舉例來說，每次碰上大型工作坊，我做的事都很固定，我得教客戶某些技巧。然而，我的客戶必須喜歡那些新概念，喜歡到走出工作坊之後、真的會在日常生活中運用，我做的事才有意義，因此關鍵在於讓客戶參與。我不能整堂課都讓大家自由討論，但我可以怎麼做？我給客戶選擇，而且是非常多選擇，例如課堂上我做完分析之後，把結論擺在客戶眼前，問大家覺得哪件事最重要，接著依據重要性調整我的上課順序。如果大家討論得很熱烈，我會給他們選項，要繼續討論這件事？還是要「同意大家都不同意」，直接進入下一個主題？如果時間不夠，我會問大家想不想跳過某些內容，還是要縮短午休時間，或是今天晚一點結束。雖然我得配合大家的選擇，但好處多於麻煩。我知道要是大家覺得這個工作坊是**他們**的工作坊，不是我的工作坊，他們會更重視我教的內容。

## 除了「受」，也要「施」

我們努力從他人身上得到東西時，也要記得給予。先前的章節提過，人類愛社交的大腦很重視「互相」的感覺。都是我們在付出、什麼都沒得到的時候，我們會覺得不公平、想退出。我們如果在十字路口禮讓其他駕駛，卻沒得到感謝，或是別人每次都是需要幫忙才想到我們，我們會不高興。賓州大學心理學家亞當．格蘭特（Adam Grant）表示，同樣的道理，當別人覺得我們不是那種「只懂得拿、不懂得付出」的人，他們直覺會比較想協助我們。[12] 我們需要別人幫忙或一起合作時，應該做到一件事：

➡不要只問：「我需要什麼？」也要問：「我能提供什麼？」

萬一我們要請非常資深或不熟的人幫忙，該怎麼辦？我們能提供什麼？其實還是可以提供很多東西，至少我們可以提供感謝，而且要明確講出我們覺得他們哪些地方做得太棒了。大多數人做事很少得到讚美，就算是地位崇高的同事，也喜歡具體的讚美。我們可以大肆宣揚他們的協助，也可以自請協助他們的專案。群眾募資創業家葛雷格表示：「我最常能幫上忙的事，就是介紹自己的人脈，就算跟我的工作沒有直接的關係。」想一想我們可以如何幫助他人，好人通常有好報。

## 大家一起來：發揮世界級的影響力

馬賽拉（Marcella）是研究人類免疫系統的專家，她的任務是努力替全球找出有效的HIV愛滋疫苗。她已經是資深科學家，其實大可關注自己的研究就好，不必管其他事，但她決定站出來推動一項很大的挑戰：說服全球的HIV實驗室採取相同的實驗流程與實驗標準，方便比較與整合所有人的研究成果。這將加速找出拯救萬千性命的疫苗。

可是要全球的實驗室統一流程與標準，不是一件簡單的事，因為大多數實驗室有自己的文化和做事方法。馬賽拉雖然取得數個贊助委託，成立了「全球品質系統」（global quality system），光是打著這個系統的名號，還不足以讓全球半信半疑的實驗人員改變做事方法。馬賽拉無權要求別人的實驗室該怎麼做，她必須尊重每個實驗室的做事方法，以更巧妙的方法說服大家。

馬賽拉知道，如能先取得幾間有聲望的實驗室支持，其他實驗室會更願意跟進，也就是前文提到的「社會認同」效應。因此，馬賽拉先透過自己的學術人脈，從三間實驗室著手。「這三間實驗室原本各用各的方法實驗抗體與細胞，從來不曾與他人合作。」如果這最初的三間實驗室能採取統一的標準化作法，其他實驗室就會看到馬賽拉的方法行得通。同樣地，馬賽拉得先得到那三間實驗室的關鍵人物支持。「我們需要取得每一間實驗室的主持人支持，才可能改變他們的研究同仁，因此我成立了委員會，請每間實驗室的兩位領導者加入，一同推動所有事情。」

即便如此，不是內部的每個人都信奉標準化，而且口頭說會支持的人，也得推他們一把，讓他們真正採取新的做事方法。「老實講，標準化最初感覺會拖慢進度，但我們證明長遠來看有很大的好處。」馬賽拉清楚描繪出美好的未來，讓大家明白標準化可以帶給實驗室哪些好處，例如參加標準化計畫的實驗室聲望會提高，吸引到更多人才，取得更多贊助。馬賽拉除了強調實驗室可以得到的好處，也特別強調個人可以得到的好處。她告訴每一位研究人員，參加了這項計畫，他們將變成科學先驅，還能把這豐功偉業放在履歷上。「對許多人來說，學術聲望是頭等大事。」另外，馬賽拉也沒忘了強調大家真正關心的事：「我們提醒所有人，參加標準化計畫，能大力推動ＨＩＶ研究，為全人類謀福祉。」

此外，雖然請大家個別提意見會讓事情變複雜，馬賽拉還是讓每間實驗室覺得流程由自己掌控。「我請每間實驗室列出自己目前的標準作業程序，由他們自行提出流程標準化的方案。不用說，請大家提意見的結果就是我們被文件淹沒！」然而馬賽拉知道，請大家一同參與，效果會勝過由一個中央團隊發號施令，強制採取統一的流程，無視每間實驗室每天會碰上的特殊狀況。此外，馬賽拉也強調就算是標準化，也可以有彈性。「我告訴大家，雖然有模板，偏離標準程序不一定是壞事，有時我們可以從錯誤中學到東西，只不過要記錄下來，方便追蹤。」馬賽拉框架錯誤的方式，讓大家在出錯時依舊能處於發現模式。

推動標準化的過程並不有趣，馬賽拉表示：「一開始並不容易，我承受非常大的壓力，人們不分青紅皀白就討厭我，但我先生說：『妳是在做正確的事，繼續做下去。』從最初我一個人獨立在老舊建築物裡努力，變成兩個人一起合作，再來變成一大群人合作。我們一路走下去，從最初的三間實驗室，變成很多實驗室一起把新技術推廣到美國、中國、泰國、印度、南非、烏干達、英國、德國的實驗室。我們擬出近五百種最佳實務建議流程，提供控管取樣品質的統一方式。我們的贊助者現在還要把ＨＩＶ的經驗推廣到其他傳染病研究。」馬賽拉的標準化努力，今日依舊推動著國際合作。

**讓大家聽完後開始行動**

下一次我們需要協助與支持，或是希望大家一起參與的話：

**給一點解釋**：請別人做事，至少要給一個簡單的理由，說明為什麼那件事很重要。

**讓選擇變容易**：

- 找出別人拖拖拉拉不肯做的原因，幫他們解決麻煩。此外，人們不願做事的原因不外乎不想花力氣，因此最好能讓大家什麼都不用做，就能支持我們。
- 提出具體的意見作為討論的「錨點」，讓大家不用花腦筋。如果是和數字有關的協商，可以給一個範圍，下限是我們的理想數字，上限是錦上添花的數字。
- 提供視覺提示，讓大家看到我們想要的結果。

**讓大家看到好處**：不要以為大家都懂我們要求的事有什麼好處。告訴他們做了之後對他們個人有哪些好處，為什麼他們應該關心那件事。搶先想好大家可能有哪些疑慮，解釋事情其實不是那樣。

**看到別人做，我們也會想試試看**：讓對方看到和他們很像的人也在做一樣的事。如果想讓很多人一起做一件事，首先要找出他們聽誰的意見，例如「專家」、「意見領袖」、「守門人」。這個人是誰有時可能不明顯，得先找出來。

**參與過就會有感情**：成功讓別人「全心」支持後，要想辦法讓他們也「全力」支持。請對方說出自己的觀點，接著告訴對方你們有哪些事英雄所見略同。請別人幫忙前，先請教他們的建議，給別人空間自己想出幫忙的方法，而且是主動決定要幫忙。

➡**除了「受」，也要「施」**：人與人之間是互相的。要別人幫我們，也要想一想如何幫上對方的忙。

# 第16章 拿出自信

前兩章介紹如何讓別人想聽我們說話、想幫助我們，本章則要講，如何藉由表現得信心十足，增加影響力，讓站在眾人面前不再是一件令人痛苦的事。

想到要站出去，在一群覺得我們是無名小卒的人面前講話，會讓我們緊張得要命。「特里爾社會壓力實驗」（Trier Social Stress Test）就是用這種方式，製造受試者的壓力。受試者必須在委員會面前，主張為什麼自己是夢幻工作的合適人選，實驗還製造各種難堪的情境，例如要評審不能對受試者微笑，受試者果然心跳加速，各種壓力荷爾蒙增加，大腦與身體都呈現高度警戒狀態。特里爾實驗已經給人很大的壓力，然而真實世界的情境壓力通常更大。特里爾實驗至少還讓委員會坐著好好聽，我們大多數的人提出主張時，則是和一群砲火四射、各有主張的人共處一室，光是電腦當個機，我們就很想抓狂。

行為科學可以如何協助我們，讓我們在壓力大的情境下依舊拿出自信？首先，相關研究告訴我們自信很重要，面臨生活挑戰卻依舊保持鎮定的人，讓人想要信任、想要跟隨。[1]因為缺乏判斷資訊時，大腦的自動化系統會採取捷徑：「如果某個人似乎很相信自己說的話，他們說的話大概是對的。」科學家稱這種捷徑為**自信捷思法**（confidence heuristic）。大量研究顯示，組織裡的人一般視有自信的人為地位高的人，會特別重視這樣的人所說的話。[2]

什麼**是**自信？研究顯示自信這種特質通常與主動採取行動有關。我們看到有人站出來說話，就會假設那個人有實力、有專業、有能力帶來影響。如果有人言之鑿鑿，或是在情況不明時表現出篤定的樣子，我們也會覺得那個人應該有真材實料。

我們很難明確定義什麼叫有自信，每個人個性不同，A有自信的樣子，跟B有自信看起來可能不同。有的人很安靜，不是口若懸河的那種人，但就是散發出有自信的氣質。這種人平常不講話，但一開口大家都會聽。群眾募資創業家葛雷格數十年來與最資深的企業家、政治人物打交道，他說：「真正的自信跟趾高氣揚一點關係都沒有。有自信的人不一定凡事都有篤定的答案，但他們心中有足夠的安全感，願意停下來參考別人的意見，考慮他人的主張。」研究顯示，在重視合作的文化中，相較於說一是一、說二是二的果決風格，講話不武斷的人反而容易升遷。[3]

因此，真正的自信和講話大聲無關。自信是指我們有辦法拿出自己最好的一面，而非試圖模仿別人意氣風發的樣子。自信是指在面對壓力時，依舊處於發現模式，好奇眼前發生什麼事，不覺得碰上威脅。自信讓大腦專注於聰明的思考，不會忙著採取防禦的態度。

本章將介紹幾招大膽展現自我的方法。

## 我們是興奮，不是緊張

接下來，先從我們最需要鼓起勇氣的時刻說起：即將要推銷、做簡報或請別人做事之前的那段時間。

我們的大腦如果知道即將面對興奮、有挑戰的事，會釋出大量的神經傳導物質至神經通道，增強動力與專注力，讓我們有辦法一躍而起，採取行動。科學家稱那個過程為「喚起」（arousal）。好了，別再偷笑，這個英文字的確就是「喚起性欲」的那個「喚起」。我們工作的時候，有時也得想辦法「喚起大腦」，做好心理準備，例如要在眾人面前講話或請求加薪的時候，我們都得鼓起勇氣讓大腦準備好。即將面對挑戰時，大腦會讓我們保持警覺，同時也可能感覺到緊張，腎上腺素與正腎上腺素兩種神經化學物質，讓我們心跳加快。不過只要警覺與緊張程度別太超過，情緒保持正面，大腦依舊處於發現模式，就不至於驚惶失措。

如果我們用負面方式解讀情境，害怕別人發現我們能力不足，或是覺得事情超出掌控，過度的「喚起」會讓大腦進入防禦模式。這下可好了，大腦的生存迴路開啟「戰–逃–呆住反應」，讓腎上腺素與正腎上腺素的量多到準備好戰鬥。少量的腎上腺素與正腎上腺素，可以讓我們奮發向上、注意力集中，量太多則讓我們膽戰心驚、草木皆兵。而且此時大腦還不算火力全開，要是再多等個二、三十秒，腎上腺會開始反應，除了釋出**更多**腎上腺素與正腎上腺素，也會釋出火力最強大、作用較晚出現的皮質醇。

從大腦開始警覺，一直到腎上腺開始作用，那半分鐘左右的時間是黃金時刻。此時，我們依舊能迅速滅火，告訴自己沒事了，眼前沒有威脅。注意到心跳開始加速的頭幾秒，我們還有選擇。可以把眼前的情況詮釋成威脅正在迫近，讓大腦火力全開，進入防禦模式，也可以決定把狀況詮釋成自己的身心都準備好了，預備面對令人興奮的挑戰。到底是「要完蛋了」，還是「大展身手的時刻到了」，端看我們怎麼選擇。研究顯示，要是選了「大展身手的時刻到了」，我們在壓力下的表現會很不一樣。加大舊金山分校的溫蒂・貝瑞・曼德斯（Wendy Berry Mendes）與羅徹斯特大學的傑瑞米・傑米森（Jeremy Jamieson）兩位心理學家做過一系列研究，證實把呼吸心跳加速視為「能促進表現」的人士，表現的確較佳。兩位心理學家表示：「『喚起』在心理學上很難定義，我們究竟會有什麼反應，主要看我們如何看待情境，以及我們如何詮釋自己的生理反應。」[4]

因此，下次發現自己開始激動時：

- 提醒自己，那是身體和大腦在為接下來的事做準備。
- 用自己的話告訴自己：「我的身心都準備好迎向挑戰，來吧！」

提醒自己「我是興奮，不是緊張」，就足以在開口說話前，把大腦導回發現模式。

## 回想為什麼要做這件事

我們還能搶先在腎上腺開始作用之前，幫自己增強信心，進入發現模式。方法是先不要去管眼前的挑戰，回想一下人生真正重要的事，例如我們的價值觀是什麼，我們的人生目標是什麼。

回想那些事就會有自信？沒錯，而且是大幅增強自信。加大洛杉磯分校的心理學家大衛．葛里斯威爾（David Creswell）與同仁，進行前文提到的特里爾壓力製造實驗。實驗開始前，實驗人員先請所有的受試者做問卷，填答他們覺得某些價值觀與議題有多重要，接著請**部分**受試者針對自己最重視的價值觀，進一步說明自己的觀點與感受。花時間回想個人重要價值觀的受試者，接下來接受壓力測試時的體驗，明顯與其他人不同。這群受試者自己說，在眾人面前說話時，他們不覺得說話有那麼難，也比較不焦慮。他們的大腦與身體似乎也同意主人的確不緊張，他們的唾液中採集到的皮質醇，明顯比其他人少。[5]

我們要如何回想起個人價值觀，在壓力下依舊保持自信？在我們提出重大請求、勇敢把話說出來之前，可以先做三件事：

- **用一、兩句話簡單寫下我們活著或工作的理由：**紐約大學的蓋文・奇爾道（Gavin Kilduff）與哥倫比亞大學的亞當・格林斯基（Adam Galinsky）兩位心理學家發現，研究對象這麼做之後，就算他們的個人目標和眼前的工作沒有太大關聯，同事也會覺得他們比較主動，具有領導風範。[6]
- **提醒自己為什麼要做那件事，背後崇高的理由是什麼：**除了我們自己之外，還有誰會因為我們推動的事得到好處？我們提倡的事是否會讓公司、社會或聽眾受益？有時我們不好意思提出要求，是因為我們是為了私利，或是害怕別人**覺得**我們自私，因此葛雷格時常提醒自己：「我是在改變健康照護的未來，而不只是到處向贊助者要錢。」葛雷格採取崇高觀點時比較放鬆，也比較有自信。
- **專注在最心心念念之事：**事關重大時，說出自己最關心的事可以強化自信，經驗再豐富的溝通者，有時也需要靠這個方法助自己一臂之力。媒體公司執行長派崔克（Patrick）有個有趣的例子，他曾在績效教練的輔導下，準備召開大型媒體發表會。派崔克非常習慣公開發言，然而這次練習演講，講到一半都會結巴。這事很怪，因為他這輩子從不結巴；這次只要一練習到公司要蓋新工廠他有「多興奮」的段落，他就開始結巴。教練問他是怎麼一回事，派崔克告訴教練：「老實講，這段內容不完全是我的真心話。」教練讓派崔克專注在自己真心感到興奮的段落，結果呢？派崔克不再結巴，下台時還獲得熱烈掌聲。

## 大搖大擺一下

我們做準備與實際上場時，還可以靠很特別的一招增加自信。

本書開頭的〈腦科學基礎理論〉一章提過，身心是雙向的，「心」會影響「身」，「身」也會影響「心」。我們想要有自信的時候，可以利用這個雙向現象。艾美・卡迪（Amy Cuddy）等哈佛研究人員發現，人感到勇氣十足時會擺出大猩猩的姿勢，讓自己看起來比較高大威武一點（「**又是**大猩猩？」沒錯，又是大猩猩）。我們會站得高高的，還亮出身體，例如雙手放在後腦勺，或扠在腰間。我們緊張或想躲起來的時候正好相反，肩膀縮起，雙手交叉在胸前，垂頭喪氣，想把自己變小。

卡迪團隊和瑞士研究團隊的驚人發現，則是倒過來也一樣。我們「耀武揚威」的時候，如身體站直，雙腳分開穩穩踩在地上，挺胸並展開雙臂，自信心就會立刻增強[7]，就好像輕鬆自在的姿態會告訴大腦附近沒有威脅，不必採取防禦模式。卡迪的研究發現，受試者如果演講前先花兩分鐘伸展雙手、雙腿，擴大自己身體占據的空間，獨立的觀察人員會覺得他們的演講表現，遠勝演講開始前乖乖坐在位子上的講者。[8]

潔瑪（Gemma）是某全球農產品公司的羅馬尼亞營運負責人，地方上的生產、銷售、公關，事事都歸她管。她做這份重要的工作已經好幾年，覺得該是更上一層樓的時候，然而每次她和老闆談升遷，得到的回應都是「妳不適合當董事」。潔瑪追問自己究竟哪裡不夠好，老闆卻說不出個所以然。她的工作表現一點問題也沒有，只是在老闆心中，別人看起來就是比較嚴肅莊重，比較「像個董事」。潔瑪對自己的能力很有自信，但她的外表讓人看不出實力。「我努力表現，但輸在莫名其妙的理由。我心想：『好吧，我懂了，我得站出去。』能力很重要，但態度也很重要。」

潔瑪的機會來了。公司要開一場很重要的會議，她得在董事會面前，替羅馬尼亞分公司多爭取一點預算。潔瑪知道，這次的會議是她展現實力的機會，她這次準備的重點是擺出很有自信的樣子。「我一直在心中叮嚀自己：『抬頭挺胸站出去。』我想像自己說話的時候一點也不緊張，一切都在掌握之中。」開會時，「我已經完全變成想像中的那個人，我背挺直、頭抬高坐在桌前，雙手擺在兩側，還看著每個人的眼睛，強而有力說出要說的話，心中不斷想著：『這是我的場子。』」有效嗎？「太不可思議了，在場的人都認真聽我說話。開完會之後，董事長還把我拉到一旁，要我爭取更高的位子，說他會支持我。我現在隨時隨地都提醒自己要抬頭挺胸站出去。」

下次碰上重要的發言場合，試一試：

- 幫自己找個伸展空間，空房間、走廊、廁所都可以。把身體站直，兩腳與肩同寬，伸展與晃動一下雙臂，抬頭挺胸。雙手打開擺在桌上，或是放在頭上。
- 講話的時候，試著放鬆肢體語言。發現自己駝背就坐正，深呼吸，讓肺部充滿空氣。

不要交叉雙手或雙腿。試著將一隻手放在椅背上，或是雙手手掌擺在桌上。

## 讓別人看見我們的功勞

老實講，職場上不是默默做事，別人就會知道我們的付出。第九章也提過，我們都想貢獻自己，也想被感謝，被重視是人類的基本需求，可以讓大腦留在全力運轉的發現模式。因此以下要分享幾招，讓獎杯刻的是我們的名字。

克莉絲汀（Cristine）剛出社會時，在巴西一間科技新創公司當銷售人員。過去幾年，她換到一家更大、全球有數萬名員工的公司。克莉絲汀替事業服務部門開發客戶，業績很不錯，但公司員工很多，要讓別人注意到她的好表現並不容易。「我不會跑去告訴上司我很厲害，我覺得吹噓不是我的風格，我告訴自己：『只要我好好做，大家有目共睹，不需要到處宣揚自己做了什麼。』結果卻不是那樣，我的確需要說出自己做了哪些事，因為別人就算喜歡你，也不會花工夫找出你究竟做得有多好。我們如果不主動說出自己令人印象深刻的優秀成績，其他人不會知道我們有多能幹。我自己是業務，應該比任何人清楚這個道理！」

新主管建議克莉絲汀：「每次碰到高層，都說出自己最近的好成績。我照主管的建議做。一開始覺得很怪、很彆扭，好像在念台詞，但我很快就能用自然的方法說出：『你可能有興趣知道，上星期我和誰談了什麼事，我們覺得現在有一個很好的機會。』這比一般的閒聊有趣，而且一點都不會讓人覺得是在強迫推銷。」

克莉絲汀靠著兩件事，讓自己漸漸習慣介紹自己的功勞。「我發現訣竅是，說出談話對象有興趣知道的事，我會思考自己最近在做的事可以如何幫上對方的忙。如果可以幫上忙，我會把話題帶到那上面，人們當然會注意聽。每個人都想聽到和自己有關的事，我們得迎合聽眾。」

此外，克莉絲汀還發明了一種簡單但有效的方法，讓自己永遠有好消息可以報告：「每週五下午，我會挪出五點到五點半的時間，反正那段時間通常也沒心情工作了。我會在試算表上寫下過去一週做了哪些很棒的工作。我預留半小時，但實際上花五分鐘就能想好。我一邊回想自己的工作，一邊想每件事誰可能有興趣知道。除了聊天時可派上用場，公司打年度績效時，我就有很完整的資料庫可參考，因為都寫下來了。」克莉絲汀給了近期一個例子：「客戶最近走漏機密資訊，我花很多工夫幫他們扭轉情勢。對方非常感激，高我五階的主管還特別寫信感謝我。不過老實講，再過六個月，我就會忘了這件事，寫下來可以提醒自己。」

克莉絲汀成功了嗎？「現在就連不認識我的人，都知道我工作做得很好。我覺得我是在建立個人品牌，人們知道事情交給我就對了。現在告訴別人我做過什麼事，像是我的第二天性，主管甚至也學我星期五下午列出自己做出的成績。」

下一次各位希望小露身手的時候，可以和克莉絲汀一樣，從頭到尾走一遍本書第五部分的建議：

- **從談話對象的觀點出發**：找出他們最關心什麼事，或是他們對工作上哪一件事感到興奮，讓他們知道我們在做的事可以如何幫上忙。
- **帶入真人真事**：說出我們的工作如何帶給某某顧客或同事正面的影響，不要只談數字或抽象概念。
- **愈簡單愈好**：人們比較容易記住明顯的兩、三項成果，不容易記住一長串事蹟（不過資料多準備一點，當然是好事）。
- **給原因**：解釋**為什麼**我們要做那些事，讓大家知道我們具備優秀的判斷能力。如果能說個小故事就更好了，大家會更容易記住。
- **運用「社會認同」**：讓對方知道，和他們很像的人或是他們尊敬的人，也熱情支持我們的點子。
- **讓大家一起來**：請對方建議接下來可以怎麼做。接著讓對方知道，我們會如何依據他們的建議行動。
- **施與受一樣有福**：我們希望別人讚賞我們，別人也希望受到讚賞。情緒會傳染，而且人是一種「互相」的動物。就算是最資深的主管，也想聽見自己做的事很有意義。

## 拿出自信

下次碰上需要拿出十成自信的場合可以怎麼做？不妨試試這幾招：

- **把「緊張」想成「興奮」**：發現自己開始出現緊張的徵兆時，如心跳加速、呼吸變快，把那些現象視為身體已經準備好面對挑戰。不要想著：「要完蛋了。」而要想著：「大展身手的時刻到了。」
- **回想自己的價值觀**：人生與工作真正重要的事是什麼？為什麼我要推廣這件事？上場前，寫張小紙條提醒自己最重要的事。講話時，重點要擺在自己最關心的事情。
- **大搖大擺一下**：上場前，給自己五分鐘站直身體，雙臂展開，抬頭挺胸。實際上場時，也要「大搖大擺」，坐得直挺挺的，不要駝背，手不要交叉在胸前。
- **讓別人看見我們的功勞**：運用本書第五部分提到的所有建議，說出自己的豐功偉業。記錄一下自己每天有哪些小成就，讓健忘的自己和健忘的主管，不必靠著不完美的記憶回想我們做過哪些事。
- 複習第三章建議的**「心理對照」**、**「促發」**與**「心中演練法」**三大法寶：面對挑戰時，這幾招能讓我們信心大增。

# 第六部分 恢復力：再挫折、再累也能撐下去

事無好壞，就看我們怎麼想。

——威廉．莎士比亞（William Shakespeare），《哈姆雷特》（*Hamlet*）

本書一再強調，一天要怎麼過由我們自己決定。不過當然，日常生活總會碰上令人出乎意料的事，例如最後期限突然提前，別人沒問過我們就做了決定，有時天上還會突然掉下危機。我們幫自己的一天設定好良好的目標，也努力用正面的角度看事情，但工作依舊突然出包。有時別人答應做事卻沒做，或是遲遲不給回覆，讓我們進度落後、壓力大增。然而，我們無法避免這種不確定的事，人生就是這樣。

好消息是我們人是很有恢復力的動物。哈佛心理學家丹．吉爾伯特（Dan Gilbert）數十年來的**情感預測**（affective forecasting）研究證實，不論是好事還是壞事，我們容易高估生活事件帶來的影響。就算人生發生最糟糕的事，我們仍有能力適應新情境，有朝一日再

度和從前一樣快樂。[1]不過我們陷入失望與暴躁時，就算知道有一天事情終會過去，依舊難以寬心。

因此在接下來的「好日子配方」，我要介紹具可靠科學依據的技巧，協助大家在遭遇挫折時快速回歸正軌。首先，我會介紹如何從不愉快的事之中重新站起來，接著我會談如何放下心中的糾結，讓事情過去，教大家用優雅的姿態處理生活中不確定的事。最後，我還會談錯在別人身上時最佳的處理方法，讓各位繼續開心向前。

# 第17章 危機之中保持冷靜

巴泰克（Bartek）年輕時就想從事餐飲業，不過他剛從波蘭抵達倫敦時沒得挑，有什麼工作就做什麼工作。他先是在一家飯店負責拖地板，等著清潔的走廊「長到可以看見地球的弧線」。巴泰克後來說服飯店主廚讓他在廚房幫忙，接著到外燴業發展，一路順遂。後來還跳槽到一家很受歡迎的湯品燉菜製造商當資深經理，除了監督日常營運，還協助老闆拓展事業。不過二〇一二年時，巴泰克摔了一大跤。那年的奧運在倫敦舉辦，巴泰克以為倫敦會湧進大批觀光客，決定擴增產能，然而預期中的人潮完全沒出現。

巴泰克回憶：「每個人都預測奧運會讓倫敦人山人海，各行各業忙翻天，需求多到不行，訂單滿天飛，路上塞滿遊客，來不及出貨。我花了很多時間確保到時候一定可以順利出貨，於是多雇司機，搶先租下很多貨車，一切準備就緒。我以為這下子不但可以服務到老顧客，還能搶到新生意，因為其他廠商不像我們準備得那麼周全，叫不到貨的餐廳會來找我們。然而奧運開幕式那天，我們所有人早早出門上班，準備大顯身手，以為路上會塞到不行，但交通非常順暢。我們的車隊才花了三小時就回到倉庫，所有的貨都送完了。」

開幕式過後，巴泰克的公司生意依舊清淡，訂單不但沒有大增，反而減少，不斷賠錢。「那是一段很痛苦的日子，我覺得大家開始質疑我所做的每一件事。」巴泰克因為打擊太大，難以好好思考，肌肉緊繃。他練過武術，知道肌肉緊繃代表大腦處於防禦模式，得想辦法冷靜下來，讓深思熟慮系統重新上線，再次找到正確方向。幸運的是，巴泰克知道如何回歸正軌，故事最後有了幸福快樂的結局。接下來我要向大家解釋巴泰克當時用了哪些技巧渡過難關。

## 貼上「情緒標籤」：事情講出來就沒那麼嚴重了

行為科學家發現，**情緒標籤**（affect labeling）可以快速化解憂慮、憤怒與沮喪感。歷年來的研究發現，我們如果有辦法說出自己正在感受的負面情緒，並講出原因，就能把那個情緒降到可控制的範圍。[1]

加大洛杉磯分校研究人員請四組有蜘蛛恐懼症的受試者，假裝自己有辦法靠近蜘蛛，想辦法摸活的捕鳥蛛（tarantula）[2]，不過各組分別做了不同的事。第一組受試者「貼標籤」，說出自己對這個恐怖實驗的心情，如：「那隻很醜、很可怕的蜘蛛讓我覺得很焦慮、很害怕。」（一般人大概都有相同感受。）第二組講激勵自己的話：「那隻小蜘蛛傷不了我，我不怕。」第三組顧左右而言他，講完全不相關的事，不去想蜘蛛。第四組是控制組，什麼都沒說。實驗結果很驚人：一星期過後，四組人再度面對蜘蛛，「標籤組」不害怕的程度，依舊遠勝其他三組，手掌比較不會出汗，而且可以近距離靠近蜘蛛。

負面情緒減少，反映出我們運用標籤技巧時大腦發生了什麼事。研究人員發現，我們看見潛在的麻煩時，大腦的生存迴路會被激發，然而一旦我們判定好發生了什麼事，生存迴路就會冷靜下來[3]，讓深思熟慮系統發揮邏輯推理能力，看到事情的全貌，找到出路。就好像認知功能要大腦別再發出警報：「好了好了，聽見了，現在要怎麼處理？」

巴泰克在奧運危機之中，也用上貼情緒標籤這一招。「我感覺到恐慌正在侵蝕大腦時，便寫下感受，寫下自己正在擔心的事，甚至每天寫日記記錄憂慮。一旦我把心情寫在紙上，心中就沒那麼恐慌了。」不過巴泰克也特別提到，說出心情這一招可能與同事的建議背道而馳。「別人常叫我們『忍一忍就過去了』，或是『撐過去就好了』。」這種忍辱負重的樂觀主義，的確可能幫助我們撐過去，但是把事情悶在心中得付出代價，研究顯示忍住只會讓事情變糟，不會變好。被壓抑的負面情緒會反彈，對身體、對精神的壓力會愈來愈大。[4]誠如巴泰克所言，「如果不顧慮自己的感受，直接跳進問題解決模式，此時想出來的辦法大概不會是最好的。」

本書第一部分提到的線上零售商執行長道格，也同意巴泰克的看法。「憤怒的當下，絕對能讓我不失去理智的方法，就是坦承自己不舒服。開會時，如果有人講了蠢話或敢做不敢當，我會告訴自己：『這的確讓人很煩，你有權不高興，等一下要處理這件事。』我承認自己有情緒，但先放著，稍後再去想。通常這麼做之後，脾氣就不會當場發作。」

巴泰克與道格並未因為貼上情緒標籤，就陷在負面情緒裡無法自拔，而是把負面情緒當成踏腳石，激勵自己想出辦法。我們也可以跟他們學這一招，試一試這麼做：

➡**寫下來**：用一、兩句話寫下心情，以及造成那個心情的原因（「我覺得不高興／不舒服／失望，原因是……」）。各位可以參考第九章的常見地雷表，找出自己為什麼有那樣的感受。寫好之後，回顧自己寫了什麼，不要批評，只要問自己：「現在該怎麼做？」

➡**苦水統統吐出來**：各位如果覺得和同事或朋友聊一聊有幫助，就請對方先聽就好，直到我們說完自己的感受與背後的原因，再提出看法。如果是私底下閒聊，我們只需告訴對方：「可以先讓我發洩一下嗎？」如果是很熟的朋友，甚至可以直接講：「現在先不要幫我想辦法，我只需要你點點頭，跟我說：『怎麼會有這種事！』」

➡**講出來**：下次再碰上氣氛緊繃的會議，直接告訴大家：「現在氣氛不大好，對吧？我們可以怎麼改變一下氣氛？」大家聽到我們點破都會鬆一口氣，讓大腦冷靜一下。接下來就比較可能解決問題。

巴泰克在公司碰上危機時，鼓勵大家公開討論目前的情形。「我召集大家，讓大家談發生了什麼事，請大家說出最擔心的事。一開始，我們討論產品線會受到什麼影響等話題，不過後來有人清喉嚨，勇敢說出真正擔心的事：『我擔心工作不保。』有人開第一槍之後，每個人都說出自己真正在煩惱的事，我也一樣。」巴泰克和同事最後並未丟工作，大家還對他轉危為安的能力印象深刻。正如巴泰克所言，在最危急的時刻，「只要說出我們最根本的恐懼，真的會讓事情好一點。」

## 拉開一點距離

正所謂旁觀者清，給別人建議，比解決自己的問題容易。我常在做團體輔導時看到這種情形，某個人想破頭都想不出該怎麼做，但一旁的同事一下子就給出高明的建議。給建議的人會不好意思地說：「我知道這很諷刺，但顯然你應該做X，我自己顯然也該那麼做。」行為科學家將採取不同觀點稱為**拉開距離**（distancing）。研究證實身處壓力時，拉開距離是高度有效的作法。

伊桑．克羅斯（Ethan Kross）是密西根大學情緒自控實驗室（Emotion and Self-Control Lab）主持人，他與研究同仁進行前文第十六章提過的特里爾社會壓力實驗，請一群受試者準備夢幻工作的面試，說出自己為什麼是那份工作的合適人選。[5]克羅斯版的特里爾實驗請受試者在準備好理由、在面試官面前說出來之前，用三分鐘思考自己的焦慮感。實驗人員請第一組人想想：「為什麼我會這麼緊張？」第二組受試者則被要求拉開距離，把自己當成外人，評論「為什麼卡蘿萊（自己的名字）會有這種感覺？」受試者終於在面無表情的面試官前說話時，「拉開距離組」得到的分數較高，受試者本人也覺得沒那麼緊張。研究人員發現不管是面試前、面試後，這一組比較不會覺得「完蛋了，要搞砸了」。

眼前的危機過去後，拉開距離也有好處。研究發現，人們如果從旁觀者的角度描述近期不愉快的事件，心中會比較平靜。此外，拉開距離似乎有持久的效果，下次再度發生事情時，抗壓力會變強。[6]

壓力很大時，有幾招可以拉開距離：

- **對著自己講話**：把「**我**很擔心今天下午的會議，因為……」，換成「**你**在緊張今天下午的會議，因為……」
- **把時間快轉到未來**：問自己：「一個月後、一年後再回頭看這件事，會有什麼感覺？」這招很簡單，但很有用，我個人最喜歡這種簡單的方法。
- **從別人的角度出發**：想一想別人如果從中立角度出發，他們會如何描述這次的事，例如路過的陌生人。

- **扮演「最好的自己」**：想一想處於明智狀態的自己，那個「最好的我」會怎麼看這次的事？這一招和把自己想成別人很像，但又能運用我們過去處理壓力的經驗。
- **給朋友建議**：拉開距離，問自己：「如果是朋友遇上相同的情形，我會給他們什麼建議？」

這裡只是簡單提幾個我看過有用的方法，各位可以實驗一下，發明最適合自己的小技巧。例如時尚產業營運主管克蘿伊（Chloë）碰上危機時，靠著自創的問題拉開距離：「下星期再回頭看的時候，『最好的我』會怎麼說？」這個問題等於用上前述至少兩個技巧，同時「快轉到未來」與「扮演最好的自己」。

零售商執行長道格也喜歡同時運用幾個不同的拉開距離法。「我常常問自己：『老實講，一年之後，這還會是什麼大事嗎？』此外，我會從外界的角度觀察自己碰上的事。」不管發生什麼事，「我會從不同角度想事情，一旦能從別人的邏輯想事情，我就有辦法在被惹惱的時候問：『**真的**是這個人的錯嗎？』或是不要恐慌，『事情最糟能糟到哪裡去？』」

巴泰克又是用哪一種妙招？「佛教要我們從孩子的眼睛看世界，我也用類似的方法拉開距離，問自己：『挨餓的孩子會怎麼看這件事？』這個方法聽起來有點極端，但對我來說有用。奧運期間，我擔心湯賣不掉、酪梨軟掉怎麼辦時，問那個問題提醒了我，酪梨壞掉不是世界末日，沒必要焦慮成這樣。應該保持清醒的頭腦，好好想接下來該怎麼做。」

## 問會刺激大腦獎勵系統的問題

許多研究都發現，我們處於正面心態時，更能處理不愉快的情境。[7] 然而事情一團糟的時候，要如何保持正面心態？

此時，我們可以問**帶給大腦獎勵的問題**。這裡所說的獎勵，不是巧克力或酒精會帶來的瞬間獎勵，而是指學到新東西、覺得自己很能幹，或是生活有目標時，人生基本動力帶來的長期激勵。獎勵大腦的問題可以幫助我們重返發現模式，讓我們一路過關斬將。下一次工作令人沮喪時，請試一試下列技巧，看看哪一個最適合自己：

### 「太有趣了！這件事讓我學到什麼？」

不管是工作時終於想出點子，或是聽見認識的人的大八卦，我們都會不由自主興奮起來。前文提過，背後的原因是人類的大腦喜歡新鮮事物，也因此事情出錯時，我們可以苦中作樂問自己：

➡「這件事讓我學到什麼？」

我見過無數主管甚至進一步採取指揮家班・桑德爾（Ben Zander）的建議。桑德爾很有名的一件事，就是教樂手在演奏出錯時，高舉雙手大喊：「太棒了！」然後問自己可以從中學到什麼。[8]「太棒了」三個字可以提醒音樂家發現的喜悅，就算人們在後頭竊笑也無妨。

巴泰克選擇從糟糕的奧運失誤中學到什麼？「我學到就算我杞人憂天，事先做好計畫，事情永遠會出乎意料。沒有人可以料事如神，我也一樣。接受這一點之後，我心情輕鬆起來。」巴泰克還學到另一件事：「我想到可以打電話給先前主辦過奧運的城市的外燴業者，問他們是怎麼做的。我學到可以吸取他人的經驗，不用老是一個人悶著頭解決問題。」巴泰克得出很實用、很棒的結論。

## 「過去碰過的難關教了我什麼？」

我們在第十章提過，提振同事績效的方法，就是讓他們感到自己有能力解決問題。我們也可以把那一招用在自己身上。發生讓我們沮喪、覺得自己無能的事件時，我們應該提醒自己過去學過哪些技能、哪些經驗，該是時候讓那些能力再度派上用場。

哈佛商學院教授、美敦力公司（Medtronic）前執行長比爾・喬治（Bill George）在《真誠修鍊》（*True North*）一書中指出，[9]回顧過去經歷過的個人「大考驗」，有加油的功效。所謂的「大考驗」，是指我們過去克服且讓我們變成今天這個樣子的人生事件。那些事件不一定與工作有關，可能是個人生活中發生過的事。我們可以問自己三個問題：

- 「我過去曾經成功處理什麼棘手的事？」
- 「我的哪些個人特質讓我有辦法克服那次的困難？」
- 「我可以如何把上次的經驗用在這一次？」

巴泰克發現，回顧過去的考驗可以讓自己樂觀起來，從失敗中再站起來。「我人生最艱困的時刻，大概是戶頭裡沒有半毛錢就跑到倫敦。」巴泰克想起自己當年隨機應變，願意在飯店擦地板等待時機。他現在依舊能屈能伸。「我擔心丟工作的時候，會想：『當年還不是這樣撐過來。』我想起自己其實是個很有韌性的人，便不再每天焦慮地原地繞圈。」

## 「真正重要的事是什麼？」

科學研究發現，人有目標的時候，可以百折不撓。[10]人生目標聽起來很大，人生究竟有什麼意義，我們當下可能不是那麼清楚，但我們永遠可以把目光放遠一點，想一想自己最重視什麼事，以及為了那件事，我們可以如何處理眼前的困境。回想真正重要的事帶我們回到本書開頭所談的主題：找出目標的第一步很簡單，第一步就是找出我們究竟想做什麼。巴泰克說幾乎每次他問自己兩件事，就能把事情想清楚：

➡「現在最重要的事是什麼？」

➡「我真心希望發生的事是什麼？」

巴泰克說：「每次我試著在工作與家庭間取捨，有時我想為公司員工做正確的事，有時則想當好父親。我弄清楚自己當下最想要的事之後，就知道該怎麼做，不再緊張兮兮。」

## 來點腹式呼吸

本書第六章提過，正念呼吸法可以讓心情平靜下來，第九章的「退一步讓大腦重啟」也提過如何在氣氛過僵時，靠呼吸控制自己的情緒反應。為什麼這裡還要再提一遍？

首先，我們緊繃的時候，最容易察覺的變化是呼吸會變淺、加快。我們如果開會開到一半開始喘氣，大概便是處於高度警戒狀態。第二，「身」與「心」會相互影響，呼吸也是這個雙向循環中的一環。無數的研究顯示，我們如果刻意放緩呼吸，慢慢深呼吸，一次吸進很多空氣，身體會認為那是威脅已經過去的訊號[11]，壓力荷爾蒙濃度開始下降，腦筋再度清楚思考。緩緩深呼吸九十秒，就足以讓大腦退出防禦模式。

本節我再多介紹一種呼吸法。這種呼吸法用在舒緩神經內分泌系統是最有效的，叫「橫膈膜呼吸」，更簡單的說就是「腹式呼吸」。這種呼吸法把肚子挺出去，讓肺撐開到最大，學理上叫「壓下橫膈膜」。不過「壓下橫膈膜」有點讓人聽不太懂該怎麼做；我們只需要記住深呼吸到肚子會鼓起來就好。

腹式呼吸法曾經幫助第十二章的銀行財務長納洋度過最難熬的日子，納洋身經百戰，例如上次金融危機時，他與多家機構合作，讓大家不至於倒閉。納洋告訴我：「事情一度危急到每天都有『我的天啊！』的時刻，我身心俱疲。事情實在太複雜，情況比我想的糟很多。我一天的工作時數，每天要處理的挑戰，多到數不出來。」納洋為了度過那段金融危機，幾乎用上本書討論過的所有技巧，不過他每天必用的方法是腹式呼吸。「我的團隊問我，發生這麼多事，我怎麼有辦法保持冷靜，所以我告訴大家我怎麼做。首先，靜下心聽自己的呼吸，接著緩緩深呼吸。你也可以閉上眼睛、放鬆身體，從腳趾一路往上放鬆，不用試著控制自己的思緒，自然而然就能完成簡單的基本正念練習。不管是在火車上還是在會議室，都可以深呼吸。」

我自己的工作很少像納洋一樣，刺激到可以拍成電影，不過我幾乎每天都會運用腹式呼吸。不論是交通工具誤點或塞車，腹式呼吸可以幫助我保持冷靜（各位如果擔心腹式呼吸會讓肚子看起來很大，只要坐正或站正，深呼吸時拉長上身，沒有人會發現你在做什麼）。腹式呼吸能緩解煩躁的速度，快到我覺得應該立個牌子，提醒大家在開車或踏上大眾交通工具之前，先做一下腹式呼吸。希望這一招能改善各位的通勤時間。

# 不要害怕未知數

工作充滿太多未知數。這個月我能達成銷售目標嗎？我有辦法升職嗎？有辦法讓新客戶喜歡我嗎？執行長要大家「提升效率」是什麼意思？我們的大腦很脆弱，不只是糟糕的事會讓我們不舒服，光是不曉得會不會發生糟糕的事，也會讓我們充滿壓力，因此我們會想辦法避開不確定的事。

舉例來說，如果現在有兩個選擇：A，直接拿走三十美元現金；B，賭他一把，有八成的機會可以拿到四十五元，但有兩成的機會半毛錢都拿不到。各位會選 A 還是 B？B 顯然比較誘人，因為平均期望值是三十六元。如果各位還是想選 A，你們並不孤單，大部分人都選 A。行為科學家稱這種現象為**確定性效應**（certainty effect）。[12]

為什麼我們想避開缺乏資訊的情境？原因是此時我們的大腦就得花很多力氣思考，被迫評估各種可能情形，而我們也知道大腦的自動化系統多喜歡替我們省力。情況不明時，我們對負面的事會特別敏感，一有風吹草動就覺得是威脅。舉例來說，英國惠康基金會神經成像中心（Wellcome Trust Centre for Neuroimaging）的研究人員發現，一樣是請受試者摸高溫金屬板，人們不曉得金屬板的實際溫度時，會覺得自己被燙得特別痛。[13]

不過有時候，我們又似乎很享受不確定性。電視節目或電影如果高潮迭起，不曉得接下來劇情會怎麼發展，我們反而看得津津有味。研究也顯示，各種文化的嬰兒都喜歡玩躲貓貓。看見大人的臉一下子不見、一下子出現，嬰兒會覺得很有趣。[14]然而重點在於，我們喜歡的不確定是**有界線**的不確定，也就是確定的不確定。舉例來說，我們讀驚悚小說或是看驚悚片時，作者和編劇扣住很多資訊不讓我們知道，但**可以確定**，花幾小時看完書或電影後，一切都會獲得解決，而且故事的結局再令人驚訝，都不會影響到我們自己的生死。小嬰兒玩躲貓貓也一樣，只有在事情確定時，這個遊戲才好玩，例如躲起來的人，就是跑出來的那個人，而且在差不多的位置出現。研究人員發現，要是跑出來是不一樣的人，或是一樣的人從完全不一樣的地方跑出來，嬰兒就笑不出來了。[15]

當我們碰上未知數帶來的壓力時，可以試著幫不確定性畫上界線，找出我們確實知道的事。不確定的東西愈少，大腦就愈鎮定，不再緊張兮兮，更知道接下來該怎麼做。

不管情況有多混亂，永遠有**一些**我們能確定的事。碰上危機時，如果把注意力放在工作不受影響的部分，我們可能會發現，其實八成局面還屬於可掌控的範圍，只需替不確定的那兩成做好計畫，或是至少找出不確定性**何時**會消失。此外，我們如何反應也是可以控制的事：要說什麼、要做什麼、要有什麼感覺，都是我們自己的選擇。研究顯示，碰上特別高壓而混亂的情境，如上戰場或天災，專注於能掌控的事，不去管不能掌握的事，甚至可以增強韌性。[16]

賈姬（Jacquie）是大學公關人員。二〇一一年，紐西蘭發生傷亡慘重的大地震，全校人仰馬翻之際，身為大學媒體聯絡人的賈姬，得幫學校接待全世界跑去採訪的記者。賈姬的團隊必須應付沒水、沒電的情況，而且沒人知道會不會有餘震，也不曉得自己親愛的家人是否安好。

一團混亂之中，賈姬要自己把注意力放在可掌握的熟悉事務上。首先，她想了一想有哪些事是自己知道的，比如說她一下子就發現，「處理天災其實也是在處理人際關係，要做的事包括協助壓力很大的人、與媒體建立信任關係、找機會幫大家加油打氣，以及善待彼此。」儘管情境完全不同，賈姬該做的幾件事，都是她原本就擅長的事。此外，賈姬決定把那次大地震「看成最重要的事業發展機會。我心想：『要是連這麼大的事我都能處理，以後就能處理任何危機』。」

大災難之中，賈姬抓住自己能確定的兩個救生圈：自身的能力與態度。接下來幾個月，賈姬靠著這兩件事隨機應變。建築物倒了，但是沒關係，賈姬的大學在校園中搭大帳篷歡送畢業生，還讓這則難得的事件登上全國新聞。賈姬和同仁災後的努力，讓他們最後獲得業界公關獎。

情勢不確定的時候，我們可以問自己幾個問題，讓頭腦再度清楚起來：

- 「先別管不知道的事，我**確實**知道的事是什麼？」
- 「哪些事，我經驗豐富？」
- 「我可以如何掌控這個情勢？」（例如：「我要用什麼樣的態度面對？」「我選擇

從這件事中學到什麼？」）

➡「未來可能出現哪些局勢？」（包括最好的局勢、最壞的局勢、好壞參半的局勢。）

「出現每一種局勢時，我要做什麼？」

➡「哪些事不做會後悔？」

## 危機之中保持冷靜

我們不曉得人生何時會出現變化球，不過下次危機來臨時，我們可以做好準備，讓自己保持冷靜。目前各位最心煩的事是什麼？不妨試著用幾個辦法解決：

- **貼上「情緒標籤」**：寫下目前的情形讓我有什麼感受，為什麼我有那種情緒？
- **拉開一點距離**：一、用第二人稱跟自己對話，稱自己為「你」；二、把時間快轉到未來；三、從別人的觀點出發，扮演「最好的自己」；四、想像自己是在給朋友建議。
- **問會開啟大腦獎勵系統的問題**：
  - 問自己：「太棒了！我可以從中學到什麼？」
  - 回想以前碰過的難關，問自己：「是哪些特質讓我撐過那一次？這次我是不是也能因此撐過去？」
  - 問自己：「我真正想做的事是什麼？我可以如何再次把注意力放在那件事上？」
- **來點腹式呼吸**：讓自己習慣肺部完全充滿空氣的感覺，多做幾次，觀察一下效果。
- **不要害怕未知數**：想想目前最不確定的狀況。在情勢最不確定的時候，不要擔心不確定的事，把精力放在找出自己知道什麼、能掌握什麼。

# 第18章　事情過去了就過去了

有時最困難的時刻已經過去，火藥味十足的會議已經開完，難以抉擇的事已經抉擇完畢，但我們依舊放不下，依舊在不高興、不舒服。我們痛恨那個對不起我們的人，埋怨老天爺為什麼不公平，還想要挽回，或是幻想要報復，反反覆覆地懊悔，一直讓過去的事折磨自己。

回想人生中發生的事是人之常情，而且反省是好事。然而，要是心中始終不肯放下，除了會浪費一天之中的寶貴時間，還會一直處於負面情緒，無法好好運用頭腦。因此最好還是向科學研究學幾招，學習遭遇挫折後，放下往前走。

## 重新評估情勢

本書反覆提到，大腦的自動化系統會在我們不知情的狀況下，過濾掉「不重要」的資訊，因此我們每個人看到的世界都不完整。事關重大時，最好在做事**之前**就設定好目標，告訴大腦哪些事很重要，不要統統篩掉了。不過萬一做了準備，結果還是令人懊惱，我們可以運用科學家所謂的**重新評估**（reappraisal），改寫自己詮釋現實的方式。

「重新評估」的意思是，替我們觀察到的事想出不同解釋，畢竟我們原本可能只看到事情的一面。這個技巧聽來簡單，不過大量的心理學與神經科學研究都發現，重新評估是增進「情緒恢復力」最強大的方法，可以在事情不順時，讓大腦不再出現強烈的防禦反應。此外，研究還發現「一次有用，終身有效」。如果能重新評估某次不開心的工作經驗，下次再發生類似的事，我們更能輕鬆面對。[1] 學會重新評估的人，平日情緒較穩定，人際關係較佳，幸福感也比較強烈。[2] 甚至大腦的工作記憶與邏輯推理能力也會改善，背後的原因可能是，反覆思考不同觀點可以讓大腦靈活。[3]

我們可以怎麼做？實驗讓受試者做的練習很簡單，只要用不同的故事解釋負面的照片就可以了。例如教堂外有女人在哭，可能是婚禮令人感動，而不是葬禮令人悲傷。照片裡的那個人流的是快樂的眼淚，不是傷心的眼淚。[4]

如果是真實世界，想像不同的故事通常還不夠。如果情境已經讓我們陷入負面情緒，我們不太可能從客觀的角度看事情。如第十四章所述，負面情緒會擾亂記憶，讓我們記錯重要細節。依據我個人的經驗，沮喪或生氣時，可以靠下面三個步驟重新評估局勢：

➡**第一步，列出「真正的事實」**：各位應該已經很熟悉這個概念。前文提過「每個人都是很有能力的好人，只不過需要一點引導」，以及第九章講的如何應付難搞人士，都提到「真正的事實」是指我們確切知道的事。本章雖然談情境，不是談個人，基本道理是一樣的：只要混入一絲情緒，我們認定的事就是個人的解釋，而不是事實。舉例來說，當我們考績不佳，很容易脫口說出：「不公平！」或是「我做得要死，都沒人看到我的貢獻！」真的是那樣嗎？沒有人知道答案。我們唯一能確定的事只有：「我以為可以拿五分，卻只有四分。」這是乾巴巴的無聊事實，不過乾巴巴才好，乾巴巴可以抽掉我們的情緒。

➡**第二步，找出心中的假設**：接下來，想一想我們如何詮釋這次的事件，用「我覺得……」開頭，寫下一連串心中的假設，例如：「我覺得我的績效可以拿五分，別人卻沒看到我的努力。」「我覺得他們是故意讓我難堪，因為我沒聽他們的話，關掉我喜歡的專案。」請寫下「我覺得如何如何」，從各個角度找出心中有哪些假設，包括為什麼會發生這件事、結果是什麼，我們如何看待這件事，其他相關人士又是怎麼看這件事。

➡**第三步，想出不同的解釋**：仔細研究自己的假設，找出最嚴重的假設可能有哪些不同的解釋。最嚴重的假設性關鍵字包括，我們認為這次事件是**針對我而來**、**一切都完了**，或是**影響將持續很長一段時間**，**甚至是永遠**。如果發現自己有這樣的假設，請看著每個假設，問一問自己：

- 如果假設不是真的？例如這次的事其實不是針對我而來，影響也不是那麼大，或是不會持續很長一段時間？
- 還可以換什麼角度看這件事？可能還發生了什麼事？就算是異想天開、一開始覺得不太可能的解釋也無妨。
- 哪些證據支持不同的解釋？

有兩個方法可以做到步驟三的「從不同觀點出發」，第一個方法是盡量減少負面的詮釋：「我覺得考績差代表我失寵了，不過那不太可能，因為我和打分數的人面對面談的時候，他們給我的評價非常正面。」不做負面解釋，可以穩住我們的心情，讓我們不至於陷入負面情緒。關於評估的實驗顯示，如果我們進一步尋求正面解釋，心情也會變好。[5] 以不理想的績效分數為例，樂觀版的解釋是什麼？「他們喜歡我做的工作，但他們是在提醒我，忽視前輩的建議不是好事，我必須採取更合作的態度。他們是在給我學習的機會。」我們努力尋求正面解釋時，會發現其中至少有幾分是真的。

我們重新評估、用不同方式解釋事實時，我們在困境中將有不一樣的體驗，而且會以不同的方式記憶。哥倫比亞大學的凱文．奧克斯納（Kevin Ochsner）、史丹佛大學的詹姆士．葛羅斯（James Gross），以及其他鑽研「情緒恢復力」的科學家發現，如果用正面的故事解釋不愉快的情境，大腦的生存迴路比較不會嗶嗶亂叫。[6]我們轉換觀點時，腦神經反應會跟著改變，情緒體驗也因而十分不同。

舉例來說，巴泰克在奧運期間生意很差時，就是靠著重新評估情勢，度過糟糕的日子。「當時我有各式各樣負面的假設，覺得一切都完了，不過我知道那只是大腦在恐慌。我得實事求是，不能過度解釋，因此每當我開始擔心個沒完，就問自己：『我真正確定的事是什麼？』以及『哪些事只是我的假設？』」巴泰克問了那些問題後，找出自己做了一個過度的「永久假設」：這一次運氣不好會讓我萬劫不復，我這輩子都毀了。巴泰克換個角度想之後，就發現那個假設不是真的。「事實上，我們一下子就順利減少產能，速度比我想像的快，而且後來業績也慢慢恢復。」

巴泰克說，自從那次學會換個方式想之後，他變得更堅強：「現在，當我碰上人生的起起伏伏，會更鎮定。」巴泰克發生的變化與奧克斯納、葛羅斯兩位教授的研究不謀而合：碰上困難時，如果能想辦法重新評估情勢，下一次再碰上不如意的事件，我們會更加冷靜。保持冷靜是現代職場非常有用的能力。

## 賠了就賠了，沉沒成本讓它去

巴泰克知道其實可以靠減產亡羊補牢，不過首先他得克服一個心理障礙：向先前為了增加產能花的錢說再見。巴泰克知道該忘掉奧運的事往前走，但還是會一直想要不要再撐一下，搞不好業績會有起色。「減產是非常不容易的決定，公司花了很多心血，**我**也花了很多心血。」

很多人跟巴泰克一樣，就算情況不太可能好轉，一想到先前花了時間、花了力氣、花了錢，都會不甘心放手。就像我們即使看到爛片，還是會看下去，因為我們告訴自己：電影票錢都付了，也看了半小時，不看完很可惜。如果我們當場走出電影院，可以讓自己少忍受一小時的無聊，但我們不肯放棄。工作上、感情上，我們也是一樣。要是某個專案怎麼樣都無法起死回生，某段關係怎麼樣都救不回來，我們知道瀟灑走開會比較好，但先前花了那麼多心血，實在不甘心。花了時間、花了精神、花了錢就會捨不得，是人類的通病，經濟學家稱之為**沉沒成本謬誤**（sunk cost fallacy）。就算換條路走會有比較好的結果，我們依舊不願讓過去的過去。[7]

如果現在有件事不順利，起因是我們先前做了錯誤決定，此時要如何判定究竟該堅持下去，還是改弦易轍？這個問題的答案，投資分析師與行為科學家英雄所見略同。簡單來講，他們認為我們應該這麼做：

➡想像現在重新開始，不要管先前發生過的事，不要想先前投下了多少錢。

➡如果進一步花時間、花力氣、花錢在這件事上，接下來大概會出現哪些成本與好處？

➡如果成功脫身，未來的成本與好處是什麼？

➡比較兩者之後，問自己：該走，還是該留？

評估「走」比較好、還是「留」比較好的時候，可以把脫身帶來的名聲成本與人際關係成本也納入考量，但不該考慮**過去**所花的時間、力氣、金錢。時間不停留，我們回不到過去，過去的成本是沉沒成本，沒了就是沒了。

那樣想之後，還是無法放手？心理學家發現，我們如果刻意想著往前走的好處，就能把沉沒成本看得明白一點。[8]人性讓我們把失去看得很重，看不到放手的好處，經濟學家稱那種現象為**損失規避**。以巴泰克的例子來說，他很難不去回想多租了貨車、多買了蔬菜所花的錢，也很難不去想這次的決策讓自己多丟臉。然而，減產會帶來很大的好處，公司不會再一天損失五位數的錢，士氣與生產力也會提振。想到好處之後，巴泰克發覺取消自己的決定就沒那麼難了。

最後再提醒大家一句，萬一看不出放棄沉沒成本會帶來什麼財務上的好處，可以把這次的錯誤當成「不經一事、不長一智」的實驗，下次再碰上類似的事，就知道該怎麼做。

## 如果是別人搞砸

工作上，我們常得依賴我們無法掌控的其他人，例如我們可能是大公司虛擬團隊的一員，或是碰上不可靠供應商的一人公司。別人「凸槌」的時候，我們很麻煩。別人沒按時交東西，我們也拿他們沒輒，只能運用本書先前提到的工具，想辦法讓自己保持冷靜，忍受未知數，讓事情過去。其實我們也能把前幾章的方法用在別人身上，一起挽救被他們搞砸的事。

不過首先，我要再次提醒大家本書第三部分提過的重點。搞砸的人通常也很不好意思、很擔心，或是想為自己辯解，甚至是三種情緒混合在一起。換句話說，出包的人大腦深陷防禦模式，原本應該跳出來講道理、自控與做計畫的深思熟慮系統無法好好運轉。我們可能覺得對方活該，然而冷嘲熱諷無濟於事。如果需要他們用頭腦一起好好找出解決之道，不如用三種方法讓他們脫離防禦模式，或者至少別愈陷愈深。

- **善解人意**：懂別人的感覺不代表我們無權不高興或生氣，但如果我們讓對方知道，我們不認為他們是故意搞砸，他們暴走的機率就會降低。
- **假設「大家人都很好，只是剛好這次倒楣」**：討論對方是哪個環節出問題，但不要批評他們性格有問題，或是缺乏工作道德，因此我們可以說：「這是你第二次遲了三天才交。」但不要說：「你每次都遲交，你這個人怎麼這樣。」（各位也可以參考第九章提到的如何開口講尷尬的事）。

➡ **努力找出解決的辦法，不要忙著指責對方**：批評絕對會引發對方的防禦模式，如果**現在**就必須解決問題，心力最好放在找出解決辦法。如果要懲戒，以後再說。

先抱持著解決問題的態度，接著就能運用前兩章提到的技巧，繼續往前走，不要執著於過去的失誤。

喬治（George）是大型自有品牌成衣商執行長。下屬如果搞砸事情，他的第一要務是解決問題，而不是發火。有一次，他發現員工餐廳居然有長期舞弊現象，過去幾個月被挪用了數萬美元。這對公司來說是很大的背叛，因為公司採取友善的企業文化，所有的資深同仁都感到氣餒。偷錢的人被揪出之後，幾位高層主管決定把怒火導向財務部。喬治回憶當時的情形：「不該拖這麼久才發現這種事，財務部理應進行內部稽查。某位同仁砲火全開，大聲質疑財務部：『你們怎麼沒做A，怎麼沒做B？』這件事財務部的確有責任，但是他們已經覺得很內疚，大吼大叫也無濟於事。」

每個人處於高度警戒狀態時，不太可能把事情想清楚。喬治表示：「當時大家相互指責，沒人知道下一步該怎麼做，眾人唯一提出的解決辦法是永久關閉員工餐廳。」直接關掉餐廳是非常典型的非黑即白思考，人的大腦處於防禦模式、未能運用深思熟慮系統時，就會出現這種不假思索的提議，幸好喬治知道大腦受到威脅時的反應。「大家很生氣，我也很氣，但我知道關閉餐廳不會解決任何事。」

喬治要大家冷靜一點，試著採取不一樣的策略。他運用本書提到的恢復力技巧，一開始先要大家拉開距離。「我自己在解決棘手問題時，我會跳出情境，由外往內看，想像公司執行長不是我，而是別人，然後請**那個人**給我建議。我鼓勵我的員工也假想一下，我問他們：『五年後，我們再回頭看這件事，最重要的是什麼？』」接著，喬治鼓勵大家放棄沉沒成本。「每當發生不好的事，我常說：『過去了就過去了，現在才重要。』提醒公司同仁不要再沉溺在已經發生的事，也不要忙著指責別人，要想辦法前進。」接下來，喬治要同仁回想公司碰過的重大事件。「我提醒他們，先前發生某某事的時候，我們挺了過去，我們比自己以為的堅強。」

喬治等公司同仁都冷靜一點之後，提出能促發大腦獎勵系統的問題：「我們可以從這次的事學到什麼？」再問：「那麼我們該怎麼做？」喬治等同事做好解決問題的心理準備後，又運用第十三章提到的建議，用正面的問題框架問題，協助大家提出有建設性的建議：「我們希望最後有什麼好結果？」喬治表示：「問這些問題讓我們把處理層次拉高到完整的風險管理，一勞永逸，以後不會再發生舞弊事件。」

下一次我們處理危機時，不管罪魁禍首是別人，**還是**我們自己，請試著問能解決麻煩的問題，讓每個人的大腦退出防禦模式，好好想出辦法：

- **拉開距離：**「一年後再回頭看，我們會希望自己如何處理這次的問題？」
- **激發大腦獎勵系統的問題：**「我們過去處理問題時，哪些方法有效？」「我們可以從這次的事件學到什麼？」「現在最重要的事是什麼？」
- **問正面的問題：**「先不管眼前的情況，我們最想要的結果是什麼？」「目前最理想的第一步是什麼？」

## 事情過去了就過去了

選一個最近剛發生、想起來仍會讓你生氣或不舒服的事件，練習本章提到的技巧：

- **重新評估情勢：真正的事實**是什麼？哪些是我們的**假設**？（是否覺得那件事是在針對自己，或是覺得自己完了，事情永遠都會是那樣？）還可以如何解釋**相關事實**？哪些證據支持別的解釋？
- **不要再去想沉沒成本：**如果繼續努力也無法改善情況，就不要再去想沉沒成本，只看未來的成本與好處，想一想該繼續投資，還是該放手。想著放手的好處時，記得把這次的不經一事不長一智算進去。
- **別人搞砸時，把重點擺在解決問題：**不要讓對方陷入更深的防禦模式。他們可能不是故意搞砸，提他們做了什麼事就好，別批評對方的人格，把心力放在解決問題上，而不是指責（懲處的事等問題解決再說）。利用第十七章的拉開距離法，以及問會刺激大腦獎勵系統的問題，減輕大家肩上的壓力。接著從理想結果倒推該怎麼做，用正面的方式問問題（第十三章），讓每個人的大腦處於發現模式，好好解決問題。

# 第19章　身體健康才能挺過去

許多人常無視於自己的健康，咬緊牙關苦撐，撐過壓力、撐過前途未卜、撐過衝突以及工作上的不如意。我們雖然知道該保養身體，很多時候我們沒時間運動，讓自己喘口氣，也沒時間睡覺。既然各位讀到這裡，應該知道身體狀況會直接影響腦力與心情。我們要是累了，不關心自己的身體，就容易說錯話、做錯事，而且碰上一點壓力就爆炸。

前文提過身心是雙向迴圈，第四部分也特別提到「睡眠」、「運動」與「正念」都能改善思考品質。本章則要提同樣的三件事還能增強情緒恢復力，讓我們在面對工作的起起伏伏時，情緒也能抗壓。

## 睡個好覺

第十三章提過，睡眠充足可以讓我們腦袋清醒。除此之外，睡眠品質佳也讓我們不再凡事操心個不停，碰上問題更是能冷靜處理。為什麼？各位可能已經猜到原因：好幾個研究團隊都證實，睡不好會讓我們對負面事件過度反應。[1]

神經科學家請受試者躺在掃描儀內，讓他們看令人沮喪的圖片，觀察他們的大腦。沒睡覺的受試者杏仁核特別活躍，比得到充分休息的受試者多六〇％。[2] 換句話說，疲憊大腦的生存迴路比較緊張，碰上具有挑戰性或不確定的情境時，比較容易立刻出現「戰—逃—呆住反應」。研究人員也發現，疲憊的大腦一激動，就難以鎮定下來。此外，受試者睡眠不足時，前額葉皮質懶洋洋的，深思熟慮系統變得不深思熟慮，也難怪睡不飽的時候，我們很難用笑容面對挫折。

其他研究人員也證實，良好的睡眠讓人在隔天面對煩人的事時一笑置之。史丹佛研究人員馬雪莉（Cheri D. Mah）發現，男性籃球員晚上睡滿十小時（十小時聽起來很多，不過那些孩子都是青少年至二十歲出頭，白天又做很多消耗體能的活動），心情會變好，白天更有精神，而且投球表現大幅進步，平均進步九％。這對球員來說大概是最令人振奮的消息。[3]

前文提到的成衣執行長喬治表示：「商業人士過於低估睡眠的重要性。為什麼有些人喜歡吹噓自己只需要睡五小時？我讀的研究資料說，人不太可能只需要睡五小時；我看過只睡五小時的人行為失調，證實人一定得睡飽。如果我沒睡飽，隔天就算努力撐著，也一定會出錯。」喬治說自己以前也常常沒睡到足夠的時數，但自從發現睡眠可以讓身心更有耐力之後，他改變睡眠習慣，努力讓自己睡飽。「我開始用健身追蹤器記錄睡眠，我發現一週睡得少的時候，的確特別容易暴躁。因此現在我特別追蹤平均睡眠時間是否減少，要是睡不夠，就想辦法補眠。」

喬治為了見客戶與供應商，平日在世界各地飛來飛去，嚴重的時差加上繁重的工作量，有時就算再小心也有沒睡飽的時候。不過喬治發現趴在桌上睡個午覺，效果雖然不如晚上好好地睡，也會有短期的激勵作用。研究也顯示，中午小睡一下，的確可以幫助大腦處理負面情緒，碰上不愉快的情境時，更能抑制直覺式的反應。[4] 這與喬治的經驗不謀而合。[5] 他表示：「反正我就把頭躺下去，暫時休息一下。醒來後，頭腦就比較清楚，比較能面對剩下的一天。」

各位要是工作又忙又累，不要忘了第十三章提過的「睡個好覺」建議。這裡再次提醒大家一下：

- 睡眠是重要武器，全副武裝應付一天的工作挑戰時，不要忘了睡眠也很重要。
- 光線量強烈影響我們能否入睡。請在昏暗的臥室讓自己逐漸入睡，睡前不要看會發光的螢幕。
- 實驗多睡一點午覺，隨身攜帶耳塞、眼罩、午睡枕（沒有午睡枕的話，可以準備深色眼鏡）。

## 為了大腦好，運動一下

前文提過，光是做一點不太激烈的運動，就足以提升腦力。運動不只可以醒腦，讓我們拿出更好的表現，還能在壓力中有效穩定情緒，減少焦慮。研究顯示，運動的效果經常不亞於治療輕度到中度臨床憂鬱的抗憂鬱劑。[6]而且雖然多運動正面效果更多，研究發現光是一次適度的健身，就足以改變神經化學物質，讓我們更鎮定。如果積極健身，效果更好，大腦會充滿腦內啡。什麼是腦內啡？看名字就知道。「腦內啡」（endorphin）的意思是「體內自行產生的嗎啡」（endogenous morphine），是身體的天然止痛劑與利激好心情的藥物。[7]

琦拉（Kira）是公關主任，學生時代腦內啡充沛，不僅擔任救生員，還是排球校隊。然而琦拉出社會後跟大家一樣，工作量太大，老是抽不出時間運動，放棄了年輕時的運動習慣。琦拉的公司跨足全球，一天二十四小時收件匣都會出現緊急信件，連休息時間都沒有，更別提要好好照顧身體。

琦拉過了好幾年身心俱疲的日子後，終於擠出一些運動和休息的時間。是什麼事讓她終於擠出時間？「老實講，其實是我發現休息和運動讓我變成更好的人。我會不會吼人，就要看我是否休息和運動。有了休息與運動，碰上惱人的電子郵件，我更知道要怎麼有智慧地回覆，不會因為一時憤怒而失言，至少在寄出去之前會停下來想一想。就這樣，我開始再度照顧自己的身體，我好幾年沒那麼做了。」

琦拉工作很忙，她用什麼方法在忙碌行程中塞進身體保健時間？琦拉表示：「我醒來後就預先安排。我設定一天的目標時，一定會問自己：『哪三件事會讓我今天過得很愉快？』三件事之中，有一件一定是運動。接著我看著行事曆，看能把運動放進什麼時段，而且把運動看得跟工作一樣重要。」琦拉說自己之所以開始做這些大幅改善生活的小改變，是因為「我發現身體和大腦一樣重要，身體需要大腦，大腦也需要身體。因此我開始把身體當朋友，而不是鞭打它，要它當聽話的奴隸」。

巴泰克在奧運湯品危機期間，也是靠著多做運動撐過去：「很難熬的時候，我會停下來，讓心思專注在別的事情上。我練柔道，人快要被摔在墊子上的時候，不會去擔心工作的事。二〇一二年的夏天，我也開始跑步。我發現跑步可以讓我暫時放下無窮無盡的煩惱，把事情看清楚一點。」

人人都知道運動是好事，不過真要找出時間，很多人會算了。本書第二章提過，設定目標可以先從真能做到的事做起，能配合一天的行程，帶一點趣味，讓大腦的獎勵系統享受一下。例如要運動的話，往返會議時都快走一下，讓頭腦清醒起來，就是很好的運動（本書提到的受訪者，很多都是靠這個方法每天動一下）。

此外，不要忘了運動不是在浪費時間，花時間運動可以讓我們拿出更好的工作表現。前文提到的健康照護主管蘿斯表示：「我是一個絕不浪費時間的人，以前運動從來上不了我的優先名單。但是我開始好好照顧身體之後，心情明顯好了許多，腦袋也更清楚。我對自己有多少能力更加樂觀，也覺得自己更能使命必達。」現在，蘿斯視運動為「讓自己更能應付日常壓力的工作投資，不再覺得挪出時間運動太奢侈，或是太麻煩，也因此更可能做運動」。

## 正念時刻

我在〈腦科學基礎理論〉一章提過，正念可以改善前額葉皮質關鍵區域的連結，提升大腦深思熟慮系統的一切功能。我們能否在職場上撐下去，深思熟慮系統很重要，因為這個系統不但能讓我們用更聰明的方式思考，把事情看清楚，還讓我們更能專注。此外，我們要靠深思熟慮系統才能控制情緒，隨機應變。發生不公平的事件時，深思熟慮系統壓抑住我們大喊「不公平！」的衝動，讓我們重新評估情勢。研究人員掃描大腦時發現，正念可以減少大腦生存迴路對負面事件的回應，減少花在抑制防禦行為的力氣。[8] 換句話說，保持正念的人比較不會陷入防禦模式，情緒較為穩定，思路也比較清楚。

正念的好處與現代職場有什麼關聯？華盛頓大學的研究人員請來一群人資專家，請他們同時應付好幾件工作。[9] 實驗讓第一組人接受基本正念訓練，第二組接受放鬆訓練，第三組不給訓練。接著三組受試者必須規畫一場多人參加的會議。會議空間有限，因此必須設計出有創意的議程表。開會的必要資訊來自一連串電子郵件、即時通訊、電話、文件，以及路過的同事突然丟出的意見。有的會議資訊不完整，而且與會者臨時更改行程（以上情境聽起來很耳熟嗎？沒錯，研究人員花很多心力，讓這場實驗符合生活實況）。不意外的是，受試者說這場實驗讓他們很累，實驗故意設計得讓人精疲力竭。不過接受過正念訓練的組別應付得比其他兩組好，壓力比較小。

這裡再提醒一遍，什麼**是**正念？正念的基本步驟是**停下**，把全部的注意力**專注**在一件事上，萬一恍神，不必責怪自己，把注意力**拉回來**就好。很多人選的專注對象是呼吸，因為呼吸絕對不怕忘了帶，也因此本書數度提到跟呼吸相關的練習。不過正念練習不一定要把意念專注在呼吸上，也可以選辦公地點的照片或一盆植物，也可以是我們在嚼的每一口食物，什麼都可以，重點是我們必須關注先前未停下腳步留意的事，並在一天的旋風行程之中，找一小段時間靜下心。

企業界開始流行正念的好處後，八週的正念課程很受歡迎。如果各位太忙，不可能擠出時間上課，好消息是不用花太多時間也能得到正念的好處。北卡羅來納大學的神經生物學家費德爾・札丹（Fadel Zeidan）等實驗人員，請受試者一天花二十分鐘練習正念，只做了短短四天，就有很大的效果。受試者說自己不再又累又焦慮，更能控制自己。實驗人員請受試者做一連串測驗時，發現他們的工作記憶以及視覺與空間處理也大幅進步。[10]

萬一一天擠不出二十分鐘怎麼辦？威斯康辛大學斯托特分校（University of Wisconsin-

Stout）做過很好的研究，他們請受試者一週冥想兩次，一次二十五分鐘，結果大部分的人只做五到十五分鐘。就算只做五分鐘，受試者的大腦活動模式依然出現長期實驗觀察到的變化。[11]

萬一連五分鐘也擠不出來怎麼辦？萬一只有一分鐘時間，甚至不到一分鐘？那也叫正念嗎？是的，公關主任琦拉表示：「我跑去學適合工作狂的冥想技巧，只需要呼吸二十八次，連我都做得到。數數可以幫助我們專心，我幾乎每天都會做那個練習。有時我覺得『這次不會靈』，因為我無法靜下心，但很神奇的是只要有做，到了晚上六點時，我依舊感到鎮定。有時我跳過沒做，結果一整天心神不寧。」

各位可能還記得，本書第二部分提到的數位行銷專家安東尼，也是給自己一小段正念暫停時間，來應付龐大工作量。此外，現在的智慧型手機可以下載各種正念app，安東尼有時也會利用。「有的app感覺不怎麼樣，但依然有用。你可以用耳機隨時隨地聽app指示，不需要閉上眼睛。即使坐在桌前，也不會有人發現你在做什麼。」正念app引導安東尼做不引人注目的步驟，例如專注於腳指頭放在地上的感覺數秒。

健康照護經理蘿斯發現正念不難之後，一樣有了突破。「做一些很小的練習就可以，像是專注於自己在做的事，好好關注自己正在想什麼、心情是什麼，不管是工作到一半，或是念床邊故事給孩子聽，都是練習的時機。」我個人喜歡專注於早上散步時，兩腳踏在地上的感覺。

各位可以配合自己的個性與生活方式實驗一下，找出最適合自己的「停下來集中意念法」。萬一被抓到專心盯著酒杯或冰淇淋，也可以理直氣壯地告訴大家，冥想的形式有很多種！

**身體健康才能挺過去**

工作很多、很累的時候，利用一下身心迴圈原理：

- **睡覺**：把睡眠當成一天的當務之急，讓自己保持冷靜，頭腦更聰明。如果實在不太可能有充足睡眠，那就抽空午睡。
- **運動**：做個二十分鐘不激烈的運動，能立刻讓腦袋清醒起來，心情也變好。如果實在沒空，可以一天快走兩、三次，湊足二十分鐘。
- **正念**：試一試不同的「停下來集中意念技巧」，把最喜歡的方法加入每日行程中，練習正念，讓自己心情穩定、頭腦聰明。

# 第七部分　精力：用熱忱享受工作

精力讓人撐過單調乏味的辛苦工作，一路過關斬將，走過人生每一個階段。精力比聰明才智還有用可靠，承載的風險與失望也不及一半。

——作家山謬．史邁爾斯（Samuel Smiles，一八九七年）

目前為止，我已經交給各位許多打造「好日子」的工具。我們要把心力放在正確的目標，還要好好依據事情的輕重緩急規畫時間。我們善解人意，自信地處理每一次的人際互動。我們所說的話、所做的事都發揮強大的影響力，有驚無險度過每一次挫折，就算是令人頭大的日子，也難不倒我們。

本書接下來這個部分是錦上添花。士氣有點低落，或是腦袋需要靈光乍現的時刻，接下來幾章提供的建議可以幫忙加油打氣。不管是靈感卡住，或只是當天特別忙，各位都可以靠著接下來的技巧，協助自己度過漫長的一天。進度有點緩慢、一天有點累的時候，我們需要推自己一把，讓已經很美好的一天變得更美好。

下一章我會先教大家提升腦力、心情與活力的實用招數，為大家打一劑強心針。最後一章還會教大家對工作產生長期熱情的策略，步驟簡單，立竿見影。

# 第20章 與其硬撐，不如獎勵一下大腦

我們工作到一半沒電的時候，當然可以要自己再撐一下，回家就能休息、來點娛樂，或是撐到週末就好（甚至撐到放假。連休假都沒有？那只能一路撐到退休）！不過現在我們已經瞭解大腦的獎勵系統，還有幸福的心理學，當工作太多、快被榨乾的時候，可以採用比硬撐還聰明的方法激勵自己，快速提振大腦。本章接下來要分享的七招，招招適合步調快速的職場，因為每一招都很簡單，而且立即見效。介紹完七招之後，我還會介紹兩個有效運用精力的方法，第一個方法是分析自己何時需要提振精神，第二個方法是讓一天結束於精彩的高潮。

## 第一招：三件好事法

提振精神最簡單的方法，就是想一想慶幸的事，心理學家稱之為「感激法」（gratitude

exercise），我則命名為「三件好事法」，因為這個方法很簡單，就是想一想三件發生在我們身上的好事。是真的，想完之後心情就會變好，即使那三件好事只是小事，一樣也有效果。幾項研究發現，受試者就算只花一星期，每天想三件好事，幾個月後仍然覺得人生變快樂了。[1]

只要重複做幾遍「三件好事法」，效果就能持久，這並不令人意外。還記得第三章嗎？第三章提過，我們的每一個念頭都是相互串連的神經網絡，我們愈常想起某個念頭，神經連結就會增強，因此我們愈常想著負面的事，就愈容易看到一天之中討厭的事。同樣的道理，我們每個人都有一個想著「這件事很好，因為……」的神經網絡。我們經常激發那個網絡的話，正向人生觀的大腦神經通道就會被強化，我們「看到杯子是半滿而非半空」的時間跟著變多。

因此，需要提振精神時，請回想一下當天有哪三件事很順利，或是今天什麼時候自己笑了一下（德國研究人員發現，受試者如果想著三件**好笑**的事，效果等同於想著三件好事）。[2]如果是單調乏味的日子，我列出的好事可能非常小，例如「沒忘了帶傘」，但依舊有用。我們努力回想好事時，就算一開始想不出來，很會聯想的大腦一下子就能帶出當天其他正面的回憶——那種沒去注意就會忘掉的事。

我們可以做幾件事幫助自己運用「三件好事法」：

➡設定每日的日曆提醒，要自己回顧當天的好事情。
➡準備一本筆記本，隨手寫下好事情。
➡和另一半或孩子一起回想當天的好事，開開心心結束一天，或是躺在床上快睡著前回想。
➡開會前簡單回顧一下好事情，讓現場的每個人處於好心情。第十章也提過，這個小招數可以營造出適合發現模式的思考環境。

## 第二招：沒事做做好事

什麼？我們自己都需要別人幫忙，還要做好事？沒錯，全球首屈一指的幸福專家賓州大學的賽里格曼教授告訴我們：「我們實驗過的方法之中，做好事最能瞬間製造幸福感。」[3] 神經科學家賀黑．莫爾（Jorge Mol）領導的巴西多爾機構（D'Or Institute）跨國團隊證實，受試者決定捐錢時，大腦獎勵系統的反應和「拿到錢」是一樣的。[4] 英屬哥倫比亞大學（UBC）的伊莉莎白．鄧恩（Elizabeth Dunn）與哈佛大學的麥可．諾頓（Michael Norton）甚至發現，花錢在別人身上，比花在自己身上**快樂**。[5] 聯合國的《世界幸福報告》（*World Happiness Report*）證實，不論是哪個文化的人，慷慨的行為都會讓自己快樂。[6] 回想過去成功的事，會激發許多相關的神經連結，讓我們重拾信心，而**回想**自己的善行，效果幾乎和**實際去行善**一樣。日本研究團隊發現，光是講出自己過去一週做過哪些好事，就能讓人變快樂；北美的一個團隊也有相同發現。[7] 所以說，做一次善事，之後能得到無數次好報，何樂而不為？

就算一天再忙碌，我們還是可以隨手做好事：

- **隨口說好話，讚美他人**：例如「你們人真好」、「你們做什麼事都井井有條」、「我喜歡你的音樂／手錶等等」。
- **表達出感激之意**：花個一分鐘，告訴別人我們感激他們什麼，不要趕著做行程表上的下一件事。
- **幫點忙**：看到別人有困難，詢問需不需要協助。很忙的話，可以明講自己有多少時間：「我還有十五分鐘才要離開，需要幫忙嗎？」
- **給別人小驚喜**：例如讓座，讓其他駕駛超車，帶點心給大家吃，特別熱情地介紹某個人。

## 第三招：找出有趣的事

無聊的時候，快速提振精神的方法，就是想辦法讓工作變有趣，不過說來容易，做起來難，對吧？我需要提振精神，就是因為工作有夠無聊，你還叫我找出工作有趣的地方？還記得以前很流行的「關鍵字賓果」（buzzword bingo）嗎？遊戲規則很簡單，找出自己那一行每天簡報、會議、對話都會出現、被用到爛的術語，和旁邊的同事列出賓果清單，聽到就打個勾，第一個連線成功的人是贏家。一九九〇年代中葉，我的組員會用這個遊戲讓無聊的會議氣氛活潑一點，結果大家笑個不停。不過真正的好處是，我們為了聽到清單上的可笑術語，更留心聽整個會議內容，會議結束時也不會精疲力竭。

為什麼賓果遊戲可以提振精神？主要原因是我們為了玩遊戲，**決定**會議內容值得聽而專心去聽。還記得嗎？大腦一次只能處理一點點資訊，因此永遠在篩選四周的資訊，以免資訊過載。我們會專心聽符合期待的事，剩下的則大都過濾掉。因此如果我們事先決定接下來聽到的東西很無聊，我們更容易聽見無聊的事，以證實自己的假設。反過來說，如果我們決定接下來的內容會很有趣，就更容易聽見有趣的事。既然我們接收到的現實高度主觀，不妨利用這點，專注於現實有趣的一面，讓每一天過得更有活力。

換句話說，我們可以做一件簡單但有效的事：養成習慣，要自己找出生活周遭有趣的**事**，把注意力放在值得學習或記住的事情上，就算有點叛逆也沒關係（「今天我要學習在面對辦公室那個瘋子的時候不要抓狂」）。如果冗長的訓練課程怎麼上也上不完，那就決定找出老師上課的方式哪裡值得注意，以後我們講出自己的點子時，就知道怎麼講大家會注意聽、怎麼樣講大家會睡著。如果我們碰上全世界最無聊的工作，至少我們能找出做完那件無聊事最快、最好的方法。

大概沒有誰的工作經驗比露比（Ruby）還多采多姿。露比最初是搶手的口譯員，多年後成為商學院院長，近日則在拍電影，不過早期她國企系畢業後的第一份工作是台灣的航運業，幾乎每天都得運用「找出有趣的事」這個技巧。露比表示：「那個年代一切還沒電腦化，只有一本列著一堆價格的大冊子，我的工作就是用那本冊子報價。第一週上班，我努力背下所有航運價格，但一個月後就無聊了。那是一份非常呆板的工作，我知道自己得另謀高就，不過我決定在離開之前瞭解別人的工作。我和同事聊天，問他們平日做些什麼。學到美國航運是怎麼一回事，歐洲與中東的航運又是怎麼一回事。我甚至在午休時間學習交換機怎麼使用，一切的一切都讓我更加瞭解公司如何運作。我也因為和執行長的個人助理混熟，進而瞭解執行長的工作。學習新事物讓我更能忍受每一天，甚至活出有價值的一天。而且我在面試下一份工作時，有更多事可談。」

## 第四招：讓自己隨時有小小成就感

達成自己設定的目標會讓我們心情愉快。每打勾完成一件事，大腦的獎勵系統就會感到愉悅，愉悅感接著又會激發動力，成為良性循環：工作、達成目標、開心、繼續做、工作、達成目標、開心……這也是為什麼有些人事情都做完了，還不忘把那件事補寫進待辦事項中，體驗把待辦事項畫掉的短暫愉悅感。我們士氣低落、注意力不集中的時候，也可以選擇一個很容易達成的小目標，給自己一點興奮劑。

某些一下子就能得到的小小成就感，比其他類型的成就感還要能提振精神。相信大家都有過這種經驗，有很重要的事情等著我們去做，我們拖著不做，反而跑去整理文具，因為整理東西可以給我們少量成就感。不過最合適的小目標，應該是能讓我們一步步完成大目標的步驟。哈佛大學的艾默伯與史蒂芬．克萊默（Stephen Kramer）研究七間公司兩百多位專業人士的日常活動，[8] 仔細分析一萬兩千天的工作資料後，結論是「工作上最能激勵情緒、動力、洞察力的事，就是讓有意義的工作有進度」。因此，我們要給自己小小的成就感時，應該這麼做：

- 選擇真正有意義的事。
- 問自己：「今天我能做的最小第一步是什麼？」答案可能是打電話，或是寄出一封電子郵件。
- 去做，現在就做，然後心滿意足地畫掉那件事。

## 第五招：留時間給人際互動

數百份研究比較全球各國的幸福程度與幸福原因，結果很一致：錢很重要，但沒那麼重要。聯合國的《世界幸福報告》指出，收入平均而言僅能解釋國家之間整體生活滿意度二%的差異，完全無法解釋我們每日的開心程度。[9]研究人員發現遠比金錢重要的幸福因素，其實是人際關係的品質。倫敦政經學院的納塔武．鮑賽威教授（Nattavudh Powdthavee）研究大量英國數據後發現，有意義的人際互動對幸福感產生的影響，等同年薪多十四萬兩千美元。[10]

我們不需要隨時隨地和最親密的朋友、家人、同事聊天，也能得到社交帶來的快樂。只要稍稍感受到我們和世界上另一個人有連結，就能得到激勵。劍橋大學的姬蓮．山斯卓姆（Gillian Sandstrom）與英屬哥倫比亞大學的鄧恩的研究指出，「弱連結」（weak ties）很重要。弱連結是指「我們日常生活中的次要人物」。不論是內向**還是**外向的人，人際互動愈多會愈快樂，而且光是與認識的人互動，效果差不多等同與朋友互動。兩位教授的實驗發現，單單和咖啡店的店員或一起通勤的路人和善交談幾句，也一樣有效。[11]

對我們來說，相關研究結果的意義是什麼？我不是在建議各位和陌生人聊個沒完，不過如果一天之中挪出一點時間與他人互動，我們將更有精神。

凱薩琳（Catherine）是頂尖大學的執行教育長，她說自己雖然「超級內向」，但每天有一點社交時間非常重要。「我發現自己雖然不是外向的人，和別人講講話可以提振精神，所以我試著午餐和別人一起吃。在自己的桌前一個人解決食物比較簡單，但我發現不時與別人愉快互動一下，我會比較有精神，比較不會出現『幽默缺乏症』，工作起來也更輕鬆。」

我們可以做幾件事，讓自己在一天之中得到社交帶來的活力：

- 挪出時間與親朋好友聯絡，就算是幾分鐘無法面對面的遠距離聯絡也好。如果跟朋友約好要見面，卻因為工作太多想取消，最好三思而後行。工作實在太多，可以縮短見面時間，但不要放棄可提振精力的社交機會。心情好，工作也會更有生產力。
- 和陌生人互動時，化金錢交易為人際互動。遞錢給收銀員時，不要一句話都不說，眼睛死盯著手機。可以微笑一下，看著收銀員，講幾句表達同情的話，例如：「你們店裡今天下午很忙噢！」或「今天很累嗎？」
- 待在散發正能量的人士身旁。前文提過情緒會傳染。陷入低潮時，可以去找最樂觀向上的人，待在他們身旁一陣子。

## 第六招：找出「為什麼我要這麼做」

前文提過，目標如果是我們自己訂的，不是別人強迫，我們更可能拿出好表現。研究也指出，我們如果懷抱志向，即使遇上挫折，也會有更強健的心理素質。我們逼自己完成無趣的工作時，如果能讓那件工作與個人目標有關，我們將更有精神。為什麼**我**認為這件工作很重要？（不是老闆或同事認為，而是你怎麼認為？）至少要找出「為什麼我做那件事的**方法**對我來說很重要」。就算我們沒有多少選擇空間，「為什麼」通常由我們自己定義、由我們詮釋。

執行教育長凱薩琳在部門大幅改組時，靠著找出個人目標撐過去。部門重組帶來了無數週她認為不必要的工作，例如改變誰要向誰報告，有時還要把員工調到新單位，協助新團隊對話。「起初我認為這完全在浪費時間，不過我也因此找回我的初心。」要改變心態並不容易，因為凱薩琳一開始氣壞了。「不過**也因為**這次改組，我發現我的確認為應該成立更國際化的機構。改組可以讓我們達到這個目標，我們將更能與全球同仁交換最佳的作法。在我心底，我真的相信我的團隊在做的事，可以讓這個世界更美好。每當我又煩又累，我會提醒自己這個重大的人生目標。」

各位也可以用兩個方法找出工作的大方向：

➡**找出原點**：從我們覺得有意義的事開始，再回推到當下必須做的事：
- 我真正在乎的事是什麼？我的價值觀、抱負、個人發展目標是什麼？
- 我手上的事可以如何推動我的價值觀、抱負與目標？

➡**前瞻性**：把手上的事，連結到我們覺得有意義的事，問自己：
- 做完這件事之後，可能出現什麼結果？
- **這件事**對社會、對我自己來說，最終會帶來什麼影響？

我們日子過得不愉快的時候，一開始很容易用嘲諷的語氣回答前述問題。「我在做的事最終帶來的結果，**就是**讓公司那個爛人搶去所有的功勞。」如果是這種回答，那就繼續問，直到得出自己點頭同意而非咬牙切齒的答案。

## 第七招：不要忘了微笑

說到咬牙切齒，讓我們也順便討論一下面部表情。我們都知道，人開心的時候會笑。雖然每個人笑的方式不太一樣，世界各地的人都用笑來表達愉悅。令人訝異的是，倒過來也一樣：我們微笑的時候會開心，至少比不微笑開心一點，就連假笑也有用。我們強迫自己微笑時，大腦會把那個表情線索解讀為：「啊，我很開心。」接著便真的讓心情好起來。

多年來，科學界一直在研究假笑令人意想不到的效果。一九七〇年代，富有實驗精神的心理學家詹姆士．賴德（James D. Laird）將電極片貼在自願受試者的臉上，在他們看卡通時，用電流製造輕微的肌肉痙攣[12]，其中一組人笑肌被刺激，也就是說他們被迫微笑。相較於電極片貼著臉部其他地方的組別，這一組的人覺得卡通較有趣（還滿不可思議的，被電擊還能看見有趣的事）。後來的研究人員也用較不具侵入性的方法誘使受試者假笑，例如要他們咬著筆寫字，結果發現假笑的人也覺得事情比較有趣。[13]另一組研究團隊則發現，微笑可以讓我們撐過不愉快的情境。受試者把手伸進溫度讓人不舒服的冷水時，假笑可以讓他們覺得水溫沒那麼糟，心跳也比較快恢復正常。[14]

「微笑」與「正面情緒」會相互影響的現象稱為**面部回饋**（facial feedback）。我個人認為這是非常有用的身心迴圈知識，我很容易就能在工作中運用這個現象。例如，我即將開始演講或教工作坊之前，會放下資料，對著大家微笑（大家似乎都不介意）。

試試看吧！心情不好、無精打采時，讓自己微笑。笑容愈真愈好，如果只能假笑也沒關係，讓臉部動一動，心情也會跟著好轉。

## 終極法寶：認識自己

我發現工作再忙再累也不怕的人很瞭解自己，他們知道自己什麼時候會陷入低潮，也知道自己什麼時候最有生產力，有辦法在心情低落時快速提振自己的精神。

在急診室待了十五年的醫生拉傑許（Rakesh）非常瞭解自己，他說自己工作時「不斷在處理問題，分秒必爭，一小時內要做一、兩百個決定：要做什麼檢驗？把病患送到哪裡？需要做什麼處置？每天都要輪不同的班，有時是早班，有時是晚班。病患要是出問題，十二小時的班就會變成十四小時。」拉傑許坦承，急診室的工作讓人身心俱疲，情緒容易不穩定。「醫療結果不盡如人意時，打擊會很大。我剛開始當醫生時會說：『在我的照顧之下，沒人會死。』然而那是不切實際的目標。」

拉傑許想辦法戴上「上場面具」，讓自己值完永遠值不完的班，例如他會用音樂改變自己的心情。「我知道我即將走進爆滿的候診室，一進去就得開工，因此在上班途中，我會選擇聽振奮心情的音樂，在車裡激勵自己，例如『聯合公園』（Linkin Park）的歌，抵達醫院後則換成雷鬼音樂當作背景音樂。那種音樂讓人開心又放鬆，很適合高壓的環境。」

拉傑許還知道自己一天當中什麼時候精神好、什麼時候精神不好，預先做準備。「急診室工作非常累人，我得弄清楚自己的生理時鐘，例如我知道每次輪班的頭兩、三個小時，我的精神最好，大腦轉得快，很清醒，所以我不會浪費那段時間。能看多少病患，就看多少病患。」精神開始不振時，拉傑許則利用那段時間「與醫療人員和病患對話，讓病患告訴我他們的人生，特別是老人。有一次，我發現我的病患居然是 B-52 轟炸機的尾射手。只要花幾分鐘，就能進行有意義的對話，病患很開心能聊自己的事，我聽了故事，精神也會變好。」

我們只需要多留意一下個人的模式，就能和拉傑許醫生一樣。只要知道什麼事會讓自己精疲力竭，什麼事會讓自己再度提起精神，就能想辦法管理自己的情緒與生產力，順利度過漫長的一天。自己的模式要怎麼找？有幾種方法：

- 畫一條「從早到晚」的時間線，記錄最近幾天（或幾週），精神好與精疲力竭的時刻，在時間線上做記號，記下當時是幾點。
- 留意自己高低潮的模式。什麼事每次都可以提振我的精神？什麼事每次都讓我垂頭喪氣？可能刺激我們的事物包括：
  - 腦力活動：分析、創意思考、計畫、閱讀。
  - 體力活動：運動、旅遊、勞動。
  - 社交：某幾個人、特定類型的人、身處團體還是獨自一人。
  - 周遭環境：音樂與聲音、工作空間、大自然。
  - 一天當中的時段：生理時鐘、家人、我們習慣在哪些時段做哪些事。
  - 本章提到的七大招：感恩、做好事、好奇心、成就感、人際關係、目標、幽默（如果好笑的事會讓你微笑）。
- 找出最適合自己的絕招後，應用在低潮時刻：

- 每當碰上一開始就知道會很累的一天，或是一天之中精神固定會不振的時段，幫自己製造一、兩個高潮，例如和朋友聊聊天，或是做一向很喜歡做的事。
- 從事最會榨乾精力的工作時，選擇令人振奮的環境，例如待在喜歡的地方，接近活力充沛的人，或是聽很 high 的音樂。

## 「峰終效應」：永遠要以高潮收尾

我們被問到今天快不快樂的時候，會下意識評估兩種快樂，一種是瞬間的快樂（我們回答快不快樂這個問題時，當下的快樂程度），一種是記憶中的快樂（我們回想今天發生的事情時的感受）。研究人員發現，「記憶快樂」影響幸福感的程度高過「瞬間快樂」，因為記憶快樂是我們告訴自己的故事。[15]生活究竟是開心還是不開心，要看我們幫自己剪輯過的回憶，快不快樂要看我們記住什麼事。

我們印象中一天過得好不好，不是**每一件事**的總和。我們記住的感覺，其實是當天的「高潮」（峰）與「結尾」（終）的平均，科學家稱之為**峰終效應**（peak-end effect）。我們之所以會如此，是因為大腦的自動化系統又在省力，把簡化版的現實存在記憶庫——只記住「峰」與「終」兩個資料點，不去回想與評估一天中所有的時刻。[16]

普林斯頓大學涉足行為經濟學的心理學大師康納曼做過峰終效應實驗。受試者經歷各種不愉快的情境，例如把手伸進冰涼到手會縮一下的水（14°C/57.2°F）六十秒。康納曼發現泡完不舒服的冷水，如果**接著**把手伸進僅溫暖一點點的水三十秒（15°C/59°F）[17]，受試者就會覺得先前的體驗沒那麼難受。攝氏十五度還是很冷，但受試者覺得比起六十秒的不舒服，九十秒鐘的不舒服比較可以忍受，只因為結尾多出的三十秒沒那麼糟糕。研究還發現其他類型的情境也一樣。不論是大腸鏡檢查或噪音，如果不舒服的經驗在結尾**多出**一段稍微沒那麼不舒服的經驗，人們就會覺得先前的事沒那麼糟。[18]換句話說，結尾好一點，人們的整體印象就會跟著變好。

如果是正面的體驗，結尾的效果也特別強烈，例如某項研究在非營利組織結束募款活動時，送一片免費的DVD感謝到場的人，其中一組人可以從評價高的電影中自由選一片，接著活動就結束了。另一組人則是選完一片後，可以再拿一片，不過第二片只能挑評價普通的電影。[19]只拿到一片好片的人，開心程度高過拿到一部好片加一部普通片子的人。

我們可以如何利用峰終效應，讓自己覺得一天過得還不錯？首先，我們可以利用本章的建議，想辦法不斷製造高峰。無聊的會議中只要有一個亮點，我們就會覺得這次的會議其實還不錯。除此之外，我們應該想辦法讓每件事的結尾轟轟烈烈，讓每次的人際互動、每項工作、每一天都結束在高潮之中。我們可以這麼做：

⬇每天晚上固定回想「三件好事」，改變自己當天的記憶。

➡結束對話時，再提一遍最開心的事，例如告訴對方：「真高興聽見你的好消息！」只要講一句話，就能讓我們自己和別人心中充滿正面的事。

➡如果是正式的討論，結束時也可以問：「今天我們哪裡做得還不錯，下次應該再來一遍？」這句話會讓大家回想剛剛開會時有哪些實用或有趣的資訊。如果沒時間讓大家回想，可以簡單給一句結語，例如：「剛才的討論很精彩，大家可以一起合作解決問題，感覺真好。」

莎賓（Sabine）是報社資深編輯，她讓事情結束在高潮的點子很好玩。莎賓工作能力很強，不過她近期的主管不是喜歡給讚美的人。因此莎賓想出一個辦法，讓每天下班時有人感激她的付出：「我在網路上找到一張照片，照片上的老闆看來充滿智慧、人又很好——那是圖庫照片，我完全不認識那個人，只覺得自己想替那樣的人工作——接著我把照片貼在門後，每次離開辦公室都看著那張照片，想像完美的老闆說我今天做得很好。很好笑，對不對？笑一笑很不錯，還能讓我拉開距離，從別人的觀點想起我自己可能忘記的成果。」那張假照片讓莎賓每天的工作都有令人振奮的結尾。

## 與其硬撐，不如獎勵一下大腦

很累的時候，我們可以想辦法提振精力：

➡**實驗提振精力七大招**：找出哪一招效果最好。一、三件好事。二、多做好事。三、找出有趣的事。四、給自己小小的成就感。五、挪出社交時間。六、找出個人目標。七、多笑一點（就算沒有笑的心情也一樣）。

➡**認識自己**：找出自己平日何時精神好、何時精神不好，留意哪些事能提振精神，哪些則讓我們精疲力竭（包括腦力活動、體力活動、社交活動的特定模式，還有哪些環境、一天之中的時段，以及前一個建議提到的「感恩、做好事、好奇心、成就感、人際關係、目標、幽默」等七大招）。決定好陷入低潮時可以採取哪幾招，或是事先避開讓人精神不振的事。

➡**結束於高潮**：計畫一下每一天、每次互動、每項工作的結尾，利用峰終效應的原理給自己一點高潮。晚上睡覺前，可以試一試「三件好事法」。

➡複習第五章的「安排中場休息時間」，以及第十九章的「身體健康才能挺過去」，提醒自己為什麼適當的休息很重要，平時都要保養身體來提振精神。

# 第21章 做你在行的事

大部分的人都想提升自己，不想永遠待在最初階的工作，因為我們需要金錢帶來的安全感或社會地位。除此之外，史丹佛心理學教授杜維克數十年來的研究也發現，幸福感來自「我的能力不只這樣，我可以愈來愈好」。[1]知道未來有希望，才會從錯誤中站起來，覺得事事新奇，事事皆有可能，我們的大腦喜歡新鮮感與可能性。

然而，我們如果努力突破現狀，想更上一層樓，工作有時會壓垮我們。我們可能接下很難做的新專案，手忙腳亂。或是要自己做很累、很無聊的工作，只因為我們覺得那份工作是敲門磚，以後可以換成更好的工作。也或者，我們逼自己變成工作狂，以求升遷。要怎麼做，才能活力充沛地應付所有工作上的挑戰？本章要告訴大家，答案常與「發揮長處」有關。我們努力發揮長處的時候，即使處於水深火熱之中，依然能讓大腦處於發現模式。

「發揮長處」不同於把注意力放在解決弱點的「自我改善」。解決弱點當然是好事，如果生活中有一些重要的事我們做不好，如基本的加減乘除或是守時，當然應該把那些能力提升到可接受的程度。然而如果把所有心思都放在解決弱點，想靠改善缺點發展個人的工作生涯，那就大有問題，因為一直看著缺點會讓我們懷疑起自己的能力。第九章也提過，大腦太容易把無能感當成威脅訊號，一旦陷入防禦模式，就無法聰明思考，讓我們更做不好，進入惡性循環。

不要看著弱點，那要怎麼看著長處？基本原則是找出長處，接著想辦法發揮長處。工作上碰到困難挑戰時，尤其應該想辦法發揮長處（後文會立刻說明方法）。雖然著眼於長處，工作也不會變簡單，但是我們不沉溺於「我沒用」的情緒時，大腦更能留在聰明的發現模式。

許多研究都提到，專注於長處讓人更有動力、更能拿出好表現。舉例來說，蓋洛普（Gallup）在一系列大型研究中發現，如果告訴人們他們的長處是什麼，並且引導他們在工作時多加發揮那些長處，工作滿意度會提升（例如：「你擅長做X。這次的Y和Z很難，你可以多利用X這項技能」）。蓋洛普比較兩種公司，第一種公司在評估表現時強調長處，第二種則是較為傳統、「你要改善哪些事項」的公司，結果第一種公司的獲利高九％。[2] 企業領導力協會（Corporate Leadership Council）甚至發現更顯著的關聯，一項調查二十九國、七大產業、三十四間公司、近兩萬名員工的大型研究發現，管理者強調長處的公司績效高二一％至三六％。[3]

不論我們的公司是否知道強調員工長處的好處，許多研究都說明，我們其實可以自己來、自己想辦法。斯特靈大學（Stirling University）的艾力克斯．伍德（Alex Wood）與應用正面心理學中心（Centre of Applied Positive Psychology）的艾力克斯．林里（Alex Linley）兩位心理學家，請受試者在一週之中，每天都想一想如何發揮個人長處，結果大家說自己感到更幸福、更有信心、更有活力（也就是我所謂的更有精神），壓力也變小，而且研究人員三個月與六個月後再度追蹤時，效果還在。[4] 花幾分鐘思考的投資報酬率實在太棒了。

## 一直講長處，長處究竟是什麼意思？

先前我一直在提長處，長處究竟是指什麼？我們想到「長處」時，一般會想到知識或技能。以我來說，我懂總體經濟學理論，也會彈鋼琴，然而與知識有關的長處，通常只在特定情境下有用。我輔導客戶時，很少需要大談貨幣政策，也不需要彈鋼琴。

研究人員鼓勵大家「發揮長處」，意思不只是叫我們應用知識，我們還應該運用源於自己性格與價值觀的優秀人格特質。除了發揮專長，還應該做自己最關心的事，朝著理想邁進。

聽起來有點玄？沒關係，我們可以看一下學者舉的例子。賽里格曼與克里斯多福．彼德森（Christopher Peterson）兩位心理學家率先提出「性格長處」（character strengths）分類法，他們提出的人格長處包括：

- **智慧**：取得與運用知識的能力，如創意、好奇心、判斷力、熱愛學習、懂得判斷輕重緩急。
- **勇氣**：遇到困難時，能靠意志力完成目標的長處，如勇氣、毅力、真誠、熱情。
- **人情味**：能夠理解與支持他人的交際手腕，如愛、仁慈、社交能力。
- **正義**：參與公民與團體生活的能力，如團隊合作、行事公平、領導能力。
- **自制**：不讓自己做出過度行為的能力，如寬恕、謙卑、謹慎、自我調整。
- **超越**：找出人生意義與目標的能力，如欣賞（卓越或美）、感激、希望、幽默、性靈。

我們可能知道自己很會整理數據，或是很會設計logo，但可能不太知道我們在運用實用技能時，性格長處也助了我們一臂之力。例如我們可能擅長集合大家一起做事（「熱情」、「社交能力」、「領導力」），或是我們很能苦中作樂，碰到再糟的事都能保持冷靜（「明白輕重緩急」、「自我調整」、「希望」）。

當然，性格長處有很多不同說法，各位可能喜歡賽里格曼與彼德森的分類法，也可以換個說法（例如不講「愛」，講「同理心」；不講「熱情」，講「熱忱」）。學界有很多分類方式，各派有各派的講法，不過關鍵精神是一樣的。研究指出人類發揮自己獨特的長處時，感到特別有活力，可以全心投入自己做的事。專注加上活力，會讓大腦處於發現模式，自然能夠拿出更好的表現。

## 找出自己的長處

我們如何能找出自己專屬的長處，每天工作時提醒自己加以運用？我會建議同時採取下列三種方法，我的客戶試過後都覺得很有效：

➡**分析過去特別滿意的成功經驗，大小事都可以**：找出「真希望每天都像這樣」或「太快樂了，不像在工作」的時刻。也可以找出日常生活中的好時光，例如圓滿解決家庭糾紛，或是曾經主辦成功的社區活動。請回想自己成功做到某件事的例子，然後寫下：

- 我當時做了什麼、說了什麼、想到什麼，所以成功了？
- 我因為擁有哪些能力與特質，所以能做到那些事、說出那些話、想到那些事？（那些能力與特質就是我們的長處。）

➡**請信任的人給建議，如工作夥伴、朋友、家人**：向大家解釋我們想進一步瞭解自己的長處，請他們舉出一、兩件我們曾經特別有熱忱或是令人印象深刻的事，請教他們那些事代表我們有哪些特長。

- **做長處測驗**：現在有許多線上的長處測驗。[5] 我們究竟有什麼長處，最終還是要靠自己挖掘，自己才最知道自己擅長什麼，不過相關測驗可以找出我們反覆出現的特質，或是我們不認得的長處。

定義自己的長處時，不要侷限在績效評鑑常見的說法，不要只說：「我擅長溝通。」要挖深一點，找出是哪些特質讓自己擅長溝通。問一問自己：「為什麼我這麼擅長這件事？」答案可能是我們富有同理心，或是口才好，在聽眾面前反應快，或是我們很誠懇、有話直說，所以別人信任我們。

另外，不要忘了找出讓自己活力充沛的個人特質。不管是在公司或在家裡，我們都得做很多自己不喜歡的事。然而，為了大腦的發現模式著想，我們得引發「有趣」與「獎勵」的感覺，不能讓自己陷入「責任」與「義務」的情緒。因此，回想生活中的勝利時刻時，我們得區分哪些事是「**理應**很享受」，哪些事是「真的很享受」。

泰德（Ted）是工程師出身，目前擔任某全球電子製造商的資深主管。他發現自己真正的長處和原本想的不一樣：「我一直以為我擅長分析，分析是我最大的長處，然而真正讓我有活力的卻是教學。我回想過去的經驗時感到意外，我最開心的時刻其實是培養公司的青年才俊。我想起我和他們一起腦力激盪，鼓勵他們發揮創意，那是我這輩子做過最開心的事。」泰德發現這件事之後，開始花更多時間指導年輕的同事，現在是他工作二十年來最興奮的時期。

## 找出應用長處的新方法

我們如何把長處應用在工作上？如果應用更多長處，我們做事的方法，哪裡會不一樣？

我在麥肯錫工作時，發現自己特別喜歡幫客戶發明新服務（賽里格曼與彼德森的性格長處測驗說我「熱愛學習」，果然沒錯）。麥肯錫的作法是，如果你想出創業的點子，接下來得向同事推銷，直到有人認為你的點子能幫上客戶的忙。我第一次提出創業點子時，的確走了一遍那個流程。那次我想到一項服務，可以改善資深主管的團隊效率。我每天工作到很晚，和組員有很開心的合作經驗，寫了很多報告，還慢慢一點一滴累積小小的成功，最後很有成就感。不過老實講，那一次我累壞了，覺得全身精力被榨乾。

因此，下一次我再提出新方案時，嘗試了不同作法。我擅長的事情中，有一項是人際關係，因此這次我決定發揮那項長處，把重點放在「人」身上。這次我的創業目標是成立協助健康照護組織改善績效的新事業。只是我沒寫好幾百頁的報告，而是寄了一封熱情洋溢的電子郵件給數百人，問有沒有人有興趣幫忙。幾個好心人回了我的信，人數綽綽有餘。

接著，我努力培養出團隊的感覺，讓一群同事一起打造新服務。有的同事協助醫院重新設計病患照護模式，有的同事幫忙生物科技公司加速藥物研發過程。我替同事召開分享經驗與專長的會議，並提供我能做到的一切協助。我這次的作法，讓我這個召集人的優先順序變得相當不同，例如我不再忙著做正式簡報，花在電腦上的時間變少，把更多時間用在引導新團隊對話。

我前後兩次的作法，對我、對公司來說都很成功，沒有哪個作法才是「對的」。不過第二次，我照顧到自己的外向人格，因此從頭到尾都很high。當然，如果我最大的長處不是人際互動，而是「從混亂中找出秩序」，我依然可以召集大家一起努力。不過我的重心將放在製造出完美整合的標準化產品，而不是鼓勵同事「百家爭鳴」，讓每個人提出不同的產品。如果我的長處是「秩序」，提出標準化產品會讓我特別有活力。同樣的工作，可以用很多不同的方式做。如果至少從自己的一項長處出發，做起事來就會覺得更有趣，表現也會更精彩。

工作讓人感到特別乏味、累人的時候，尤其應該想辦法運用長處，從自己有興趣的事下手。舉例來說，我們可以試著做兩件事：

➡**用長處來處理手上的工作**：想一想如何藉著發揮長處，解決眼前的工作。假設我很擅長從混亂中理出頭緒，我能否運用這項長處，協助自己與同仁把力氣放在最重要的事？如果我擅長社交，我能否讓大家團結一心，一起努力，或是協助同事擁有更圓融的人際關係？

**➡利用長處擁抱新挑戰：**新責任通常會帶來許多需要學習的地方，但我們仍然可以仰賴自己的長處，讓大腦在處理不熟悉的事務時停留在發現模式。舉例來說，如果我們準備第一次向董事會報告，而我們的長處是分析複雜的數據，那就找出一項令人訝異的數據，當成簡報主題。如果我們的長處不是分析，而是喜歡認識新朋友，那就可以事先找出每位董事感興趣的事，開會時利用那些事抓住他們的注意力。兩個方法都可行，都能讓我們更放鬆、更令人印象深刻。看長處是什麼，就照那個長處去做。

我們是否運用長處做事，將決定辛苦工作一天後，是精疲力竭，還是活力充沛。長期而言，長處可以協助我們創造並抓住機會，更滿意每天的工作，懂得選擇能發揮優勢的專案。發揮長處不一定要換工作，也不一定要扛下更多責任，而是重新決定目前的工作重點要擺在哪裡。也就是耶魯大學的艾美．瑞斯尼斯基（Amy Wrzesniewski）與密西根大學的珍妮．達頓（Jane Dutton）兩位管理教授所說的「打造自己的工作」（job crafting）。6

班恩（Ben）替紐約警局的民間執法監督機構工作，白天做社區訪問，翻閱彈道報告，然而到了晚上，他搖身一變成為脫口秀喜劇演員。班恩說他喜歡白天的工作，不過如果能在工作時發揮自己的表演天分，他會更開心。班恩舉了一個例子：「我和三名同事合作提供訓練課程，像講解搜索扣押法。由誰負責上台當講師都可以，但我自願上台，因為我比其他同事更習慣舞台，這是發揮長處的好機會。如果我當個娛樂性十足的風趣講師，學員會專心聽我講話，我們的課程會發揮更大的影響力。不管是什麼情境，幽默都能派上用場，不只是下班後。」班恩的心得是：「你得努力瞭解自己。誠實地找出自己喜歡什麼，然後想辦法多做那些事。這麼一來，上班就不再像酷刑。」

## 讓個人興趣派上用場

班恩找到一邊工作、一邊發揮個人長處的方法，但我們怎麼辦？萬一我們個人的興趣和白天的工作一點關係也沒有，該如何是好？前一章提到的凱薩琳原本也覺得自己的工作和興趣無關，她已經當了五年的資深營運管理者，工作榨乾她的精力，一想到就累。「表面上一切都很好，該做的工作我都做了，但我愈來愈沒有工作動力，一天變得好漫長，怎樣都過不完，而且做一件事得花我八百年。」

凱薩琳從小喜歡藝術、文學、歷史，甚至在古典音樂唱片公司上過班，然而她現在做的事卻是規畫預算與督促下屬工作。有一天，凱薩琳談起自己以前的事，「和我聊天的那個人說，妳的興趣和工作還差真多。他問我：『妳是怎麼不讓自己瘋掉？』那個瞬間，我明白他說得對，我少了什麼。」凱薩琳的藝文興趣和她每天做的工作似乎完全脫鉤。

凱薩琳決定用更有創意的方法，把「自己喜歡做的事」和「為了賺錢做的事」連在一起。「我展開個人『精神重振計畫』，每週看一部經典電影，一邊想著自己的工作，然後把心得運用在工作上。例如我看了一部講湯瑪斯．摩爾（Thomas More）的片子，摩爾等於是英格蘭十六世紀亨利八世的行政人員，跟我的工作很像。」摩爾站出來向國王提供建言的勇氣，激勵了凱薩琳，儘管摩爾的下場是被砍頭。「我不只一次因為想著摩爾，勇於站出來主張工作上我在乎的事，那樣的感覺很好。」

凱薩琳也開始抱著相同的目標逛美術館。她會挑館內的一張畫仔細看，然後想著那幅畫和工作上的麻煩事有什麼相關之處。「我走起路來變得更輕盈。離開美術館後，有時我會想到新點子，有時則是工作帶來的壞心情不見了。看到歷史上那麼多悲劇之後，你會覺得身邊的小事實在不算什麼，人生沒什麼大不了的。」

凱薩琳的工作慢慢改善了。「我開始覺得日子沒那麼難熬，視野再度開闊起來，我再度努力做我能做的事，用更有創意的方式想出解決辦法。」現在的凱薩琳碰到低潮時，「我會告訴自己：『又到了振奮精神的時刻。』從事藝文活動真的能提振我的精神。」

我們也可以根據工作以外的興趣，擬定自己的「精神重振計畫」，問自己幾個問題：

➡我最感興趣的主題或活動是什麼？我最喜歡讀什麼？最喜歡學什麼？不用別人要求

就會去做？

➡我如何在每天的工作中帶進自己感興趣的事？
- 我感興趣的事，能否帶來工作上的啟示？
- 我能否從中找到可借用的技巧或工具？
- 如果沒辦法，我能否召集興趣相投的同事，讓工作場所多一點開心事，例如組成讀書會、合唱團、運動隊伍？

賓州大學心理學家格蘭特在《給予》（*Give and Take*）一書中提到一個員工實驗。像班恩與凱薩琳一樣，受試者有機會讓工作配合個人的長處、興趣與價值觀，打造「更理想，但依舊符合實際需求」的工作。有的員工參加了新專案。有的員工想辦法讓手上的工作變得更有趣、更有意義。還有許多員工利用本書第二部分提到的「先說好話再拒絕法」，把不適合自己的工作交出去。格蘭特教授表示：「六週後，受試者的主管和同事說他們更快樂，做事**也**更有效率。」[7]這種一石二鳥的好事，我們怎麼能拒絕？嘗試看看吧。

**做你在行的事**

讓自己工作時永遠活力充沛、充滿熱忱，又能提振績效的辦法包括：

⬇**找出自己獨特的長處**：挪出時間找出自己的特殊專長。我最理想的人格特質、價值觀與能力是什麼？找出自己在什麼情況下表現最好，問一問其他人的意見，做做性格調查，找出共通的答案。

⬇**特別找機會應用自己的長處**：找一個星期，每一天想出一種方法，在工作時發揮長處。遇上挑戰、需要學習新事物時，想一想自己的特殊長處可以如何幫上忙。

⬇**靠興趣激勵自己**：在工作上運用個人長處時要有創意。我們知道的哪些事、哪些工具能在職業生涯中派上用場？

## 最後的小叮嚀

# 我們可以的！

各位在實驗本書的建議時，有時打破舊習慣、建立好習慣不是那麼容易，因此最後我想跟大家講幾句加油打氣的話。我們可能想替重要的溝通場合定好目標，但會議開到一半才想起來。我們可能想運用下屬的大腦能接受的建議方式，但不小心又跟先前一樣，直接說出他們哪裡做得不好，應該如何才對。這一類的情形不令人意外，因為大腦老是靠著自動駕駛模式省力。要是我們不特別干涉自己，大腦先前怎麼做，下一次也會那樣做。

習慣雖然難以打破，大腦其實也有強大的適應能力。每一個新想法、每一次的新體驗都能讓數十億神經元產生新連結，我們的神經連結永遠在變，也難怪加州大學舊金山分校的全球大腦改造專家麥克·梅策尼（Michael Merzenich）教授表示，大腦是「軟接」（soft-wired），而不是硬接（hard-wired），意思是說大腦的確部分是固定的，但也具有部分彈性。[1] **只要**我們知道如何增加適應力，「軟接」將讓我們有能力培養各種新能力，做各種不同的事。

我們可以怎麼做，平衡一下自動駕駛模式與適應力？科學研究提供了「獎勵」、「提示」與「重複」等三種有用的方法。

## 獎勵

各位如果在工作時成功運用新方法，是否會花點時間讚美自己做得好？大部分人不會。本書第十章提過，人一般不會花太多時間記住自己做得多好，因為我們的注意力自然被做得**不是**那麼好的部分吸引過去。不過神經科學家、經濟學家、心理學家都同意，當我們覺得一件事會帶來獎勵，比較可能重複做那件事，獎勵會讓大腦有動力重複那個行為。如果想讓新習慣維持得久一點，最好想辦法獎勵自己所有的努力。

各位可能會問，你說的獎勵是哪一種獎勵？嗯，最明顯的獎勵是個人的小獎勵，例如休息一下、吃點點心、聊一下天。不過我們如何看待自己的成功更為重要，因為第五章介紹過，反省這種認知過程會讓我們更能從經驗中學習。

舉個例子來說，如果我們用了大腦能接受的方式和同事溝通，結果很令人滿意。我們和第十章的彼得一樣，一開始先說出自己喜歡對方哪些事做得很好，然後才說出怎麼樣做會更好，同事聽了我們的建議後明顯產生動力，想出優秀的改善計畫。太棒了！不過等到一天中又出現新挑戰，我們很容易把這次的成功拋到腦後。因此我們應該花點時間回顧這次哪裡很順利，最好還做筆記，沉浸在自己做得很好的情緒中幾秒鐘。

我認識的某位專業人士更進一步運用獎勵，把自己做得好的各種事，用只有自己知道的代號記錄在辦公室門邊的白板；每次經過他都會感到振奮。我們也可以給自己一點社交獎勵，告訴其他人我們帶來哪些轉變、哪些有趣的結果。如果是很大的成就，我們甚至可以學第十六章的克莉絲汀，在下次的績效檢討中提出。以上種種方法都能讓大腦的獎勵系統開心，強化已經學到的事。

萬一試了新方法，結果還是不盡如人意，那該怎麼辦？不要忘了，大腦發現新資訊時也會覺得那是獎勵，因此我們可以選擇把這次的經驗想成一場實驗。問自己：「太好了！我從中學到什麼？」接著恭喜自己實驗**成功**的地方，就算所謂的成功，只是事後想到這次其實該怎麼做才對。

## 提示法

想讓自己的行為改變，最好盡量減少自己花的力氣。我們可以定一個非常明確、有可能做到的目標，接著把良好的新行為連結到原本的日常生活。找出一定會碰到的提示（如某個活動、情境或目標），一碰到那項提示，就做我們想採取的行動。第二章提過，研究顯示這種「要是發生……就做……」的提示，可以讓目標達成率變三倍，還不錯吧。

舉例來說，如果一天之中想多運動，大腦必須花時間建立新連結，才有辦法養成全新的上健身房習慣。然而如果用原本就固定在做的事當提示（如吃午餐），立刻能看到多運動的成效。我們可以告訴自己：「**要是**碰上午餐時間，我**就**走樓梯，不搭電梯。」或是進一步規定自己：「**只要**有樓梯和電梯可選，**就**選樓梯。」此外，如果想給別人的大腦容易接受的建議，可以在電話上貼步驟，決定：「**每當**我想告訴同事該怎麼做，**就**看一眼電話，決定要用哪一種技巧給建議。」

我的客戶還用螢幕保護程式給自己視覺提示，提醒自己運用本書提到的方法。有人把冰山照片當成桌面，每次看到就會想起「大家人都很好，只是碰上不如意的事」，因為「冰山一角」讓她想起每個人表面上的行為，其實反映出隱藏在底下的東西。我還碰過有人喜歡觸覺提示，在外套口袋放小石頭，每次摸到都能提醒自己努力養成新習慣（這是個好點子，小石頭便宜，而且不需要充電）。[2]每個人需要的方法都不一樣，請選擇對你來說最有效、最容易在一天之中做到的方法。

## 重複，重複，重複

我們小時候學騎腳踏車，摔倒就再試一遍，直到學會為止。然而，我們長大後學新東西，通常只會嘗試一次。要是第一次成效不彰或是感覺有點彆扭，我們就會告訴自己那種事行不通，不會要自己再試一遍。

太可惜了，大腦需要反覆練習才能熟能生巧。每當我們想到要運用別人的大腦能聽進去的建議技巧，我們自己的大腦神經元會彼此連結成網絡。一開始，那些連結不是很可靠，我們建議到一半會卡住，只記得其中一個步驟，剩下的就忘了。不過本書第三章也提過，腦神經科學家說「神經元共同開火，共同連結」。換句話說，反覆做一件事會強化與那件事有關的神經元。各位愈常運用新的建議技巧，就會愈順利。

嘗試新事物時，請記得拿出童年再接再厲的精神，提醒自己要是最初的嘗試不是很完美也沒關係；每一次嘗試都有價值。因為每多試一次，都能強化大腦中實用的新連結模式，最後新技巧自然是碰到相關情境時大腦第一件想到的事。

◆◆◆

最後，我鼓勵大家將本書的建議至少都試一遍，找出最適合自己的方法。就像健康照護主管蘿斯所說的：「我們都知道怎麼樣做比較理想，但是真的去做才有用。此外，自從我知道得花點時間才能把新方法烙印在腦海中，我不再擔心第一次沒成功。」零售商道格也表示：「我們得花點時間試一試，才知道哪種方法最適合自己，因此多實驗總是好事。此外我發現，不斷運用新技巧就會熟能生巧，最後不管生活中出現什麼挑戰都能駕輕就熟。」道格的話太適合當本書的總結。

# 附錄一　聰明開會法

會議以各式各樣的偽裝出現在生活裡，例如非正式的閒聊、每隔一段時間的進度追蹤、講很久的電話、時髦的簡報等等，都是會議的一種。我們的生活每天都在開會，但我們一般不覺得開會是什麼好事，要是有人說「我今天要開一整天的會」，我們會報以同情的目光，一點都不羨慕。怎麼會這樣？會議是一種互動，我們人不是愛社交的動物嗎，怎麼想到要開會就累呢？

我認為問題出在我們通常把很多精力放在「要討論**什麼**（what）」，例如我們要讓大家看什麼文件、我們得做哪些決定、我們想傳遞什麼訊息，但很少把注意力放在「要**如何**（how）討論」。各位可以回想一下上次開過的會。各位上次花了多少時間思考話要怎麼講、要如何鼓勵每個人發表有用的意見？我猜大概沒花多少時間。我數不清有多少次看到聰明人士花了好幾週時間用心準備簡報，但只用了幾分鐘思考如何與聽眾互動（通常是走進會議室前的那段路），實在太可惜了。

因此，接下來我要幫助大家在每次開會時運用本書的建議。就算只試一、兩種方法，不論你是主持會議的人或只是與會人士，都能重拾對開會的熱情。

## 準備開會

我們可以靠著幾個步驟讓會議成功：

- 開會前先回答幾個問題，想好這次要做什麼：
  - 目標：如果這次開會只能做到一件事，我希望是什麼事？真正最重要的事是什麼？
  - 態度：找出這次會議自己最在意的事。我們的關注擺在哪裡會影響我們體驗到哪些事。
  - 假設：我們是否因為任何負面的預期而不看好這次的會議？事情真的是那樣嗎？
  - 注意力：弄清楚事情的輕重緩急，這次會議我的注意力要放在哪裡？我要留意什麼事？
  - （假想一下其他與會者的心理。他們會如何回答前述幾個和設定目標有關的問題？）
- 行動：哪些明確的行為會讓目標成真？我要設定哪些「要是碰上……我就做……」公式，隨機應變？

- 心理對照：哪些事會妨礙目標？我可以事先計畫好哪些事，讓會議順利進行？
- 心中演練法：想像一下接下來的會議。一場成功的會議是什麼樣子？
- 身心雙向迴圈：如果這次會議讓人壓力很大，那就靠「身到心」的迴圈，鼓勵大腦退出草木皆兵的模式。我們可以露出大大的笑容，深呼吸，把自己亮出去（抬頭挺胸、雙腳站穩）。我們可以在洗手間做這些準備，也可以在打招呼或實際開會時這麼做。

如果這次的會議由我們安排，我們還可以做幾件事：

- 縮短會議時間，不要開滿整整一小時或半小時，給大家的大腦一點喘息時間（萬一得開九十分鐘以上的會，中間一定要讓大家休息）。
- 列出議程與介紹議程時，把議程包裝成問題，不要使用直述句（例如題目不要訂為「團隊溝通」，改成「我們可以如何改善團隊溝通？」）。
- 布置會場，讓開會空間呼應我們想營造的氣氛。不想要太拘束的感覺？那就把桌子搬到一邊，或至少讓大家坐在桌子的同一側，不要坐在對面。想讓氣氛活潑一點？房間一定要明亮。

## 好的開始是成功的一半

- 鼓勵大家把目標設為共同合作，先問：「今天這場會議結束時，我們想完成什麼事？」接著問：「完成那件事最好的辦法是什麼？」（就算我們不是會議主持人，也可以提出這一類問題。）
- 可以的話，建議在場的人把3C產品統統收起來，要不然大家會把大腦寶貴的工作記憶，用在手機或平板電腦螢幕，害得頭腦變遲鈍，無法專心討論。如果開很長的會議，我會拿出一個「智慧型手機日托服務」箱子，請大家自發性地把手機放進去，休息時間再去探視（無法這麼做的話，至少把自己的3C產品收起來）。
- 從正面的事開始談起，讓大家進入發現模式。不需要非常感性，請大家分享最近的成功經驗就好，問一問：「目前為止，哪些地方還算順利？」或「各位負責的部分發生什麼好事？」

## 發揮影響力

- 說一個小故事或真實經驗，解釋我們做的事如何影響同事或客戶，方便大家記住我們的貢獻。
- 萬一要講的話很長，那就把話分成幾部分，方便大家抓住重點，例如：「我想到三件事。第一件事……第二件事……第三件事……」

➡如果不認同別人的觀點或是有疑慮，說話要有技巧，表達方式要讓當事人的大腦停留在發現模式：一、用非常明確的方式，指出對方哪裡做得很好，接著再說：「如果還能……那就更好了。」二、說：「沒錯，還有就是……」，不要說：「是沒錯啦，可是……」三、問：「我們需要什麼，才能讓那件事成真？」

➡靠著提示，鼓勵大家做我們希望他們做的事。如果希望大家提出三點建議，那就在板子上寫上「1. 2. 3.」，然後問：「如果大家有三點建議，是哪三點？」

## 提升討論品質

### 避免團體迷思

大家一下子就達成共識是很棒的感覺，然而如果是很重要的議題，現場又沒有不同的聲音，免不了會漏掉一些事。我們可以問幾個問題，避免團體迷思：

➡「如果得雞蛋裡挑骨頭，這件事有哪些問題？」

➡「如果某某在這裡批評我們的點子，他們會說什麼？我們必須向他們保證哪些事？」

➡「想像一下，萬一最後結果很不理想，我們大概漏掉哪些地方？」

- 「我們的計畫會影響哪些人？他們會擔心什麼事？」
- 「如果我們替反方說話，我們會提出什麼主張？」

## 終止辯論

我們也可能碰上完全相反的情形，大家完全沒共識。此時，我們可以做一件事，讓現場的緊張氣氛降降溫：

- 找出所有人都同意的事，強化「同一國」的感覺，讓大家冷靜下來，不要渾身是刺。
- 問一問是否剩下的事沒共識也沒關係。如果大家已經同意最重要的部分，剩下的地方沒有共識可能也無妨。
- 如果不能沒有共識，那就盡量用客觀的角度摘要每一方的立場，說出每種看法的優點。問一問如果要變成最佳方案，每一種看法還需要什麼補強。所有人一起決定該如何找出證據，測試每種立場。

如果問題不在於沒共識，而是討論過於分散，那就提供一個「暫存區」，將對話時冒出的離題點子放進去，讓每個人覺得自己的意見被聽到，但注意力放在會議真正優先的事項。在壁報紙、白板或便條紙上，清楚寫上大家提到的意見。

## 處理棘手行為

如果有人「很難搞」，不要忘了，原因不出他們被踩到常見的情緒地雷，大腦覺得受到威脅，例如被排擠、不公平對待、不被感謝、缺乏自主權、能力不佳、價值觀受到挑戰、覺得事情充滿未知數等等。人在沒睡好或身體疲憊時，也會變得特別玻璃心，放大身邊的各式「威脅」。我們可以問自己幾個問題，來改善這種情形：

- 顧人怨人士究竟做了什麼？說了什麼？（不要解讀，觀察事實就好。）
- 可能是哪些原因促發了那些行為？他們有哪些需求沒被照顧到？
- 我們可以如何照顧到那些需求，降低「威脅」？舉例來說，就算我們不是會議主持人，我們依舊可以表現出感興趣的樣子，請那些人進一步表達觀點，讓他們覺得自己是團體的一分子，並且重複他們說過的話，讓他們覺得被尊重、有人聽見他們的意見。

## 總結會議

會議永遠該留點時間總結剛才做出的關鍵決定，或是大家討論出什麼結論、每個人該做些什麼。可以的話，最好也來點正面的總結，協助每個人整理自己的「下一步」，問大家：一、他們對哪件事感興趣，或是剛才會議中哪句話讓他們有靈感；二、他們打算怎麼做，何時要做。

## 減輕負擔

最後再次提醒，很多人討厭開會是因為行程表上有太多事要做。改善會議很好，但他們需要的其實是少開一點會。如果各位的情況也是這樣，不妨參考一下本書第十二章銀行財務長納洋的作法。納洋仔細研究行程表後，發現自己固定得開的會整整有四十二個。為了減少會議，他利用第六章「工作爆量該怎麼辦」的概念。

首先，納洋思考接下來一年最重要的事——他的大方向究竟是什麼。這樣一想，很多會議都跟他的優先要務無關。大部分的會議都是過去參加過的，因此就繼續參加下去。納洋於是寄出一連串「先說好話再拒絕」的信件，優雅退出那類會議。剩下的會議的確和來年的優先要務有關，不過納洋進一步運用「比較優勢」篩選：那個會議真的沒我不行嗎？還是說可以找資歷沒那麼深、但工作也做得不錯的同事去開會？自從納洋只參加非自己不可的會議之後，不但幫年輕同仁創造出頭的機會，還幫自己減少一半定期參加的會議，奪回自己的人生。

# 附錄二　解決收件匣不再是苦差事

全球公事上的往來，一天會寄出一千一百億封電子郵件，而且這個數字還在穩定增加。[1]電子郵件有很大的好處，比開會快，比打電話有彈性，又比訊息或簡訊正式。然而，要是問大家對電子郵件的看法，一定會有人翻白眼。光是想到有多少封郵件要處理就累了。許多人會積壓待回覆的信，很多都沒打開來看，但如果是倒過來，別人一直不回信或草草回覆，我們卻火冒三丈。此外，其實當面談比較容易知道該說什麼，但我們依舊用電子郵件講難以說出口的話，花無數時間想信要怎麼寫才好，也難怪研究調查發現，我們一天常常花至少四分之一的時間寄信與收信，把自己搞得很煩。[2]

行為科學給我們什麼建議，我們要如何打敗電子郵件？信要怎麼寄才有效果？我們要如何處理不斷冒出來的新信件，和收件匣一起過著幸福快樂的日子？

## 寫人們想讀的信

### 讓信件內容好懂又好行動

不管我們認為合不合理，人類的大腦就是喜歡**處理流暢度**，好懂的資訊比較能說服大腦，因此理想的寫信方式包括：

- 使用簡單的語言、簡短的句子、精簡的詞彙，把大部分的郵件濃縮成幾行字。發揮文采的事，留給小說或婚禮致辭就好。
- 如果一定得寫長信，那就分成短短幾段，採取條列式說明，加上標題，讓收信者一下就能抓到重點。
- 強調我們希望收信的人做什麼事、做什麼決定。如果對方只有時間讀完頭兩行字，信的開頭該怎麼寫？

### 信的開頭要正面

有時我們需要在信上寫一些麻煩的事，不過要是頭兩行字就讓收信的人心生防備，信件內容常會被誤解，因為此時對方的大腦進入了防禦模式。寫信時可以這麼做：

➡開頭先感謝對方的努力。不要直接寫：「謝謝你的報告，我可以給你一些建議嗎？」多花十秒鐘，至少想出一樣我們喜歡的地方：「謝謝你的報告，我喜歡你加進客戶的觀點。我可以給一些建議嗎？」我們在本書第十章也討論過給明確的讚美，效果會大過浮泛的恭維。

➡先提出解決辦法，焦點不要放在問題本身，因此不要說：「抱歉，我們最初的點子不會成功，因為……所以我們要做的是……」改成先提出自己的方法：「我們認為最好的辦法是……那和原本的計畫不一樣，因為……」這兩種說法內容其實是一樣的，但不同的說話順序會帶給收信人不同的心情。

➡讓收信人明白為什麼某件事很重要。如果有人出包，我們的信該怎麼寫？如果寫：「你做得很差，一定得想辦法解決這件事。」對方會想辦法解決，但大概是基於防禦，而不是用頭腦聰明思考過後的結果。我們應該鼓勵對方找出解決問題的好處，開啟大腦的獎勵系統：「由於XYZ的緣故，我們一定得把這件事做對。你能做什麼來解決這件事？」

## 順著對方的話說

堅持自己的立場，但要配合對方的語氣。不要忘記，人自然受到外表與行為和自己相像的人吸引，而且一旦把對方視為同一國之後，就比較不會把那個人當成潛在的威脅。小小一件事，就能促進或破壞雙方站在同一陣線的感受。

- 如果收到溫馨的信，但我們平日寫信的風格較為正式，那就多加一句溫暖的話，例如我們很期待見到對方。
- 如果對方的溝通風格不拖泥帶水，那就直接切入重點。說話簡短，不代表一定會冷冰冰的，依舊可以用和善的口吻說話。
- 對方用了哪些字，我們就跟著用，人類平常會自然模仿講話對象的說話方式。舉例來說，我們可以模仿收信人的問候語與署名方式，甚至可以模仿對方使用的驚嘆號數目。

## 不讓信件數量壓垮我們

我們要如何爬出收件匣的深淵，不要每天花那麼多時間在電子郵件上？行為科學教我們很多方法。

### 首先，不要沒事就收信

一天之中，如果工作、開會、走路的時候，也在處理電子郵件，我們會覺得自己忙得很有效率。然而研究證明我們花的時間因此變多。第四章解釋過，我們一次做好幾件事，大腦得不斷切換注意力，從「工作」切換到「收信」再切回「工作」，既浪費時間又浪費腦力。因此信最好集中處理，一天之中挑幾個固定時段收信，不要一分鐘收好幾次信。

## 第二，篩選一下收件匣

如果讓大腦的注意力從工作切換到收信、再切回工作會浪費時間，那麼同時處理不同**類型**的信件也會浪費時間，因為不同的信需要運用不同的認知反應。我們的收件匣裡有重要人士要我們回覆的信，也有我們不過是副本收件人的信，此外，還有電子報、見面的邀約，以及各式各樣的垃圾郵件。不同類別的信需要大腦做不一樣的事。如果能多加利用電子郵件程式的篩選功能，先集中相同類型的郵件，再一一處理，就能省下更多大腦處理的時間。舉例來說，我們可以設定信件篩選方式，建立不同文件夾：

- 直接寄給我們本人的信：可以的話，把我們只是副本收件人的信獨立出來。建一個郵件匣，或是幫重要信件加旗標。
- 行事曆邀請很多的話，也應該獨立成一個郵件匣。
- 閱讀通知：我們很容易被「你可能會有興趣」的信件淹沒，更別提那些沒提供多少資訊、只令人煩躁的訂閱通知。我為可能派上用場的研究資料建了一個郵件匣，一週看一遍就好，甚至隔更久。

## 第三，「只處理一遍法」（Only Handle It Once, OHIO）

收件匣的信只處理一遍就好。如果回信前看了三遍，等於是花的時間變三倍。各位也知道，我們的深思熟慮系統容量十分有限，精采的生產力書籍《搞定》的作者艾倫說，我們讀信時，應該瞄準四個「D」：[3]

- 做（Do）：做出決定與回應。
- 把事情分出去（Delegate）：如果有別人能做這件事，那就把信轉寄（forward）出去。
- 延遲（Defer）：留著以後再行動或日後參考。回信告訴對方：「我會再告訴你結果如何。」
- 刪除（Delete）：如果前述原則都不適用，刪掉。

有時我們努力用最快的速度回信，但仍可能讓某封信在收件匣待了一天又一天，因此我每週會檢查是哪些信在收件匣待太久，問自己：「如果讓這封信再多待一天，我會想出更好的回信辦法嗎？」如果不會，就要自己直接回，因為簡短的回信勝過遲回的信。

## 我收到了！

### 不要無聲無息

如果我們重視寄信的人，就別拖著不回。人類大腦會把別人沒回應以及不確定的事看成威脅，每次我們晚回信，就是在讓對方感受到威脅。寄信的人不知道你收到沒，有沒有看，是討厭信上提到的事，還是覺得那封信不值得看、沒放在心上，刪掉了。那一類的猜想不會對兩人的關係帶來幫助，因此重要人士來信時：

- 盡量在二十四小時之內寄一封簡短、正面的回信。拖得愈久，我們愈覺得有義務回比較長的信。如果我們還沒準備好回應對方的請求，那就寫一行字說自己收到了：「謝謝你的來信，我期待進一步討論細節。」
- 如果連寄一行字的時間都沒有，那就設定自動回覆，告訴大家我們在忙，大概什麼時候才會回信。我在寫這本書的時候，設定了自動回覆：「我正在忙，不是刻意不回信。」替自己多爭取一點時間，有空再好好回信。
- 如果太多陌生人或不是很熟的人寄信過來，那就寫一封我們（或助理）可以立刻複製、貼上的制式禮貌回信。

## 運用「先說好話再拒絕法」

我們之所以不回信，一個常見的理由是我們不想處理信上提到的事。我們閃閃躲躲，不想直接明講：「你說的時間我辦不到。」或「這件事成本太高，我不認為我們應該這樣做。」想到要回信，我們的心就沉下去，於是又多拖一天。此時第六章提到的「先說好話再拒絕」可以幫上忙。還記得嗎？那個方法的步驟包括：

- 先從溫暖致意開始，感謝對方的付出，至少謝謝對方寄了那封信。
- 告訴對方我們目前正在努力做什麼事，例如我們的目標、優先要務、約會。
- **然後**，再解釋由於那件事，我們得回絕這次的請求或建議。
- 最後以溫馨方式結尾，祝對方好運，一切順利。

我們太習慣用「很抱歉」開頭，常常得在寄出之前重寫一遍，才能符合「先說好話再拒絕」原則。要是抓到自己開頭就寫「很抱歉」幾個字，停下來想一想能否用更正面的方式開頭。

## 情緒激動時，不要寄信

剛被某件事惹惱的時候，不要寄信。那種時候，我們大概還處於防禦模式，無法用上腦袋聰明的部分。不論我們覺得自己寫信時多心平氣和，我們當下大概無法好好思考。最好等過一段時間平靜下來，再看一遍信件內容，例如晚上先睡覺再說。

如果覺得自己在盛怒之下寫信，可以像第十七章講的**情緒標籤**方法，幫助自己發洩情緒。那就寫吧，但第一件事是不要忘了刪掉「To」那一欄的收件人，以免一個不小心向全世界廣播自己的憤怒。寫好之後，存在草稿匣，回頭再看一遍時，我們會想：「幸好沒寄出那封信。」

如果收到令人火冒三丈的信，不要立刻假設寄件人是故意的。還記得嗎？我們人會出現**基本歸因謬誤**，覺得別人有負面行為是因為居心不良，而不是因為發生了什麼事讓他們那樣做。我們如果收到沒頭沒腦的信，會覺得寄信的人沒禮貌，而不會想到或許對方得匆匆忙忙做許多事。此外，如果我們抱著對方在找碴的心態看信，我們會出現**不注意視盲**，完全沒注意到對方釋出的善意。有多少次，我們重讀過分的信件之後，才發現沒有印象中糟糕？

綜合以上兩點，第三個建議是「可以的話，盡量不要用電子郵件討論敏感話題」。直接打電話或提議見個面，尤其是雙方通過一、兩次氣氛有點緊繃的信的情況。我們愛社交的大腦擅長解讀他人情緒，但無法面對面的時候，解讀能力會下降。研究人員發現，在電子郵件用嘲諷式的幽默，僅五六%的時候收件人會正確解讀為幽默。[4] 如果是語音留言，我們辨識出玩笑的機率更高，但直接面對面，情緒雷達最準確。

## 少寄一點信

寄出一封信，一下子就會變成三封、五封、十封，尤其是同時有數個收件人的信件。《哈佛商業評論》（*Harvard Business Review*）的研究找出有五名主管、八十名員工的真實辦公室「感染率」（contagion ratio）。[5] 每位主管一天少寄十封信，其他每個人收到的信件數會因此減少三倍以上。每對信平均要花一分半鐘處理，少寄一點信，就能多出四小時的工作時間。因此聰明人會盡量減少信件往來。我們可以做幾件事來減少郵件數量：

- **減少模糊地帶**：清楚說出我們希望大家收到信之後做什麼，明講哪些信不用回。
- **不要讓其他人追著我們要答案**：拖著不回信，通常會帶來新一輪的信。如果快被電子郵件壓垮，那就簡單告知我們收到信了，稍後再回覆。
- **明確提出時間、地點、最後期限**：讓大家不用來來回回一直回信敲定事情，而且由於**預設偏誤**的緣故，收信的人通常會直接接受我們的提議。

前述建議應該能讓各位的收件匣不再爆滿，減輕一點回信的壓力，而且同事也會心懷感激。

# 附錄三　重新打造一天行程

我們很少會看著行事曆，然後說：「哇，好開心的行程，等不及要開始過這一天了。」不過只需要預先做一點事，就能提振精神與心情。以下綜合本書提到的科學方法，教大家以新視野看待每日的行程。請利用這張檢查表打造出會有好心情的一天：

| 開始工作之前 | |
|---|---|
| 設定目標 | 事先想好接下來的一天會發生什麼事。可以一邊洗澡一邊想，或是在上班途中想。問問自己：今天最重要的事是什麼？我應該抱持什麼樣的態度？注意力應該放在哪些地方？該採取什麼行動？我應該幫今天設定哪些明確目標？ |
| 想像一切順利 | 想像今天的重頭戲。自己屆時要如何拿出看家本領。要做些什麼、說些什麼。 |
| 計畫一天的高潮 | 決定好今天最期待什麼事，不管多小都沒關係，小事也能變出大驚喜。 |

| | | |
|---|---|---|
| 預備 | 一樣的事一起處理 | 挪出一整段不受打擾的時間給最難處理的工作。另外安排一至兩個時段，回覆所有郵件與訊息。類似的工作一起做，速度比較快。 |
| | 做好準備 | 決定好今天想事情的時候最需要哪種心理特質，接著讓身邊充滿能激發那些特質的提示，如一張圖片、一首歌、變換工作空間的布置方式等。 |
| 一天之中 | 定調 | 決定好自己希望別人出現哪些行為，以及要如何營造出那樣的氣氛。我們自己或許沒發現，但我們的心態會影響他人的心態。 |
| | 隨時感激他人 | 感謝某個人做了某件事，而且最好是出乎意料地感謝。不經意地大方出手相助。觀察雙方的心情如何變化。 |
| | 讓思考時間不受打擾 | 思考的時候，關掉電腦、電話等3C產品的訊息通知或轉接到其他地方。若有需要，讓同事或客戶預先知道我們會怎麼處理，如設定電子郵件自動回覆，告訴大家我們晚一點會回。 |
| | 假設大家出發點都是好的，只是碰上讓人心煩的情境 | 碰上令人厭惡的行為時，假設對方是好人，只是他們的自我價值或社會地位受到威脅。快速化解緊張氣氛的方法是感謝對方的付出。 |
| | 借用好心情 | 用臉部回饋提振精神：多多微笑，就算只是假笑，也能影響大腦。 |

| | | |
|---|---|---|
| | 幫沮喪貼標籤 | 被惹惱、不舒服的時候，寫下事實（不帶個人解讀），以及自己的感受。<br>有時間的話，回頭看一看自己寫了什麼，接著決定「最好的自己」或「最聰明的朋友」會怎麼說、怎麼做。 |
| | 想著獎勵 | 在一天之中最糟糕的時刻，問自己：「今天最重要的事是什麼？」把那件事寫在便利貼或白板上，讓自己心中浮現的第一件事，永遠是那件事。 |
| | 重振精神 | 每九十分鐘休息一下，就算只是站起來伸伸腿也好。工作很難、很複雜的時候，尤其該休息，潛意識或許會帶來靈光一閃。 |
| 午餐時間 | 與人交流一下 | 至少挪出一小段時間和喜歡的人互動一下，時間不用長。如果無法見面，跟朋友打聲招呼，或是和陌生人溫馨互動一下，也是很好的事。 |
| | 做點運動 | 不需要做很多運動就能提振心情與專注力。快走一下，爬爬樓梯，做一點開合跳，都有幫助。 |
| 做每一件事的時候 | 拿出最大的動力 | 問問自己：<br>「這件工作最有趣的地方是什麼？」<br>「為什麼要完成這件工作？最重要的理由是什麼？」<br>「如果我在做這件事的時候想發揮個人長處，我該怎麼做？」<br>「上一次很成功，那次是怎麼辦到的（可能是我們、可能是其他人成功）？我從中學到什麼？」 |

| | | |
|---|---|---|
| **做每一件事的時候** | 從穩固的基石開始 | 先問正面的問題（「目前為止哪些部分很順利？」或「理想的結果是什麼？」）。開始做很有挑戰性的事情之前，先問這些問題。 |
| | 卡住的時候 | 如果待辦事項上有一件事拖了很久還沒做，誠實面對究竟為什麼沒做。連問數次「為什麼」，直到得出真正的原因。如果要解決那件事，我們得做什麼？最小、最小的第一步是什麼？在待辦事項上寫下那第一步。 |
| **一天結束的時候** | 結束在高潮之中 | 回想當天發生的三件好事，寫在床邊的小筆記本上。告訴另一半那些好事，或是躺在床上時回想一下，就算只是很小的事也沒關係。 |
| | 好好睡覺 | 睡覺前不要看著任何會發光的螢幕，亮光會讓我們難以入睡，也就是說不要帶手機進臥室。如果沒有鬧鐘，一定得用手機叫自己起床，那就螢幕朝下，擺在門邊（隔天去買真的鬧鐘）。 |

# 延伸閱讀

市面上有許多優秀的心理學、行為經濟學、神經科學科普讀物，各位如果對本書提到的主題感興趣，希望進一步瞭解，下列書單是我個人最喜歡的幾本書。

首先介紹兩本從神經科學看職場的書籍。這兩本書內容豐富，提到本書許多主題：

David Rock, *Your Brain at Work*.（如何利用神經科學，改善工作績效與職場互動。）

Tara Swart, Kitty Chisholm, Paul Brown, *Neuroscience for Leadership*.（讓神經科學協助我們提升領導能力。）

接下來是與本書各章節有關的書籍：

## 腦科學基礎理論

### 大腦的雙系統

Jonathan Haidt, *The Happiness Hypothesis*.（《象與騎象人》，從心理學的角度探討大腦雙系統的互動對幸福感產生的影響，並以科學新知探索前人的生活智慧。）

Daniel Kahneman, *Thinking Fast and Slow*.（《快思慢想》，這本巨著的作者康納曼是行為科學界最

具影響力的思想家。）

## 「發現」與「防禦」

Matt Lieberman, *Social.*（社交威脅與獎勵的重要性、人類是社群動物這點對人類行為造成的影響。）

Dan Pink, *Drive.*（《動機，單純的力量》，帶來動力的重要內在獎勵：自主權、能力、目標。）

## 身心迴圈

Arianna Huffington, *The Sleep Revolution.*（多方探討現代社會對睡眠的看法，以及我們如何能多休息一點。）

Gretchen Reynolds, *The First 20 Minutes.*（《運動黃金20分鐘》，以簡明易懂的方式探討就算是少量運動也有強大效果的研究。）

Jon Kabat-Zinn, *Wherever You Go, There You Are.*（《當下，繁花盛開》，在現代生活中運用正念技巧的經典書籍。市面上探討正念的書籍百家爭鳴，不過大家都引用這本書。）

## 第一部分　排出優先順序

Chris Chabris and Daniel Simons, *The Invisible Gorilla.*（《為什麼你沒看見大猩猩》，以趣味十足的方式探討「選擇性注意」的壓倒性證據。）

Heidi Grant Halvorson, *Succeed.*（如果想深入瞭解如何設定能成真的目標，就讀這本書。）

David Allen, *Getting Things Done.*（涵蓋本書第一部分與第二部分的經典書籍，教讀者設定明確的目標、擬定待辦事項清單，以及依據計畫管理時間。）

## 第二部分　生產力

Edward Hallowell, *Driven to Distraction at Work.*（教大家用更有效率的方式提升專注力。）

Paul Hammerness and Margaret Moore. *Organize Your Mind, Organize Your Life.*（《練好專注力，事情再多也不煩！哈佛專家帶你學會高效能心智，告別無效窮忙》，用神經科學故事，介紹人們藉由改變日常生活提升思考力與生產力。）

Tim Ferriss, *4-Hour Workweek.*（《一週工作4小時》，提供各式實用建議，教大家妥善利用時間。）

## 第三部分　人際關係

Douglas Stone, Bruce Patton, Sheila Heen, *Difficult Conversations.*（《再也沒有難談的事》，教大家一步一步談難談的事。）

Max Landsberg, *The Tao of Coaching.*（介紹「成長輔導法」〔GROW〕的精彩小書。）

Nancy Kline, *Time to Think.*（藉由有效聆聽改善各式互動的方法。）

## 第四部分　動腦時間

Tom Kelley and David Kelley, *Creative Confidence.*（《創意自信帶來力量》，就算是非創意類的工作，也能來一點創意思考。）

Dan Ariely, *Predictably Irrational.*（《誰說人是理性的！》，從行為經濟學大師的觀點，探討人類的選擇如何受認知捷徑影響的有趣介紹。）

Edward Russo and Paul Schoemaker, *Winning Decisions.*（附有商業實例與工作表的完美決策實用建議。）

## 第五部分　影響力

Chip and Dan Heath, *Made to Stick.*（《創意黏力學》，深入探討如何讓自己說的話帶來真正的影響力。）

Richard Thaler and Cass Sunstein, *Nudge.*（《推出你的影響力》，行為經濟學知名著作，介紹政策制定者可以如何把民眾「推」向好選擇。）

Adam Grant, *Give and Take.*（《給予》，互惠的重要性，以及「施」與「受」一樣有福。）

## 第六部分　恢復力

Carol Dweck, *Mindset.*（《心態致勝》，遭遇挫折時樂觀以對，當成改變的機會，從中學習，就能提升績效與幸福感。）

Victor Frankl, *Man's Search for Meaning.*（《活出意義來》，透過文字優美的戰俘回憶錄，說出「重新評估」與「心理對照」的力量。）

Bill George, *True North.*（在人生的起起伏伏之中，找出能支撐自己的心理支柱。本書雖然主要探討領導力，但適合所有讀者。）

## 第七部分　精力

Jim Loehr and Tony Schwartz, *The Power of Full Engagement: Managing Energy, Not Time, Is the Key to High Performance and Personal Renewal.*（《用對能量，你就不會累》，提振各式精力的實用建議。）

Sonja Lyubomirsky, *The How of Happiness.*（《這一生的幸福計劃》，前文第六與第七部分討論的愈挫愈勇與精力提振法，本書提供其他可在生活中運用的方式。）

Marcus Buckingham, *Go Put Your Strengths to Work.*（如何改造工作、充分發揮個人長處。）

## 最後的小叮嚀

Norman Doidge, *The Brain That Changes Itself.*（《改變是大腦的天性》，文字淺顯易懂，但深入探討大腦適應力的研究。）

Charles Duhigg, *The Power of Habit.*（《為什麼我們這樣生活，那樣工作》，進一步解釋習慣形成的機制，以及如何運用習慣改變自己、改變組織。）

# 名詞解釋

**杏仁核（amygdala，複數型 amygdalae）**：兩個杏仁狀的大腦區域，負責處理模稜兩可、不確定或新鮮的情緒體驗，包括具潛在威脅的情境。杏仁核是大腦「生存迴路」的一部分。

**錨定（anchoring）**：如果我們接觸到資訊（錨），就算那項資訊與我們要解決的問題無關，我們下意識用那個資訊當成思考的起點，而且不會偏離太遠。

**歸因謬誤（attribution error）**：對他人行為背後的動機做出錯誤假設。請見「基本歸因謬誤」（fundamental attribution error）。

**自動化系統（automatic system）**：又稱反射系統（reflexive system）或X系統（X system）、系統一（system 1）、快思系統（fast system）或無意識（unconscious）。由眾多大腦區域組成，在意識層面之下作用，共同掌控大腦的主要活動。

**確定性效應（certainty effect）**：一般人喜歡「確定的事」勝過冒險，而且會盡量避開模稜兩可。

**相對優勢（comparative advantage）**：我們的能力與他人能力相差最大的事（「絕對優勢」〔absolute advantage〕僅代表我們某件事做得比其他人好）。

**確認偏誤（confirmation bias）**：我們會尋找符合自身期待與假設的資訊，忽視不符合的資訊。「選擇性注意」（selective attention）的一種。

**知識的詛咒（curse of knowledge）**：因為自己知道某件事，誤以為其他人也知道，不必多做解釋，無意間造成說話不清楚的溝通方式。

**決策疲勞（decision fatigue）**：接連做了許多選擇，密集用腦，結果「深思熟慮系統」累壞了，大腦當機，無法好好思考。

**預設偏誤（default bias）**：如果有人提出明確建議，而且還算合理，讓我們不必動腦，我們一般會接受那個提議。

**防禦模式（defensive mode）**：大腦覺得碰上生命威脅、社交威脅或對個人不利的威脅（不論是想像出來的威脅，或是真有其事），將大量精力用在自動防禦（戰–逃–呆住反應），減少花在深思熟慮系統的力氣。請見「發現模式」。

**深思熟慮系統（deliberate system）**：亦稱為受控系統（controlled system）或C系統（C system）、系統二（system 2）、慢想系統（slow system）、執行功能（executive function）或大腦的意識部分。此系統負責複雜的認知功能，包括講道理、控制自己（包括情緒調節與專注力），以及計畫（包括權衡「未來」與「現在」）。由於大腦工作記憶體有限，深思熟慮系統能發揮多少功能也因而受限。

**折價（discounting）**：我們偏好現在這一刻就能得到好處的選項，不去選未來才會有好處的事。以後的好處還得特別花腦筋想，我們比較不重視。

**發現模式（discovery mode）**：把注意力放在一件事可以帶來什麼獎勵，而不是潛在的威脅。不處於「防禦模式」，就能把最多的腦力留給「深思熟慮系統」。

**定勢效應（Einstellung effect）**：我們掛念著某件尚未完成的工作，因此一小部分腦力分神去想那件事，認知功能下降。

**情緒調節（emotional regulation）**：面對人生的起伏，有能力穩定情緒，不會事情一出錯就陷入絕望。

**敝帚自珍效應（endowment effect，又譯「稟賦效應」）**：東西價值一樣時，我們覺得屬於我們的那一個，比別人手上的有價值。就算不是特別喜歡那樣東西也一樣。

**戰–逃–呆住反應（fight, flight, or freeze）**：大腦進入「防禦模式」時三種常見的自我保護反應。英文比較常見的說法是「戰或逃反應」（fight or flight），不過潛在的威脅令我們不安時，我們也常出現「呆住」反應。

**基本歸因謬誤（fundamental attribution error）**：常見的「歸因謬誤」。我們覺得別人做不好是因為性格有問題，而不會想到是外在環境讓好人做壞事。

**團體迷思（groupthink）**：如果身旁的人都那樣想，我們就覺得事情的確是那樣。「人云亦云」可以節省腦力，不必思考，在演化上提供我們很重要的歸屬感。

**建制意圖（implementation intention）**：「發生什麼情形就做什麼事」（when-then）的術語。我們明確定出情境觸發物，提醒自己做想做的事（亦稱為「如果……那就……」〔if-then〕）。

**不注意視盲（inattentional blindness）**：「自動化系統」將意識層面的注意力放在我們覺得重要的事，剩下的資訊則視而不見。「選擇性注意」的一種。

**內團體（in-group）**：某方面似乎與我們相像的人，我們的大腦比較不會視這樣的人為潛在威脅。

**規避損失（loss aversion）**：損失與獎勵一樣多的時候，我們的心思比較會被損失占據；想到會失去十元的沮喪感，超過會得到十元的喜悅。

**心理對照（mental contrasting）**：設定目標的方法。對照「理想結果」與「現實中正在面對的阻礙」，想出更為周全的行動計畫。

**忽略偏見（omission bias）**：我們比較會去想「做」的好處與壞處，不去想「不做」的優缺點。

**峰終效應（peak-end effect）**：我們對於某次體驗的感覺，特別會受高潮與結尾影響，讓大腦不必費力思考所有時間點的資訊。

**計畫謬誤（planning fallacy）**：取最理想的一次經驗來預估工作需要花多少時間完成，不去計算過去平均花多少時間。

**前額葉皮質（prefrontal cortex）**：大腦演化時較新的部分，深思熟慮系統的活動大都發生在此一區域。

**偏好當下現象（present bias）**：我們需要花很多腦力才能想像抽象的未來，因此遠遠較重視當下已知的事。

**促發（priming）**：大腦有所謂的「擴散啟動機制」（spreading activation mechanism），我們過去的經驗會帶來聯想，讓我們看到相關線索時，引發相關反應。接觸到文字、影像、物品等線索，可能引發行動或情緒。

**處理流暢度（processing fluency）**：我們天生受簡單易懂的概念吸引。亦稱為「認知流暢度」（cognitive fluency）。

**投射偏見（projection bias）**：我們容易假設其他每個人或多或少和我們一樣，不去多想為什麼別人出現某種行為。

**近期偏誤（recency bias）**：近期發生的事主導我們看世界的方式。

**獎勵（reward）**：大腦的「獎勵系統」判斷該花力氣追求的好處，例如基本生理需求、新知，以及會提升自尊、社會地位的獎勵。

**獎勵系統**（**reward system**）：促使我們尋求潛在獎勵經驗的複雜腦部區域，請見「獎勵」。

**選擇性注意**（**selective attention**）：大腦的「自動化系統」過濾意識層面的資訊與選項，造成我們用主觀方式看世界。

**社會認同**（**social proof**）：我們聽見與我們相像的人喜歡某件事，也想跟著做。

**擴散啟動機制**（**spreading activation mechanism**）：記憶的某部分被提醒後，自動聯想到該記憶其他相關的部分，包括當時的心境。

**安於現狀偏誤**（**status quo bias**）：想著未知的未來很花腦力，因此我們偏好維持現況。

**沉沒成本謬誤**（**sunk cost fallacy**）：決定是否該繼續投資某項計畫時，我們的注意力會放在已投下的成本，而不去想未來繼續投資的利與弊。

**生存迴路**（**survival circuits**）：辨識潛在危險並啟動「戰–逃–呆住反應」，讓我們進入「防禦模式」的大腦網絡。

**威脅**（**threat**）：任何大腦覺得可能傷害我們的人身安全、自尊或社會地位的事。

**工作記憶**（**working memory**）：大腦暫時留存與處理資訊的儲存空間。容量有限，但對「深思熟慮系統」的功能來說十分重要（各位現在就在運用工作記憶讀懂句子）。

# 謝辭

這本提到許多個人經驗的書，讓我回想起人生許多片段。我由衷感謝所有給過我十分鐘的人，還要特別感謝所有讓本書成真的傑出人士。

我首先要感謝與本書內容息息相關的三群人。第一群人分享了自己的故事。除了名字已經出現在內文的人士，我也感謝所有曾經提出想法、讓我想出本書雛形的人士。你們的智慧給了我很大的啟發，相信本書讀者也會有同感。我還要感謝這些年來一起合作過的客戶，他們實驗本書提到的各種工作方式與思考技巧，還容忍我畫的可怕大腦圖。教學相長，他們讓我學到如何教最重要的事。此外，我還要感謝本書引用的數百位科學家，我對他們充滿感激與崇敬之情。

我要感謝柴克利・舒斯特・哈姆斯沃斯出版經紀公司（Zachary Shuster Harmsworth）世界級的一流團隊。陶德・舒斯特（Todd Shuster）、珍・凡莫倫（Jane von Mehren）、艾斯蒙德・哈姆斯沃斯（Esmond Harmsworth）協助我把每一個點子去蕪存菁，接著又以我想不到的方式精彩擴充。感謝皇冠出版社（Crown）的每一位人士，他們一路熱情支持本書的寫作計畫，我要特別感謝羅傑・修爾（Roger Scholl）、蒂娜・康士德波（Tina Constable）、辛蒂・博曼（Cindy Berman）、莎莉・法蘭克林（Sally Franklin）、阿耶列特・古魯文史佩（Ayelet Gruenspecht）、克瑞莎・海斯（Carisa Hays）、梅根・佩瑞特（Megan Perritt）、坎貝爾・華頓（Campbell Wharton）。我也要特別感謝麥克米倫出版公司（Pan Macmillan）的團隊，尤其是辛蒂・陳（Cindy Chan）、羅賓・哈維（Robin Harvie）、羅拉・朗格羅（Laura Langlois），他們讓我覺得自己是自家領域的搖滾明星。

我還要感謝「七大轉變」培訓公司（Sevenshift）團隊提供的空間與支持，沒有他們，我不可能完成本書。他們是漢娜・布摩爾（Hannah Bullmore）、艾力克斯・哈迪（Alex Hardy）、蘇珊・摩爾（Susan Moore）、席倫・皮摩哈摩（Shireen Peermohamed）、湯姆・華納（Tom Warner）。謝謝你們對我這麼好。我要特別感謝本書計畫剛展開時我的營運長奧黛莉・弗列區（Audree Fletcher），她協助我順利戰勝這次的巨大挑戰，聽了我許多最初的點子並提供睿智的建議。

我不知道要如何感謝這些年來支持我的麥肯錫同事。我早期的組織實務（Organization Practice）導師引導我、鼓勵我靜下心朝行為領域發展。科林・普萊斯（Colin Price）一路上陪伴著我，讓我看到遠大目標的力量。凱斯・雷斯利（Keith Leslie）教導我設計轉化學習歷程。強納森・戴（Jonathan Day）說服我每週讀一本非小說類書籍；瑪麗・米利（Mary Meaney）教我說故事。接下來的每一位人士都值得用一段話，介紹他們是如何在我職業生涯的每個重要時刻提供引導與鼓勵：澤費・亞齊（Zafer Achi）、古山・艾爾齊希（Gassan Al-Kibsi）、瑪利亞–尤吉尼亞・亞力斯（Maria-Eugenia Arias）、諾拉・阿弗瑞特（Nora Aufreiter）、史蒂夫・貝爾（Steve Bear）、妮娜・巴提亞（Nina Bhatia）、大衛・博區（David Birch）、費利克斯・布魯克（Felix Brück）、伊恩・戴維斯（Ian Davis）、德瑞克・迪恩（Derek Dean）、卡洛林・迪瓦爾（Carolyn Dewar）、約翰・道迪（John Dowdy）、約翰・德魯（John Drew）、皮耶・古迪詹（Pierre Gurdjian）、倪寇・亨克（Nico Henke）、蘇珊・海伍德（Suzanne Heywood）、娜塔利・胡利亨（Nathalie Hourihan）、謝正炎（Tsun-yan Hsieh）、薇薇安・杭特（Vivian

Hunt）、尼爾・詹寧（Neil Janin）、寇納・科霍（Conor Kehoe）、史考特・克勒（Scott Keller）、邁可・克魯特（Michiel Kruyt）、凱文・連恩（Kevin Lane）、艾蜜莉・羅森（Emily Lawson）、馬克・羅區（Mark Loch）、尼克・洛葛羅夫（Nick Lovegrove）、朱蒂・馬藍（Judy Malan）、馬汀・馬庫思（Martin Markus）、托爾・麥霍特（Tore Myrholt）、傑若米・歐本海默（Jeremy Oppenheim）、麥克・瑞尼（Michael Rennie）、提姆・羅伯特（Tim Roberts）、彼得・史蘭格（Peter Slagt）、凱倫・坦納（Karen Tanner）、凱薩琳・提勒（Catherine Tilley）、大衛・特布爾（David Turnbull）、馬格努斯・泰曼（Magnus Tyreman）、羅拉・瓦特金斯（Laura Watkins）、坤廷・伍德利（Quentin Woodley）。

我還要感謝一群很獨特的人士，他們深深影響了本書。克斯坦・馬內（Kirstan Marnane）是我珍貴的思考夥伴，他的創意與智慧讓我的職業生涯出現許多美好的事。喬安娜・巴許（Joanna Barsh）是非凡的改造運動傑出領導者。我要特別感謝優秀的「中心領導」團隊（Centered Leadership），包括娜塔莎・卡加利諾（Natacha Catalino）、伊麗莎白・史瓦齊・希爾（Elizabeth Schwarz Hioe）、約翰・拉佛（Johanne Lavoie）、里納特・歐斯特克里斯（Renate Osterchrist）、絲韋亞・史坦維格（Svea Steinweg）、古席・凡艾維德（Gauthier van Eetvelde），也要感謝行為科學創意團隊的馬席爾・伯克（Matthias Birk）、克勞蒂亞・布朗（Claudia Braun）、尼爾斯・寇利森（Nils Cornelissen）。莫比斯（Mobius）的艾美・福克斯（Amy Fox）與艾瑞卡・福克斯（Erica Fox）是一路上陪伴我的重要合作者、智者與好友。本書內容集合了以上所有人的點子與精神。

好幾位同事協助我推廣本書。瑞克・克蘭德（Rik Kirkland）從我一開始寫這本書，就無私又熱情地協助我。尚・布朗（Sean Brown）與艾倫・韋伯（Allen Webb）協助我打進作者夢寐以求的人脈網。

我要感謝無數麥肯錫同事讓一切成真，包括我接觸過的實務與各部門辦公室領導者；我合作過的夥伴與團隊（尤其是組織與健康照護實務同仁）；世界級的研究人員與行政人員；以及允許我對全球各地會議室做奇怪實驗的設備團隊。感謝你們所有人。

我很幸運這些年來能仰賴輔導界的重要人士，他們協助我執業，並且一路上讓我成長。謝謝邁爾斯・道尼（Myles Downey）、朱蒂斯・佛曼（Judith Firman）、卡羅・考夫曼（Carol Kauffman）、珍・梅萊爾（Jane Meyler）、安・史考拉（Anne Scoular）、大衛・韋伯斯特（David Webster）。

我要感謝幾位讓我跳脫傳統觀點的經濟學家：安蒂・庫瑪羅（Andi Kumalo）最先啟發我；比爾・艾倫（Bill Allen）讓我對經濟學發展講人的那一面產生興趣；保羅・費雪（Paul Fisher）讓我相信自己真的是經濟學家，雖然我不符合傳統的定義；狄安・胡力斯（DeAnne Julius）讓我見識到經濟學家能同時遊走於公私部門；默文・金（Mervyn King）教我永遠不要寫下無法用證據佐證的話，以及句子要注意結構。

除了我極度優秀的編輯羅傑・修爾與辛蒂・陳，還有眾多花了無數力氣仔細閱讀本書的人士，他們提供寶貴的風格與寫作技巧建議。我要感謝：丹・拜列夫斯基（Dan Bilefsky）、茉莉・克魯基特（Molly Crockett）、布萊恩・杜邁（Brian Dumaine）、奧黛莉・弗列區、蓋伯・富蘭克林（Cabe Franklin）、艾力克斯・哈迪、保羅・舒梅克（Paul Schoemaker）、彼得・史拉格（Peter Slagt）、泰拉・史瓦特（Tara Swart）、尼克・韋伯（Nik Webb）。他們提出的挑戰與評論大幅提升本書品質。我還要感謝我的神經科學夥伴茉莉・克魯基特與泰拉・史瓦特，他們提供各式各樣的支持，讓我在數月的合作日子裡變得更聰明、更勇敢。伊麗莎白・費德曼・巴瑞特（Elizabeth Feldman Barrett）與潔西卡・潘恩（Jessica Payne）也分別在情感神經科學與認知神經科學方面，提供協助，遠超過我的期望。本書如果還有不足之處由我負責。

在本書的四年寫作期間，眾多人士在關鍵時刻慷慨提供建議，幫我加油打氣。他們是大衛·艾倫（David Allen）、蓋·伯恩斯（Guy Barnes）、艾瑞克·班霍克（Eric Beinhocker）、馮·貝爾（Vaughan Bell）、蘿倫·伯恩（Lauren Bern）、傑夫·伯德（Geoff Bird）、查爾斯·杜希格（Charles Duhigg）、琳達·格拉頓（Lynda Gratton）、亨利·齊金斯（Henry Hitchings）、維瑞莉·凱勒（Valerie Keller）、馬克思·藍斯伯格（Max Landsberg）、安東尼·梅費德（Antony Mayfield）、戴博拉·馬丁森（Deborah Mattinson）、瑪格麗特·摩爾（Margaret Moore）、蓋斯·歐唐納（Gus O'Donnell）、大衛·洛克（David Rock）、保羅·舒梅克、歐文·賽維斯（Owain Service）、羅倫斯·休特（Laurence Shorter）、葛雷格·賽門（Greg Simon）、海特拉·華德法（Hitendra Wadhwa）、蘿里·楊（Laurie Young）。感謝珍耐特·貝多爾（Janet Bedol）教我使用 EndNote，並協助我處理資料出處。我也要感謝親朋好友提供具療癒效果的西班牙小點、期中馬丁尼與女超人高峰會。謝謝你們在我需要的時候替我加油，並且原諒我閉門寫作。

妮可·韋伯（Nicole Webb）在我人生早期種下本書的所有種子。您讓我愛上探索知識，喜愛寫作，還讓我見識到春風化雨的力量。感謝您每週鼓勵我，在我有心事時永遠願意和我聊一聊（不管那件心事與多巴胺還是跟晚餐有關）。

最後我要向蓋伯·富蘭克林致上最深的謝意。你一路陪著我，不但提供最有智慧的建議，還擔任我的心靈支柱。人生能有你這樣的伴侶，我何其有幸。

# 註釋

## 寫在前面

1. 舉例來說，蓋洛普（Gallup）發現美國僅二九%員工覺得自己全心參與工作，而「員工教育水準較高時，參與率（engagement rates）微幅下滑」。全球則僅一三%的人覺得自己投入工作：Gallup (2013) *State of the American Workplace*（免費下載請見：http://www.gallup.com/services/176735/state-global-workplace.aspx）。世界大型企業聯合會（Conference Board）表示：「連續八年，不到一半的美國勞工滿意自己的工作。」請見：Cheng, B., Kan, M., Levanon, G., & Ray, R.L. (2014). *Job Satisfaction Survey*: The Conference Board。

## 腦科學基礎理論

1. Milgram, S. (1963). Behavioral study of obedience. *Journal of Abnormal and Social Psychology, 67* (4), 371–378.
2. Kahneman, D., & Tversky, A. (1979). Prospect theory: An analysis of decision under risk. *Econometrica, 47* (2), 263–291.
3. Stanovich, K.E., & West, R.F. (2000). Individual difference in reasoning: Implications for the rationality

debate? *Behavioral and Brain Sciences, 23*, 645–726. 此一重要論文的兩位作者將大腦的兩個系統定義為「系統一」與「系統二」，康納曼也使用這兩個名詞。

4. 康納曼於二〇〇二年十二月八日的諾貝爾領獎致詞，請見：Kahneman, D. (2003). A perspective on judgment and choice: Mapping bounded rationality. *American Psychologist, 58* (9), 697–720。
5. Kahneman, D. (2011). *Thinking Fast and Slow.* New York: Farrar, Straus and Giroux.
6. 如果一連串的資訊（如一組數字）在我們的記憶中十分相關，想到其中一部分就能帶出其他部分，則可以稱這個一連串資訊為一個「意元」（chunk）。我們能記住七個數字的電話號碼，就是因為我們把七個數字拆成「三個數字的意元」與「四個數字的意元」，甚至是不斷重複七個數字後，讓七個數字變成一個意元。請見：Cowan, N. (2008). What are the differences between long-term, short-term, and working memory? *Progress in Brain Research 169,* 323–338。亦請見：Cowan, N. (2001). The magical number 4 in short-term memory: A reconsideration of mental storage capacity. *Behavioral and Brain Sciences, 24*, 87–185。
7. Dux, P.E., Ivanoff, J., Asplund, C.L., & Marois, R. (2006). Isolation of a central bottleneck of information processing with time-resolved FMRI. *Neuron, 52* (6), 1109–1120（其他「多工」書目，請見第四章）。
8. Baumeister, R., & Tierney, J. (2011). *Willpower: Rediscovering the Greatest Human Strength*. New York: Penguin.
9. Shiv, B., & Fedorikhin, A. (1999). Heart and mind in conflict: The interplay of affect and cognition in consumer decision making. *Journal of Consumer Research, 26*, 278–292.
10. Treisman, A., & Geffen, G. (1967). Selective attention: Perception or response? *Quarterly Journal of Experimental Psychology, 19* (1), 1–17.
11. 賽門斯與查布利斯在書中提到此一有趣研究及其他「選擇性注意」研究，請見：Chabris, C.F., &

Simons, D.J. (2010). *The Invisible Gorilla: And Other Ways Our Intuitions Deceive Us*. New York: Crown。原始學術期刊請見：Simons, D.J., & Chabris, C.F. (1999). Gorillas in our midst: Sustained inattentional blindness for dynamic events. *Perception, 28* (9), 1059–1074。負責數黑上衣的受試者比較可能看到黑猩猩，可能是因為黑猩猩也是黑色，因此相較於負責數白上衣的受試者，他們的大腦認為黑猩猩和數人數的任務較為「相關」。

12. 如果各位還沒看過那段影片，抱歉我已經「破哏」。不過各位還是有興趣的話，可參考後列連結：https://www.youtube.com/watch?v=vJG698U2Mvo。此外，各位也可以參考心理學家理查・韋斯曼（Richard Wiseman）的精彩影片。現在許多人已經聽過黑猩猩影片（抱歉，我是說籃球影片），所以我改讓客戶看韋斯曼的影片：https://www.youtube.com/watch?v=v3iPrBrGSJM。

13. LeDoux, J. (2012). Rethinking the emotional brain. *Neuron, 73* (4), 653–676.

14. 腎上腺素有adrenaline、epinephrine兩種名稱，正腎上腺素有noradrenaline、norepinephrine兩種名稱。

15. 杏仁核讓大腦注意一切不知該從何判定正負面情緒的事物。相關研究尤其想知道人類回應潛在威脅時，杏仁核扮演的關鍵角色。例如以下實驗發現受試者若暴露於驚嚇臉孔僅三十毫秒、時間短到意識來不及注意到那張臉，杏仁核依舊出現反應。請見：Whalen, P.J., et al. (1998). Masked presentations of emotional facial expressions modulate amygdala activity without explicit knowledge. *Journal of Neuroscience, 18* (1), 411–418。研究還發現即使請受試者注意照片上的建築物，受試者的杏仁核依然下意識對照片中的憤怒表情做出反應。請見：Anderson, A.K., Christoff, K., Panitz, D., De Rosa, E., & Gabrieli, J.D. (2003). Neural correlates of the automatic processing of threat facial signals. *Journal of Neuroscience, 23* (13), 5627–5633。研究人員發現杏仁核受損的人士無法辨識他人臉上的恐懼表情。請見：Adolphs, R., et al. (1995). Fear and the human amygdala. *Journal of Neuroscience, 15* (9), 5879–5891。

16. Arnsten, A. (2009). Stress signalling pathways that impair prefrontal cortex structure and function. *Nature*

*Reviews Neuroscience, 10*(6), 410–422. 如果想瞭解此一基本原理較簡明的整體介紹，可參考：Arnsten, A. (1998). The biology of being frazzled. *Science*, 280 (5370), 1711–1712。

17. 安德斯・艾德（Andreas Eder）等人探討現代社會的「發現與防禦」行為模式，請見：Eder, A.B., Elliot, A.J., & Harmon-Jones, E. (2013). Approach and avoidance motivation: Issues and advances. *Emotion Review, 5*, 227–229。

18. 例如馬克・畢曼（Mark Beeman）及其西北大學研究同仁的研究，可參見：Subramaniam, K., et al. (2009). A brain mechanism for facilitation of insight by positive affect. *Journal of Cognitive Neuroscience, 21* (3), 415–432。亦請見：Alice Isen's comprehensive review: Isen, A. (2000). Positive affect and decision-making. In M. Lewis & J. Haviland-Jones (Eds.), *The Handbook of Emotions,* 2nd ed. New York: Guilford Press。

19. Deci, E.L., Koestner, R., & Ryan, R.M. (1999). A meta-analytic review of experiments examining the effects of extrinsic rewards on intrinsic motivation. *Psychological Bulletin, 125* (6), 627–668.

20. Dunbar, R.I.M. (2003). The social brain: Mind, language, and society in evolutionary perspective. *Annual Review of Anthropology, 32* (1), 163–181.

21. 此一研究的介紹，可參考利柏曼探討我們愛社交的大腦的精彩著作：Lieberman, M. (2013). *Social.* New York: Crown。

22. Ryan, R.M., & Deci, E.L. (2000). Self-determination theory and the facilitation of intrinsic motivation, social development, and well-being. *American Psychologist, 55* (1), 68–78.

23. Loewenstein, G. (1994). The psychology of curiosity: A review and reinterpretation. *Psychological Bulletin, 116*(1): 75–98. 較為近期的研究可參考：Kang, M.J., et al. (2009). The wick in the candle of learning: Epistemic curiosity activates reward circuitry and enhances memory. *Psychological Science, 20* (8), 963–973。

24. Payne, J.D. (2010). Memory consolidation, the diurnal rhythm of cortisol, and the nature of dreams: A new hypothesis. In A. Clow & P. McNamara (Eds.), *International Review of Neurobiology,* vol. 92. Waltham, MA: Academic Press.

25. 的確有一小部分人士不需要那麼多的睡眠，不過研究人員只發現極少數貨真價實的「短睡眠者」（short sleeper）。匹茲堡大學醫學中心（University of Pittsburgh Medical Center）精神病學臨床轉譯醫學教授丹尼爾・比斯（Daniel Buysse）表示：「每一百個認為自己一個晚上只需要睡五、六小時的人，大約只有五個人真的只需要睡那麼少時間。」請見：Melinda Beck, "The sleepless elite," *Wall Street Journal*, April 5, 2011。

26. Czeisler, C., & Fryer, B. (2006). A conversation with Harvard Medical School professor Charles A. Czeisler. *Harvard Business Review*, October.

27. 運動好處多多，相關證據以及眾多後設分析研究的介紹，請見：Ratey, J.J., & Loehr, J.E. (2011). The positive impact of physical activity on cognition during adulthood: A review of underlying mechanisms, evidence and recommendations. *Reviews in the Neurosciences, 22* (2), 171–185。針對一百五十份關於運動對職場的好處的研究的後設分析，請見：Conn, V.S., et al. (2009). Meta-analysis of workplace physical interventions. *American Journal of Preventative Medicine, 37* (4), 330–339。

28. 完整書目請見：Ratey, J.J., & Loehr, J.E. (2011). The positive impact of physical activity on cognition during adulthood: A review of underlying mechanisms, evidence and recommendations. *Reviews in the Neurosciences, 22* (2), 171–185。

29. Coulson, J.C., et al. (2008). Exercising at work and self-reported work performance. *International Journal of Workplace Health Management, 1* (3), 176–197.

30. 取自介紹瑞迪醫生著作的網站：Ratey, J.J. (2008). *Spark: The Revolutionary New Science of Exercise and the Brain.* New York: Little, Brown. http://sparkinglife.org/page/why-exercise-works。

31. U.S. Department of Health and Human Services (2008). *Physical Activity Guidelines, Advisory Committee Report*. 該指南表示一週五百代謝當量（MET minutes）等同一百五十分鐘的中度有氧活動。此一報告的敘述描述，請見：Reynolds, G. (2012). *The First 20 Minutes: Surprising Science Reveals How We Can Exercise Better, Train Smarter, Live Longer.* New York: Hudson Street Press。

32. 情緒調節的研究，請見：Farb, N.A., et al. (2010). Minding one's emotions: Mindfulness training alters the neural expression of sadness. *Emotion, 10* (1), 25-33。工作記憶與專心的研究，請見：Mrazek, M.D., et al. (2013). Mindfulness training improves working memory capacity and GRE performance while reducing mind wandering. *Psychological Science, 24* (5), 776-781。軍事人員的研究，請見：Jha, A.P., et al. (2010). Examining the protective effects of mindfulness training on working memory capacity and affective experience. *Emotion, 10*(1), 54-64。

33. Hasenkamp, W., & Barsalou, L.W. (2012). Effects of meditation experience on functional connectivity of distributed brain networks. *Frontiers in Human Neuroscience, 6*, 38; Farb, N.A., et al. (2010). Minding one's emotions: Mindfulness training alters the neural expression of sadness. *Emotion, 10* (1), 25-33; Holzel, B.K., et al. (2010). Stress reduction correlates with structural changes in the amygdala. *Social Cognitive and Affective Neuroscience, 5* (1), 11-17; Brewer, J.A., et al. (2011). Meditation experience is associated with differences in default mode network activity and connectivity. *Proceedings of the National Academy of Sciences USA, 108* (50), 20254-20259.

34. Moyer, C.A., et al. (2011). Frontal electroencephalographic asymmetry associated with positive emotion is produced by very brief meditation training. *Psychological Science, 22* (10), 1277-1279. 其他提到只需練習一定時間就能享受到正念好處的研究，包括只需練習四天就能見到認知表現持續改變，請見：Zeidan, F., et al. (2010). Mindfulness meditation improves cognition: Evidence of brief mental training. *Consciousness and Cognition, 19* (2), 597-605。

35. 藍格的著作反覆提到此一概念。請見：Langer, E. (1989). *Mindfulness.* Reading, MA: Addison Wesley。

## 第1章　自己決定大腦的篩選原則

1. Chabris, C., & Simons, D. (2010). *The Invisible Gorilla: And Other Ways Our Intuitions Deceive Us*. New York: Crown.
2. Drew, T., Võ, M.L.H., & Wolfe, J.M. (2013). The invisible gorilla strikes again: Sustained inattentional blindness in expert observers. *Psychological Science, 24* (9), 1848–1853.
3. Radel, R., & Clement-Guillotin, C. (2012). Evidence of motivational influences in early visual perception: Hunger modulates conscious access. *Psychological Science, 23* (3), 232–234.
4. Forgas, J.P., & Bower, G.H. (1987). Mood effects on person-perception judgments. *Journal of Personality and Social Psychology, 53* (1), 53–60.
5. Riener, C.R., Stefanucci, J.K., Proffitt, D.R., & Clore, G. (2011). An effect of mood on the perception of geographical slant. *Cognition & Emotion, 25* (1), 174–182.
6. Hansen, T., Olkkonen, M., Walter, S., & Gegenfurtner, K.R. (2006). Memory modulates color appearance. *Nature Neuroscience, 9* (11), 1367–1368.
7. 這句話是史鐸金短篇小說〈幽室愛好〉（The Claustrophile）的主旨，請見：Sturgeon, T. (2013). *And Now the News... Volume IX: The Complete Stories of Theodore Sturgeon.* London: Hachette UK。

## 第2章　設定黃金目標

1. Locke, E.A., & Latham, G.P. (2002). Building a practically useful theory of goal setting and task motivation: A 35-year odyssey. *American Psychologist, 57*(9), 705–717.
2. Elliot, A.J., & Church, M.A. (1997). A hierarchical model of approach and avoidance achievement

motivation. *Journal of Personality and Social Psychology, 72* (1), 218–232.

3. Deci, E.L., & Ryan, R.M. (2000). The "what" and "why" of goal pursuits: Human needs and the self-determination of behavior. *Psychological Inquiry, 11* (4), 227–268.

4. 外在產生的目標由側前額葉皮質（lateral prefrontal cortex）處理；內在產生的目標由內側前額葉皮質（medial prefrontal cortex）處理。請見：Berkman, E., & Lieberman, M.D. (2009). The neuroscience of goal pursuit: Bridging gaps between theory and data. In G. Moskowitz & H. Grant (Eds.), *The Psychology of Goals* (pp. 98–126). New York: Guilford Press。

5. 葛爾維哲主持過眾多「如果……就……」（when-then）意圖建制研究。關鍵研究請見：Gollwitzer, P.M., & Brandstätter, V. (1997). Implementation intentions and effective goal pursuit. *Journal of Personality and Social Psychology, 73* (1), 186–199。亦見：Vallacher, R.R., & Wegner, D.M. (1987). What do people think they're doing? Action identification and human behavior. *Psychological Review, 94* (1), 3–15; Trope, Y., & Liberman, N. (2003). Temporal construal. *Psychological Review, 110* (3), 403–421。

6. Grant Halvorson, H. (2014). Get your team to do what it says it's going to do. *Harvard Business Review*, May.

## 第3章　加強決心的法寶

1. Quote from Collins, J. (2001). *Good to Great: Why Some Companies Make the Leap—and Others Don't.* New York: HarperBusiness.

2. Oettingen, G. (2014). *Rethinking Positive Thinking: Inside the New Science of Motivation.* New York: Penguin Random House.

3. Collins, A., & Loftus, E. (1975). A spreading-activation theory of semantic processing. *Psychological Review, 82* (6), 407–428.

4. 海伯法則（Hebb's Rule）。原始出處請見：Hebb, D.O. (1949). *The Organization of Behavior*. New York: Wiley & Sons。
5. Kay, A.C., Wheeler, S.C., Bargh, J.A., & Ross, L. (2004). Material priming: The influence of mundane physical objects on situational construal and competitive behavioral choice. *Organizational Behavior and Human Decision Processes, 95* (1), 83–96.
6. Aarts, H., & Dijksterhuis, A. (2003). The silence of the library: Environment, situational norm, and social behavior. *Journal of Personality and Social Psychology, 84* (1), 18–28.
7. Adam, H., & Galinsky, A.D. (2012). Enclothed cognition. *Journal of Experimental Social Psychology, 48* (4), 918–925.
8. 在空曠的地方或綠地散步一下，對很多人來說似乎可提振精神。請見：Berman, M.G., Jonides, J., & Kaplan, S. (2008). The cognitive benefits of interacting with nature. *Psychological Science, 19* (12), 1207–1212. Oppezzo, M., & Schwartz, D. L. (2014). Give your ideas some legs: The positive effect of walking on creative thinking. *Journal of Experimental Psychology: Learning, Memory, and Cognition, 40* (4), 1142–1152。
9. Kosslyn, S.M. (2005). Mental images and the brain. *Cognitive Neuropsychology, 22* (3–4), 333–347。
10. Pascual-Leone, A., Nguyet, D., Cohen, L.G., Brasil-Neto, J.P., Cammarota, A., & Hallett, M. (1995). Modulation of muscle responses evoked by transcranial magnetic stimulation during the acquisition of new fine motor skills. *Journal of Neurophysiology, 74* (3), 1037–1045.

## 第二部分　生產力

1. Schor, J. (2003). The (even more) overworked American. In J. De Graaf (Ed.), *Take Back Your Time: Fighting Overwork and Time Poverty in America* (p. 7). San Francisco: Berrett-Koehler.

2. 例如，樣本數龐大的白廳研究（Whitehall study）發現長工時（一週超過四十小時）與文字測驗和邏輯測驗分數較低有重大關聯。請見：Virtanen, M., et al. (2009). Long working hours and cognitive function: The Whitehall II Study. *American Journal of Epidemiology, 169* (5), 596–605。經濟合作暨發展組織（OECD）的數據亦顯示，一九九〇至二〇一二年間，國家平均生產力與工時呈負相關。資料請見：http://stats.oecd.org/Index.aspx?DatasetCode=LEVEL#。

## 第4章　一次做一件事就好

1. Dux, P.E., Ivanoff, J., Asplund, C.L., & Marois, R. (2006). Isolation of a central bottleneck of information processing with time-resolved fMRI. *Neuron, 52* (6), 1109–1120。其他研究人員甚至發現，時間較長的打斷會進一步增加出錯率。打斷兩秒鐘會讓出錯率變兩倍，打斷四秒會變三倍。請見：Altmann, E.M., Trafton, J.G., & Hambrick, D.Z. (2014). Momentary interruptions can derail the train of thought. *Journal of Experimental Psychology: General, 143* (1), 215–226。
2. Speier, C., Valacich, J.S., & Vessey, I. (1999). The influence of task interruption on individual decision making: An information overload perspective. *Decision Sciences, 30* (2), 337–360.
3. Iqbal, S.T., & Horvitz, E. (2007). Disruption and recovery of computing tasks: Field study, analysis, and directions. Paper presented at the Proceedings of the SIGCHI Conference on Human Factors in Computing Systems, San Jose, California.
4. Tombu, M.N., Asplund, C.L., Dux, P.E., Godwin, D., Martin, J.W., & Marois, R. (2011). A unified attentional bottleneck in the human brain. *Proceedings of the National Academy of Sciences, 108* (33), 13426–13431.
5. Bailey, B.P., & Konstan, J.A. (2006). On the need for attention-aware systems: Measuring effects of interruption on task performance, error rate, and affective state. *Computers in Human Behavior, 22* (4),

685–708.

6. 我的「嚴重」車禍定義為有人受傷；一八%的此類車禍源自駕駛分心。請見：*Traffic Safety Facts—Research Note (Summary of Statistical Findings)* (2014). DOT HS 812 012. Washington, DC: U.S. Department of Transportation. Retrieved from http://www-nrd.nhtsa.dot.gov/Pubs/812012.pdf。
7. Ophir, E., Nass, C., & Wagner, A.D. (2009). Cognitive control in media multitaskers. *Proceedings of the National Academy of Sciences, 106* (37), 15583–15587.
8. Sanbonmatsu, D.M., Strayer, D.L., Medeiros-Ward, N., & Watson, J.M. (2013). Who multi-tasks and why? Multi-tasking ability, perceived multi-tasking ability, impulsivity, and sensation seeking. *PLoS ONE, 8* (1), e54402.
9. 常見的「一天之中什麼時候就該做什麼事」建議，對夜貓族和早起的鳥兒來說效果不一定一樣，可參見以下研究：Gunia, B.C., Barnes, C.M., & Sah, S. (2014). The morality of larks and owls: Unethical behavior depends on chronotype as well as time of day. *Psychological Science, 25* (12), 2272–2274。許多研究指出，人們在早上較能遵守道德。此一研究指出習慣早起的人，早上的確較有道德感，但夜貓族正好相反。

## 第5章　特別安排中場休息時間

1. Danziger, S., Levav, J., & Avnaim-Pesso, L. (2011). Extraneous factors in judicial decisions. *Proceedings of the National Academy of Sciences, 108* (17), 6889–6892.
2. Baumeister, R., & Tierney, J. (2011). *Willpower: Rediscovering the Greatest Human Strength*. New York: Penguin.
3. Dai, H., Milkman, K.L., Hofmann, D.A., & Staats, B.R. (2014). The impact of time at work and time off from work on rule compliance: The case of hand hygiene in health care. *Journal of Applied Psychology*.

4. 食物會影響我們振作起來迎接下一波工作的能力，不過確切原因尚有爭議。大部分的理論認為原因是大腦需要血糖，請見：Baumeister, R., & Tierney, J. (2011). *Willpower: Rediscovering the Greatest Human Strength*. New York: Penguin。其他派別的理論則認為，原因是饑餓感讓大腦的深思熟慮系統難以運作；深思熟慮系統得用上自控能力對抗不舒服的饑餓分心感。請見：Kohn, D. (2014). Sugar on the brain. *New Yorker,* May 6。雖然原因不同，結論是一樣的。我們需要供給大腦營養，不吃東西會讓我們易怒、注意力不集中。
5. Raichle, M.E. (2010). The brain's dark energy. *Scientific American, 302,* 28–33. 另一篇更學術的文章：Raichle, M.E. (2010). Two views of brain function. *Trends in Cognitive Sciences, 14* (4), 180–190。
6. Sami, S., Robertson, E.M., & Miall, R.C. (2014). The time course of task-specific memory consolidation effects in resting state networks. *Journal of Neuroscience, 34* (11), 3982–3992.
7. Di Stefano, G., Gino, F., Pisano, G., & Staats, B. (2014). Learning by thinking: How reflection aids performance. Harvard Business School Working Paper, No. 14-093, March 2014.
8. 二〇一五年三月五日和潔西卡・潘恩進行的電話訪問。
9. Ericsson, K.A., et al. (1993). The role of deliberate practice in the acquisition of expert performance. *Psychological Review, 100* (3), 363–406.
10. Tuominen, S., & Pohjakallio, P. (2013). *The Workbook: Redesigning Nine to Five.* 取自http://www.925design.fi。
11. 相關主題請見蘿平極具說服力的部落格：https://medium.com/@robynscott/the-30-second-habit-with-a-lifelong-impact-2c3f948ead98.

## 第6章　工作爆量該怎麼辦

1. Kahneman, D., & Tversky, A. (1979). Intuitive prediction: Biases and corrective procedures. *TIMS Studies in*

*Management Science, 12*, 313–327.

2. Masicampo, E.J., & Baumeister, R.F. (2011). Consider it done! Plan making can eliminate the cognitive effects of unfulfilled goals. *Journal of Personality and Social Psychology, 101* (4), 667–683.

3. http://lifehacker.com/5458741/productivity-in-11-words；原始推特帳號已為靜止帳號。

4. 我經常見到作者用「相對優勢」指「最在行的事」或「我們表現第一的事」（就連大刊物也一樣），然而他們想說的其實是「絕對優勢」（absolute advantage）。萬一我們有很多事都做得非常好，「絕對優勢」無法幫我們排出優先順序。「**相對優勢**」是指我們和另一個人能力相差最大的事。所有的初級經濟學教科書都會介紹「相對優勢」，不過原始出處請見：Ricardo, D. (1817). *On the Principles of Political Economy and Taxation*. London: John Murray。

5. Lewis, M. (2012). Obama's way. *Vanity Fair*.

## 第7章　戰勝拖延症

1. Akerlof, G.A. (1991). Procrastination and obedience. *American Economic Review, 81* (2), 1–19.

2. Ersner-Hershfield, H., Garton, M.T., Ballard, K., Samanez-Larkin, G.R., & Knutson, B. (2009). Don't stop thinking about tomorrow: Individual differences in future self-continuity account for saving. *Judgment and Decision Making, 4* (4), 280–286.

3. Crockett, M.J., Braams, B.R., Clark, L., Tobler, P.N., Robbins, T.W., & Kalenscher, T. (2013). Restricting temptations: Neural mechanisms of precommitment. *Neuron, 79* (2), 391–401. 研究人員舉的「誘惑」（temptation）例子是情色圖片；拖延帶來的興奮感其實較為平淡，不過背後的機制是一樣的。

# 第三部分　人際關係

1. 例如可參見：Helliwell, J.F., Layard, R., & Sachs, J. (2013). *World Happiness Report 2013*. New York: UN

Sustainable Development Solutions Network。該報告摘要列出「有人可以依靠」所帶來的影響的相關研究。

2. 利柏曼的精彩著作深入解釋大腦愛社交的天性，請見：Lieberman, M. (2013). *Social: Why Our Brains Are Wired to Connect*. New York: Crown Archetype。

## 第8章 營造真正的和諧氣氛

1. Tamir, D.I., & Mitchell, J.P. (2012). Disclosing information about the self is intrinsically rewarding. *Proceedings of the National Academy of Sciences USA, 109* (21), 8038–8043.
2. "Tell me more: The art of listening," in Ueland, B. (1992). *Strength to Your Sword Arm: Collected Writings of Brenda Ueland.* Duluth, MN: Holy Cow! Press. 這篇有趣的論文探討「追問」的力量。
3. 「內團體」與「外團體」（out-group）的同理心介紹，請見：Cikara, M., Bruneau, E., Van Bavel, J.J., & Saxe, R. (2014). Their pain gives us pleasure: How intergroup dynamics shape empathic failures and counter-empathic responses. *Journal of Experimental Social Psychology, 55*, 110–125。
4. Mitchell, J.P., Macrae, C.N., & Banaji, M.R. (2006). Dissociable medial prefrontal contributions to judgments of similar and dissimilar others. *Neuron, 50* (4), 655–663.
5. Rivera, L.A. (2012). Hiring as cultural matching: The case of elite professional service firms. *American Sociological Review, 77*(6), 999–1022.
6. Ratner, K.G., & Amodio, D.M. (2013). Seeing "us vs. them": Minimal group effects on the neural encoding of faces. *Journal of Experimental Social Psychology, 49* (2), 298–301.
7. Valdesolo, P., & DeSteno, D. (2011). Synchrony and the social tuning of compassion. *Emotion, 11* (2), 262–266.
8. Martin, L.J., et al. (2015). Reducing social stress elicits emotional contagion of pain in mouse and human

strangers. *Current Biology, 25* (3), 326–332.

9. van Baaren, R.B., Holland, R.W., Steenaert, B., & van Knippenberg, A. (2003). Mimicry for money: Behavioral consequences of imitation. *Journal of Experimental Social Psychology, 39*(4), 393–398.
10. Axelrod, R., & Hamilton, W. (1981). The evolution of cooperation. *Science, 211* (4489), 1390–1396.
11. 「囚徒困境」受試者的大腦掃描，請見：Rilling, J.K., Sanfey, A.G., Aronson, J.A., Nystrom, L.E., & Cohen, J.D. (2004). Opposing BOLD responses to reciprocated and unreciprocated altruism in putative reward pathways. *Neuroreport, 15* (16), 2539–2543。其他需要合作或競爭的賽局，請見：Decety, J., et al. (2004). The neural bases of cooperation and competition: An fMRI investigation. *Neuroimage, 23* (2), 744–751。
12. Aron, A., Melinat, E., Aron, E.N., Vallone, R.D., & Bator, R.J. (1997). The experimental generation of interpersonal closeness: A procedure and some preliminary findings. *Personality and Social Psychology Bulletin, 23* (4), 363–377.
13. Przybylski, A.K., & Weinstein, N. (2013). Can you connect with me now? How the presence of mobile communication technology influences face-to-face conversation quality. *Journal of Social and Personal Relationships, 30* (3), 3237–3246.

## 第9章　化解緊張氣氛

1. Rapoport, A. (1960). *Fights, Games, and Debates*. Ann Arbor: University of Michigan Press.
2. 人類生理如何造成「情緒感染」是神經科學尚無定論的熱門辯論。有些人認為原因出在「鏡像神經元」，有的人則指出人類大腦尚未直接觀察到鏡像神經元。不過相關影響倒是沒有爭議。我們都知道，如果有人帶著糟糕的心情走進房間時，就算一個字也沒說，大家也感受得到陰鬱的氣氛。
3. Friedman, R., et al. (2010). Motivational synchronicity: Priming motivational orientations with observations

of others' behaviors. *Motivation and Emotion, 34* (1), 34–38.

4. Buchanan, T.W., White, C.N., Kralemann, M., & Preston, S.D. (2012). The contagion of physiological stress: Causes and consequences. *European Journal of Psychotraumatology, 3*.

5. Wild, B., et al. (2001). Are emotions contagious? Evoked emotions while viewing emotionally expressive faces: Quality, quantity, time course and gender differences. *Psychiatry Research, 102* (2), 109–24.

6. Ross, L.D., Amabile, T.M., & Steinmetz, J.L. (1977). Social roles, social control, and biases in social-perception processes. *Journal of Personality and Social Psychology, 35* (7), 485–494。亦請見：Gilbert, D.T., & Malone, P.S. (1995). The correspondence bias. *Psychological Bulletin, 117* (1), 21–38。

7. Gilbert, D.T., Pelham, B.W., & Krull, D.S. (1988). On cognitive busyness: When person perceivers meet persons perceived. *Journal of Personality and Social Psychology, 54* (5), 733–740.

8. Ross, L.D., Amabile, T.M., & Steinmetz, J.L. (1977). Social roles, social control, and biases in social-perception processes. *Journal of Personality and Social Psychology, 35* (7), 485–494.

9. Izuma, K., Saito, D.N., & Sadato, N. (2008). Processing of social and monetary rewards in the human striatum. *Neuron, 58* (2), 284–294.

10. Goldin, P.R., McRae, K., Ramel, W., & Gross, J.J. (2008). The neural bases of emotion regulation: Reappraisal and suppression of negative emotion. *Biological Psychiatry, 63* (6), 577–586.

## 第10章　讓身邊的人拿出最好的一面

1. 替他人營造有效思考環境的方法，請見：Kline, N. (1999). *Time to Think: Listening to Ignite the Human Mind*. London: Octopus。

2. Deci, E.L., & Ryan, R.M. (2000). The "what" and "why" of goal pursuits: Human needs and the self-determination of behavior. *Psychological Inquiry, 11* (4), 227–268.

3. Williams, G.C., Gagne, M., Ryan, R.M., & Deci, E.L. (2002). Facilitating autonomous motivation for smoking cessation. *Health Psychology, 21* (1), 40–50.

4. Baumeister, R.F., Bratslavsky, E., Finkenauer, C., & Vohs, K.D. (2001). Bad is stronger than good. *Review of General Psychology*, *5* (4), 323–370.

5. Camerer, C.F., & Thaler, R.H. (1995). Anomalies: Ultimatums, dictators and manners. *Journal of Economic Perspectives, 9* (2), 209–219.

6. Tabibnia, G., et al. (2008). The sunny side of fairness: Preference for fairness activates reward circuitry (and disregarding unfairness activates self-control circuitry). *Psychological Science, 19* (4), 339–347. 大腦如何看待「公平」的介紹，請見：Rilling, J.K., & A.G. Sanfey (2011). The neuroscience of social decision-making. *Annual Review of Psychology, 62*, 23–48。

## 第11章　挖掘巧思

1. 認知心理學很早就發現這個現象。最早提出此一詞彙的研討會論文，請見：Luchins, A.S. (1942). Mechanization in problem solving: The effect of Einstellung. *Psychological Monographs, 54* (6)。

2. Senay, I., Albarracin, D., & Noguchi, K. (2010). Motivating goal-directed behavior through introspective self-talk: The role of the interrogative form of simple future tense. *Psychological Science, 21* (4), 499–504.

3. 可參見：Burnkrant, R.E., & Howard, D.J. (1984). Effects of the use of introductory rhetorical questions versus statements on information processing. *Journal of Personality and Social Psychology, 47* (6), 1218–1230。

4. Creswell, J.D., et al. (2012). Mindfulness-based stress reduction training reduces loneliness and pro-inflammatory gene expression in older adults: A small randomized controlled trial. *Brain, Behavior, and Immunity, 26* (7), 1095–1101.

5. Bos, M.W., Dijksterhuis, A., & van Baaren, R.B. (2008). On the goal-dependency of unconscious thought. *Journal of Experimental Social Psychology, 44* (4), 1114–1120; Zhong, C.B., Dijksterhuis, A., & Galinsky, A.D. (2008). The merits of unconscious thought in creativity. *Psychological Science, 19* (9), 912–918.
6. Abadie, M., Waroquier, L., & Terrier, P. (2013). Gist memory in the unconscious-thought effect. *Psychological Science, 24*(7), 1253–1259.
7. Mueller, P.A., & Oppenheimer, D.M. (2014). The pen is mightier than the keyboard: Advantages of longhand over laptop note taking. *Psychological Science, 25* (6), 1159–1168.

## 第12章　做出有智慧的選擇

1. Kahan, D.M., Braman, D., Cohen, G.L., Gastil, J., & Slovic, P. (2010). Who fears the HPV vaccine, who doesn't, and why? An experimental study of the mechanisms of cultural cognition. *Law and Human Behavior, 34* (6), 501–516. 類似的研究結果，請見：Nyhan, B., & Reifler, J. (2010). When corrections fail: The persistence of political misperceptions. *Political Behavior, 32* (2), 303–330。
2. Buffett, W., & Loomis, C. (2001). Warren Buffett on the stock market. *Fortune*, December 10。亦請見：Zweig, J. (2013). Lesson from Buffett: Doubt yourself. *Wall Street Journal*, May 5。
3. Jacowitz, K.E., & Kahneman, D. (1995). Measures of anchoring in estimation tasks. *Personality and Social Psychology Bulletin, 21* (11), 1161–1166.
4. Ariely, D., Loewenstein, G., & Prelec, D. (2003). "Coherent arbitrariness": Stable demand curves without stable preferences. *Quarterly Journal of Economics, 118* (1), 73–106.
5. Busse, M.R., Pope, D.G., Pope, J.C., & Silva-Risso, J. (2012). Projection bias in the car and housing markets. NBER Working Paper no. 18212.
6. Song, H., & Schwarz, N. (2008). Fluency and the detection of misleading questions: Low processing fluency

attenuates the Moses illusion. *Social Cognition, 26* (6), 791–799.

7. Asch, S.E. (1951). *Effects of Group Pressure on the Modification and Distortion of Judgements in Groups, Leadership and Men.* Pittsburgh: Carnegie Press.
8. Dweck, C.S. (2006). *Mindset: The New Psychology of Success*. New York: Random House.
9. Kahneman, D., Knetsch, J.L., & Thaler, R.H. (1990). Experimental tests of the endowment effect and the Coase theorem. *Journal of Political Economy, 98* (6), 1325–1348.
10. Tversky, A., & Kahneman, D. (1991). Loss aversion in riskless choice: A reference-dependent model. *Quarterly Journal of Economics, 106* (4), 1039–1061.
11. Hoever, I.J., van Knippenberg, D., van Ginkel, W.P., & Barkema, H.G. (2012). Fostering team creativity: Perspective taking as key to unlocking diversity's potential. *Journal of Applied Psychology, 97* (5), 982–996.
12. Interview of Eric Schmidt: Manyika, J. (2008). Google's view on the future of business: An interview with CEO Eric Schmidt. *McKinsey Quarterly*, November.
13. Klein, G. (2007). Performing a project premortem. *Harvard Business Review, Project Management*, September.
14. Zhang, T., Gino, F., & Bazerman, M.H. (2014). Morality rebooted: Exploring simple fixes to our moral bugs. Harvard Business School NOM Unit Working Paper No. 14-105.

## 第13章　提升腦力

1. Friedman, R.S., & Forster, J. (2001). The effects of promotion and prevention cues on creativity. *Journal of Personality and Social Psychology, 81* (6), 1001–1013.
2. Hamilton, D.L., Katz, L.B., & Leirer, V.O. (1980). Cognitive representation of personality impressions: Organizational processes in first impression formation. *Journal of Personality and Social Psychology, 39* (6),

1050–1063. Mitchell, J.P., Macrae, C.N., & Banaji, M.R. (2004). Encoding-specific effects of social cognition on the neural correlates of subsequent memory. *Journal of Neuroscience, 24* (21), 4912–4917.

3. Wason, P.C., & Johnson-Laird, P.N. (1972). *Psychology of Reasoning: Structure and Content.* Cambridge, MA: Harvard University Press.

4. Cosmides, L., & Tooby, J. (1992). *Cognitive Adaptations for Social Exchange in the Adapted Mind: Evolutionary Psychology and the Generation of Culture*. New York: Oxford University Press. 心理學家爭辯究竟為什麼對我們來說第二題簡單許多。或許人類擅長抓不守規矩的欺騙行為，也或許人類就是比較擅長找出與熟悉的社會情境有關的資訊。不論答案是哪一個，都與人類突出的社會智能（social intelligence）有關。

5. Amabile, T.M., Mueller, J.S., Simpson, W.B., Hadley, C.N., Kramer, S.J., & Fleming, L. (2002). Time pressure and creativity in organizations: A longitudinal field study. Harvard Business School Working Paper No. 02-073.

6. Kounios, J., Frymiare, J.L., Bowden, E.M., Fleck, J.I., Subramaniam, K., Parrish, T.B., & Jung-Beeman, M. (2006). The prepared mind: Neural activity prior to problem presentation predicts subsequent solution by sudden insight. *Psychological Science, 17* (10), 882–890.

7. Ellenbogen, J.M., Hu, P.T., Payne, J.D., Titone, D., & Walker, M.P. (2007). Human relational memory requires time and sleep. *Proceedings of the National Academy of Sciences USA, 104* (18), 7723–7728.

8. Walker, M.P., Liston, C., Hobson, J.A., & Stickgold, R. (2002). Cognitive flexibility across the sleep-wake cycle: REM-sleep enhancement of anagram problem solving. *Brain Research: Cognitive Brain Research, 14* (3), 317–324.

9. Harrison, Y., & Horne, J.A. (1999). One night of sleep loss impairs innovative thinking and flexible decision making. *Organizational Behavior and Human Decision Processes, 78* (2), 128–145.

10. Stickgold, R. (2009). How do I remember? Let me count the ways. *Sleep Medicine Reviews, 13* (5), 305–308.
11. Gooley, J.J., et al. (2011). Exposure to room light before bedtime suppresses melatonin onset and shortens melatonin duration in humans. *Journal of Clinical Endocrinology and Metabolism, 96* (3), E463–472.
12. Rosekind, M.R., et al. (1995). Alertness management: Strategic naps in operational settings. *Journal of Sleep Research, 4* (S2), 62–66.
13. Mednick, S., Nakayama, K., & Stickgold, R. (2003). Sleep-dependent learning: A nap is as good as a night. *Nature Neuroscience, 6* (7), 697–698.
14. National Sleep Foundation (2013). International Bedroom Poll. 取自：http://sleepfoundation.org/sites/default/files/RPT495a.pdf。
15. 二〇一五年六月十八日與戴維．艾倫的郵件往返。
16. Ratey, J.J., & Loehr, J.E. (2011). The positive impact of physical activity on cognition during adulthood: A review of underlying mechanisms, evidence and recommendations. *Reviews in the Neurosciences, 22* (2), 171–185
17. Powell, K.E., Paluch, A.E., & Blair, S.N. (2011). Physical activity for health: What kind? How much? How intense? On top of what? *Annual Review of Public Health, 32* (1), 349–365.

## 第14章　讓別人聽進我們說的話

1. Falk, E.B., Morelli, S.A., Welborn, B.L., Dambacher, K., & Lieberman, M.D. (2013). Creating buzz: The neural correlates of effective message propagation. *Psychological Science, 24* (7), 1234–1242.
2. 出自 Zakary Tormala 未出版的研究。更多資料請見：http://www.cmo.com/articles/2014/9/3/whiteboard_beats_pow.html。
3. Kensinger, E.A., & Schachter, D.L. (2008). Memory and emotion. In M. Lewis, J.M. Haviland-Jones, & L.

Feldman Barrett (Eds.), *Handbook of Emotions*, 3rd ed. New York: Guilford Press.

4. McNeil, B.J., Pauker, S.G., Sox, H.C., Jr., & Tversky, A. (1982). On the elicitation of preferences for alternative therapies. *New England Journal of Medicine, 306* (21), 1259–1262.
5. Kensinger, E.A. (2009). Remembering the details: Effects of emotion. *Emotion Review, 1* (2), 99–113.
6. Berger, J., & Milkman, K.L. (2012). What makes online content viral? *Journal of Marketing Research, 49* (2), 192–205.
7. Mitchell, J.P., Macrae, C. N., & Banaji, M.R. (2004). Encoding-specific effects of social cognition on the neural correlates of subsequent memory. *Journal of Neuroscience, 24* (21), 4912–4917.
8. Small, D.A., Loewenstein, G., & Slovic, P. (2007). Sympathy and callousness: The impact of deliberative thought on donations to identifiable and statistical victims. *Organizational Behavior and Human Decision Processes, 102* (2), 143–153.
9. McKinsey & Company Internal Communications Team (2014). McKinsey News Update. Internal report, May.
10. Alter, A.L., & Oppenheimer, D.M. (2009). Uniting the tribes of fluency to form a metacognitive nation. *Personality and Social Psychology Review, 13* (3), 219–235。此一精彩論文介紹各種類型的處理流暢度（processing fluency）.
11. Alter, A.L., & Oppenheimer, D.M. (2006). Predicting short-term stock fluctuations by using processing fluency. *Proceedings of the National Academy of Sciences USA, 103* (24), 9369–9372.
12. McGlone, M.S., & Tofighbakhsh, J. (2000). Birds of a feather flock conjointly (?): Rhyme as reason in aphorisms. *Psychological Science, 11* (5), 424–428.
13. Begg, I.M., Anas, A., & Farinacci, S. (1992). Dissociation of processes in belief: Source recollection, statement familiarity, and the illusion of truth. *Journal of Experimental Psychology: General, 121*, 446–458.
14. 更易讀的版面效果：Reber, R., Winkielman, P., & Schwarz, N. (1998). Effects of perceptual fluency on

affective judgments. *Psychological Science, 9* (1), 45–48。更易瞭解的語言表達‥ Oppenheimer, D.M. (2006). Consequences of erudite vernacular utilized irrespective of necessity: Problems with using long words needlessly. *Applied Cognitive Psychology, 20* (2), 139–156。

15. Binder, J.R., Westbury, C.F., McKiernan, K.A., Possing, E.T., & Medler, D.A. (2005). Distinct brain systems for processing concrete and abstract concepts. *Journal of Cognitive Neuroscience, 17* (6), 905–917.
16. Behavioural Insights Team (2011). *Annual Update 2010–11*. 取自 https://www.gov.uk/government/uploads/system/uploads/attachment_data/file/60537/Behaviour-Change-Insight-Team-Annual-Update_acc.pdf。
17. Camerer, C., Loewenstein, G., & Weber, M. (1989). The curse of knowledge in economic settings: An experimental analysis. *Journal of Political Economy, 97* (5), 1232–1254.
18. Keysar, B., & Henly, A.S. (2002). Speakers' overestimation of their effectiveness. *Psychological Science, 13* (3), 207–212.

## 第15章　讓大家聽完後開始行動

1. Langer, E.J., Blank, A., & Chanowitz, B. (1978). The mindlessness of ostensibly thoughtful action: The role of "placebic" information in interpersonal interaction. *Journal of Personality and Social Psychology, 36* (6), 635–642.
2. Thaler, R.H., & Sunstein, C.R. (2009). *Nudge: Improving Decisions About Health, Wealth, and Happiness*, 2nd ed. New York: Penguin.
3. Johnson, E.J., & Goldstein, D. (2003). Do defaults save lives? *Science, 302* (5649), 1338–1339.
4. Rozin, P., Scott, S., Dingley, M., Urbanek, J.K., Jiang, H., & Kaltenbach, M. (2011). Nudge to nobesity I: Minor changes in accessibility decrease food intake. *Judgment and Decision Making, 6* (4), 323–332.
5. Strack, F., & Mussweiler, T. (1997). Explaining the enigmatic anchoring effect: Mechanisms of selective

accessibility. *Journal of Personality and Social Psychology, 73* (3), 437–446.

6. Ames, D.R., & Mason, M.F. (2015). Tandem anchoring: Informational and politeness effects of range offers in social exchange. *Journal of Personality and Social Psychology, 108* (2), 254–274.
7. 我們的要求必須讓人感到合理。相較於僅被要求提出六個例子的人，受試者如被要求提出自己性格果決的十二個例子時，他們覺得自己其實**沒**那麼果決，因為很難想出那麼多例子。請見：Schwarz, N., Bless, H., Strack, F., Klumpp, G., Rittenauer-Schatka, H., & Simons, A. (1991). Ease of retrieval as information: Another look at the availability heuristic. *Journal of Personality and Social Psychology, 61* (2), 195–202。
8. Platow, M.J., et al. (2005). "It's not funny if they're laughing": Self-categorization, social influence, and responses to canned laughter. *Journal of Experimental Social Psychology, 41* (5), 542–550.
9. Kahan, D.M., Braman, D., Cohen, G.L., Gastil, J., & Slovic, P. (2010). Who fears the HPV vaccine, who doesn't, and why? An experimental study of the mechanisms of cultural cognition. *Law and Human Behavior, 34* (6), 501–516.
10. Langer, E.J. (1975). The illusion of control. *Journal of Personality and Social Psychology, 32* (2), 311–328.
11. 如果請病患在電話中複述自己的預約細節，放鴿子的情形又會再降三．五%。種種辦法再加上「社會認同」的輔助，例如寫著「上個月和你一樣的病患有九九%都準時報到」的海報，放鴿子的人又少三分之一。請見：Martin, S.J., Bassi, S., & Dunbar-Rees, R. (2012). Commitments, norms and custard creams: A social influence approach to reducing did not attends (DNAs). *Journal of the Royal Society of Medicine, 105* (3), 101–104。
12. 格蘭特引用凱蒂．林簡奎斯特（Katie Liljenquist）的研究，指出如果不是真心求教，對方感受得到。請見：Grant, A.M. (2013). *Give and Take: Why Helping Others Drives Our Success*. New York: Viking Penguin。

## 第16章　拿出自信


1. 團體中的自信研究可參見：Zarnoth, P., & Sniezek, J.A. (1997). The social influence of confidence in group decision making. *Journal of Experimental Social Psychology, 33* (4), 345–366. 關於自信的見證：Sporer, S.L., Penrod, S., Read, D., & Cutler, B. (1995). Choosing, confidence, and accuracy: A meta-analysis of the confidence-accuracy relation in eyewitness identification studies. *Psychological Bulletin, 118*(3), 315–327。關於自信和可能發生之事的評估：Price, P.C., & Stone, E.R. (2004). Intuitive evaluation of likelihood judgment producers: Evidence for a confidence heuristic. *Journal of Behavioral Decision Making, 17*(1), 39–57。
2. Kilduff, G.J., & Galinsky, A.D. (2013). From the ephemeral to the enduring: How approach-oriented mindsets lead to greater status. *Journal of Personality and Social Psychology, 105* (5), 816–831.
3. Fragale, A.R. (2006). The power of powerless speech: The effects of speech style and task interdependence on status conferral. *Organizational Behavior and Human Decision Processes, 101* (2), 243–261.
4. Jamieson, J.P., Mendes, W.B., & Nock, M.K. (2013). Improving acute stress responses: The power of reappraisal. *Current Directions in Psychological Science, 22* (1), 51–56.
5. Creswell, J.D., Welch, W.T., Taylor, S.E., Lucas, D.K., Gruenewald, T.L., & Mann, T. (2005). Affirmation of personal values buffers neuroendocrine and psychological stress responses. *Psychological Science, 16* (11), 846–851.
6. Kilduff, G.J., & Galinsky, A.D. (2013). From the ephemeral to the enduring: How approach-oriented mindsets lead to greater status. *Journal of Personality and Social Psychology, 105*(5), 816–831.
7. 學界尚不清楚相關好處是否純粹來自重啟大腦「感到自信」與「有自信地站著」的聯想，或是大膽的姿勢也會增強與冒險相關的激素。以下研究發現激素是原因之一：Carney, D.R., Cuddy, A.J., & Yap, A.J. (2010). Power posing: Brief nonverbal displays affect neuroendocrine levels and risk tolerance.

*Psychological Science, 21* (10), 1363–1368。以下較晚出現的大型研究複製出信心的效果（不過並未重現睪固酮與皮質醇的效果）：Ranehill, E., Dreber, A., Johannesson, M., Leiberg, S., Sul, S., & Weber, R.A. (2015). Assessing the robustness of power posing: No effect on hormones and risk tolerance in a large sample of men and women. *Psychological Science, 26* (5), 653–656。

8. Carney, D.R., Cuddy, A.J., & Yap, A.J. (2010). Power posing: Brief nonverbal displays affect neuroendocrine levels and risk tolerance. *Psychological Science, 21* (10), 1363–1368.

## 第六部分　恢復力

1. Wilson, T.D., & Gilbert, D.T. (2005). Affective forecasting: Knowing what to want. *Current Directions in Psychological Science, 14* (3), 131–134。亦請見吉爾伯特的相關書籍：Gilbert, D.T. (2007). *Stumbling on Happiness*, 6th ed. New York: Vintage Books。

### 第17章　危機之中保持冷靜

1. Wilson, T. (2004). *Strangers to Ourselves: Discovering the Adaptive Unconscious*. Cambridge, MA: Belknap Press.
2. Kircanski, K., Lieberman, M.D., & Craske, M.G. (2012). Feelings into words: Contributions of language to exposure therapy. *Psychological Science, 23* (10), 1086–1091.
3. Lieberman, M.D., Eisenberger, N.I., Crockett, M.J., Tom, S.M., Pfeifer, J.H., & Way, B.M. (2007). Putting feelings into words: Affect labeling disrupts amygdala activity in response to affective stimuli. *Psychological Science, 18* (5), 421–428.
4. 靠壓抑渡過難關的缺點可參考：Kross, E., & Ayduk, O. (2011). Making meaning out of negative experiences by self-distancing. *Current Directions in Psychological Science, 20*(3), 187–191。其他顯示壓抑的效果不

如「重新評估」的研究，請見：Goldin, P.R., McRae, K., Ramel, W., & Gross, J.J. (2008). The neural bases of emotion regulation: Reappraisal and suppression of negative emotion. *Biological Psychiatry, 63* (6), 577–586; Gross, J.J., & John, O.P. (2003). Individual differences in two emotion regulation processes: Implications for affect, relationships, and well-being. *Journal of Personality and Social Psychology, 85* (2), 348–362。壓抑的副作用以及對身邊人士的影響，請見：Butler, E.A., Egloff, B., Wilhelm, F.H., Smith, N.C., Erickson, E.A., & Gross, J.J. (2003). The social consequences of expressive suppression. *Emotion, 3* (1), 48–67。

5. Kross, E., et al. (2014). Self-talk as a regulatory mechanism: How you do it matters. *Journal of Personality and Social Psychology, 106*(2), 304–324.
6. Kross, E., & Ayduk, O. (2011). Making meaning out of negative experiences by self-distancing. *Current Directions in Psychological Science, 20*(3), 187–191.
7. Rutten, B.P., et al. (2013). Resilience in mental health: Linking psychological and neurobiological perspectives. *Acta Psychiatrica Scandinavia, 128*(1), 3–20. 以下研究也發現，當下產生正面情緒的能力也會增強恢復力：Cohn, M.A., & Fredrickson, B.L. (2010). In search of durable positive psychology interventions: Predictors and consequences of long-term positive behavior change. *Journal of Positive Psychology, 5*(5), 355–366。
8. Zander, R.S., & Zander, B. (2000). *The Art of Possibility*. Boston: Harvard Business School Press.
9. George, B., & Sims, P. (2007). *True North: Discover Your Authentic Leadership*. San Francisco: Jossey-Bass.
10. Rutten, B.P., et al. (2013). Resilience in mental health: Linking psychological and neurobiological perspectives. *Acta Psychiatrica Scandinavica, 128* (1), 3–20.
11. 詳細的研究整理請見：Brown, R.P., Gerbarg, P.L., & Muench, F. (2013). Breathing practices for treatment of psychiatric and stress-related medical conditions. *Psychiatric Clinics of North America, 36* (1), 121–140。
12. Kahneman, D., & Tversky, A. (1986). Rational choice and the framing of decisions. *The Journal of Business,*

*59* (4), S251-S278.

13. Yoshida, W., Seymour, B., Koltzenburg, M., & Dolan, R.J. (2013). Uncertainty increases pain: Evidence for a novel mechanism of pain modulation involving the periaqueductal gray. *Journal of Neuroscience, 33* (13), 5638–5646.
14. Fernald, A., & O'Neill, D.K. (1993). Peekaboo across cultures: How mothers and infants play with voices, faces, and expectations. In *Parent-Child Play: Descriptions and Implications* (pp. 259–285). Albany: State University of New York Press.
15. Parrott, W.G., & Gleitman, H. (1989). Infants' expectations in play: The joy of peek-a-boo. *Cognition and Emotion, 3* (4), 291–311.
16. Arnsten, A.F. (1998). The biology of being frazzled. *Science, 280* (5370), 1711–1712.

## 第18章　事情過去了就過去了

1. Macnamara, A., Ochsner, K.N., & Hajcak, G. (2011). Previously reappraised: The lasting effect of description type on picture-elicited electrocortical activity. *Social Cognitive and Affective Neuroscience, 6* (3), 348–358.
2. Gross, J.J., & John, O.P. (2003). Individual differences in two emotion regulation processes: Implications for affect, relationships, and well-being. *Journal of Personality and Social Psychology, 85* (2), 348–362.
3. McRae, K., Jacobs, S.E., Ray, R.D., John, O.P., & Gross, J.J. (2012). Individual differences in reappraisal ability: Links to reappraisal frequency, well-being, and cognitive control. *Journal of Research in Personality, 46* (1), 2–7.
4. Ochsner, K.N., Ray, R.D., Cooper, J.C., Robertson, E.R., Chopra, S., Gabrieli, J.D.E., & Gross, J.J. (2004). Thinking makes it so: A social cognitive neuroscience approach to emotion regulation. In R.F. Baumeister & K.D. Vohs (Eds.), *Handbook of Self-Regulation: Research, Theory, and Applications*. New York: Guilford

Press.

5. Shiota, M.N., & Levenson, R.W. (2012). Turn down the volume or change the channel? Emotional effects of detached versus positive reappraisal. *Journal of Personality and Social Psychology, 103* (3), 416–429.

6. Ochsner, K.N., & Gross, J.J. (2005). The cognitive control of emotion. *Trends in Cognitive Sciences, 9*(5), 242–249. 亦見:Macnamara, A., Ochsner, K.N., & Hajcak, G. (2011). Previously reappraised: The lasting effect of description type on picture-elicited electrocortical activity. *Social Cognitive and Affective Neuroscience, 6* (3), 348–358。

7. Arkes, H.R., & Blumer, C. (1985). The psychology of sunk cost. *Organizational Behavior and Human Decision Processes, 35* (1), 124–140.

8. Molden, D.C., & Hui, C.M. (2011). Promoting de-escalation of commitment: A regulatory-focus perspective on sunk costs. *Psychological Science, 22* (1), 8–12.

## 第19章　身體健康才能挺過去

1. Walker, M.P., & van der Helm, E. (2009). Overnight therapy? The role of sleep in emotional brain processing. *Psychological Bulletin, 135* (5), 731–748. 亦請見:van der Helm, E., & Walker, M.P. (2012). Sleep and affective brain regulation. *Social and Personality Psychology Compass, 6*(11), 773–791。

2. Yoo, S.S., Gujar, N., Hu, P., Jolesz, F.A., & Walker, M.P. (2007). The human emotional brain without sleep—a prefrontal amygdala disconnect. *Current Biology, 17* (20), R877–R878.

3. Mah, C.D., Mah, K.E., Kezirian, E.J., & Dement, W.C. (2011). The effects of sleep extension on the athletic performance of collegiate basketball players. *Sleep, 34* (7), 943–950.

4. Cunningham, T.J., Crowell, C.R., Alger, S.E., Kensinger, E.A., Villano, M.A., Mattingly, S.M., & Payne, J.D. (2014). Psychophysiological arousal at encoding leads to reduced reactivity but enhanced emotional memory

following sleep. *Neurobiology of Learning and Memory, 114*, 155–164.

5. Pace-Schott, E.F., Shepherd, E., Spencer, R.M.C., Marcello, M., Tucker, M., Propper, R.E., & Stickgold, R. (2011). Napping promotes inter-session habituation to emotional stimuli. *Neurobiology of Learning and Memory, 95* (1), 24–36.
6. Rethorst, C.D., Wipfli, B.M., & Landers, D.M. (2009). The antidepressive effects of exercise: A meta-analysis of randomized trials. *Sports Medicine, 39* (6), 491–511.
7. Kramer, A.F., et al. (1999). Ageing, fitness and neurocognitive function. *Nature, 400* (6743), 418–419. 節錄自：Ratey, J.J., & Loehr, J.E. (2011). The positive impact of physical activity on cognition during adulthood: A review of underlying mechanisms, evidence and recommendations. *Reviews in the Neurosciences, 22* (2), 171–185。
8. Brewer, J.A., Worhunsky, P.D., Gray, J.R., Tang, Y.Y., Weber, J., & Kober, H. (2011). Meditation experience is associated with differences in default mode network activity and connectivity. *Proceedings of the National Academy of Sciences USA, 108* (50), 20254–20259.
9. Levy, D.M., Wobbrock, J.O., Kaszniak, A.W., & Ostergren, M. (2012). The effects of mindfulness meditation training on multitasking in a high-stress information environment. Paper presented at the Proceedings of Graphics Interface 2012, Toronto, Ontario, Canada.
10. Zeidan, F., Johnson, S.K., Diamond, B.J., David, Z., & Goolkasian, P. (2010). Mindfulness meditation improves cognition: Evidence of brief mental training. *Consciousness & Cognition, 19* (2), 597–605.
11. Moyer, C.A., et al. (2011). Frontal electroencephalographic asymmetry associated with positive emotion is produced by very brief meditation training. *Psychological Science, 22* (10), 1277–1279.

## 第20章 與其硬撐，不如獎勵一下大腦


1. 關鍵主題書籍包括：Seligman, M.E.P., Steen, T.A., Park, N., & Peterson, C. (2005). Positive psychology progress: Empirical validation of interventions. *American Psychologist, 60* (5), 410–421; Mongrain, M., & Anselmo-Matthews, T. (2012). Do positive psychology exercises work? A replication of Seligman et al. (2005). *Journal of Clinical Psychology, 68* (4), 382–389。
2. Gander, F., Proyer, R., Ruch, W., & Wyss, T. (2013). Strength-based positive interventions: Further evidence for their potential in enhancing well-being and alleviating depression. *Journal of Happiness Studies, 14* (4), 1241–1259.
3. Seligman, M.E.P. (2011). *Flourish: A Visionary New Understanding of Happiness and Well-being*. New York: Free Press.
4. Moll, J., Krueger, F., Zahn, R., Pardini, M., de Oliveira-Souza, R., & Grafman, J. (2006). Human fronto-meso limbic networks guide decisions about charitable donation. *Proceedings of the National Academy of Sciences USA, 103* (42), 15623–15628.
5. 以下書籍提供大量證據：Dunn, E., & Norton, M. (2013). *Happy Money: The Science of Happier Spending*. New York: Simon & Schuster。研究亦顯示人們回想自己的善行後，又變得更加慷慨，形成良性循環，請見：Aknin, L., Dunn, E., & Norton, M. (2012). Happiness runs in a circular motion: Evidence for a positive feedback loop between prosocial spending and happiness. *Journal of Happiness Studies, 13* (2), 347–355。
6. 《世界幸福報告》各式幸福調查的另一項發現，請見：Helliwell, J., Layard, R., & Sachs, J. (2013). *World Happiness Report 2013*. New York: UN Sustainable Development Solutions Network。
7. Otake, K., Shimai, S., Tanaka-Matsumi, J., Otsui, K., & Fredrickson, B.L. (2006). Happy people become happier through kindness: A counting kindness intervention. *Journal of Happiness Studies, 7* (3), 361–375;

Aknin, L., Dunn, E., & Norton, M. (2012). Happiness runs in a circular motion: Evidence for a positive feedback loop between prosocial spending and happiness. *Journal of Happiness Studies, 13* (2), 347–355.

8. Amabile, T.M., & Kramer, S.J. (2011). *The Progress Principle: Using Small Wins to Ignite Joy, Engagement, and Creativity at Work*. Watertown, MA: Harvard Business Review Press.

9. Helliwell, J., Layard, R., & Sachs, J. (2013). *World Happiness Report 2013*. New York: UN Sustainable Development Solutions Network.

10. Powdthavee, N. (2008). Putting a price tag on friends, relatives, and neighbours: Using surveys of life satisfaction to value social relationships. *Journal of Socio-Economics, 37* (4), 1459–1480.

11. Sandstrom, G.M., & Dunn, E.W. (2014). Social Interactions and Well-Being: The Surprising Power of Weak Ties. *Personality and Social Psychological Bulletin, 40* (7), 910–922.

12. Laird, J.D. (1974). Self-attribution of emotion: The effects of expressive behavior on the quality of emotional experience. *Journal of Personality and Social Psychology, 29* (4), 475–486.

13. Strack, F., Martin, L.L., & Stepper, S. (1988). Inhibiting and facilitating conditions of the human smile: A nonobtrusive test of the facial feedback hypothesis. *Journal of Personality and Social Psychology, 54* (5), 768–777.

14. Kraft, T.L., & Pressman, S.D. (2012). Grin and bear it: The influence of manipulated facial expression on the stress response. *Psychological Science, 23* (11), 1372–1378.

15. Kahneman, D. (1999). Objective Happiness. In D. Kahneman, E. Diener, & N. Schwartz (Eds.), *Well-Being: Foundations of Hedonic Psychology*. New York: Russell Sage Foundation. 丹尼爾・康納曼在 TED 的演講也提到這個主題：Kahneman, D. (2010). The riddle of experience vs. memory。

16. Fredrickson, B.L. (2000). Extracting meaning from past affective experiences: The importance of peaks, ends, and specific emotions. *Cognition and Emotion 14* (4), 577–606.

17. Kahneman, D., Fredrickson, B.L., Schreiber, C.A., & Redelmeier, D.A. (1993). When more pain is preferred to less: Adding a better end. *Psychological Science, 4* (6), 401–405.

18. 大腸鏡：Redelmeier, D.A., & Kahneman, D. (1996). Patients' memories of painful medical treatments: Real-time and retrospective evaluations of two minimally invasive procedures. *Pain, 66* (1), 3–8。噪音：Schreiber, C.A., & Kahneman, D. (2000). Determinants of the remembered utility of aversive sounds. *Journal of Experimental Psychology: General, 129* (1), 27–42。峰終效應的發現概論：Fredrickson, B.L. (2000). Extracting meaning from past affective experiences: The importance of peaks, ends, and specific emotions. *Cognition and Emotion, 14* (4), 577–606。

19. Do, A.M., Rupert, A.V., & Wolford, G. (2008). Evaluations of pleasurable experiences: The peak-end rule. *Psychonomic Bulletin & Review, 15* (1), 96–98.

## 第21章　做你在行的事

1. 摘要請見：Dweck, C.S. (2006). *Mindset: The New Psychology of Success.* New York: Random House.

2. 此處的數字取自蓋洛普《以長處為本的領導研究》（*Strengths-Based Leadership*）。蓋洛普的研究人員研究一百多萬個工作團隊，做過兩萬多次領導者深度訪談，訪問一萬多位採行此一方法的人士。相關數字來自四百六十九個事業部門（零售店、工廠等）、五百三十個「工作單位」（work unit，也就是團隊）、六萬五千六百七十二名員工的研究。

3. Corporate Leadership Council (2002). *Building the High-Performance Workforce: A Quantitative Analysis of the Effectiveness of Performance Management Strategies.* Washington, DC.

4. 相關結果的原始研究，請見：Seligman, M.E.P., Steen, T.A., Park, N., & Peterson, C. (2005). Positive psychology progress: Empirical validation of interventions. *American Psychologist, 60,* 410–421。林里的研究尤其能顯示長期效果，可參見：Govindji, R., & Linley, A.P. (2007). Strengths use, self-concordance

and well-being: Implications for strengths coaching and coaching psychologists. *International Coaching Psychology Review, 2* (2), 143–153; and Wood, A.M., Linley, P.A., Maltby, J., Kashdan, T.B., & Hurling, R. (2011). Using personal and psychological strengths leads to increases in well-being over time: A longitudinal study and the development of the strengths use questionnaire. *Personality and Individual Differences, 50* (1), 15–19。

5. 取自賽里格曼與彼德森研究的原始長處測驗，請見：http://www.viacharacter.org。蓋洛普亦提供收費的長處工具，請見：https://www.gallupstrengths center.com。應用正面心理學中心提供區分「習得的長處 vs. 天生長處」、「發揮的長處 vs. 未發揮的長處」的測驗，請見：https://assessment.r2profiler.com。
6. Wrzesniewski, A., & Dutton, J.E. (2001). Crafting a job: Revisioning employees as active crafters of their work. *Academy of Management Review, 26* (2), 179–201。各位可以做一做兩位學者設計的「打造自己的工作」問卷，請見：http://jobcrafting.org。
7. Grant, A.M. (2013). *Give and take: Why helping others drives our success*. New York: Penguin.

## 最後的小叮嚀

1. Merzenich, M. (2013). *Soft-wired: How the new science of brain plasticity can change your life.* San Francisco: Parnassus.
2. 甚至有研究顯示小石頭的確可以發揮作用。艾瑞利與研究同仁測試各種提示人們儲蓄的方式的有效程度，發現「有形的進度追蹤物」（tangible track-keeping device，手邊一枚大大的閃亮錢幣）比其他提示有效。請見：Akbas, M., Ariely, D., Robalino, D.A., Weber, M. (2015). *How to Help the Poor to Save a Bit: Evidence from a Field Experiment in Kenya.* Duke University Working Paper, January。

## 附錄二：解決收件匣不再是苦差事

1. Radicati Group (2015). *Email Statistics Report, 2015–2019.* Palo Alto, CA.
2. Chui, M., Manyika, J., & Bughin, J. (2012). *The Social Economy: Unlocking Value and Productivity Through Social Technologies.* McKinsey Global Institute.
3. Allen, D. (2001). *Getting Things Done: The Art of Stress-Free Productivity.* New York: Viking Penguin.
4. Kruger, J., Epley, N., Parker, J., & Ng, Z.W. (2005). Egocentrism over e-mail: Can we communicate as well as we think? *Journal of Personality and Social Psychology, 89* (6), 925–936.
5. Brown, C., Killick, A., & Renaud, K. (2013). To reduce e-mail, start at the top. *Harvard Business Review*, September.

國家圖書館出版品預行編目資料

好日子革新手冊：充分利用行為科學的力量，把雨天變晴天，週一症候群退散 / 卡洛琳・韋伯（Caroline Webb）著 ; 許恬寧譯. -- 初版. -- 臺北市 : 大塊文化, 2016.06

面；　公分. --（smile ; 132）

譯自 : How to have a good day

ISBN 978-986-213-709-3（平裝）

1. 職場成功法　2. 工作心理學

494.35　　105008089